高等院校信息技术规划教材

云计算及应用

唐国纯　著

清华大学出版社
北京

内 容 简 介

本书系统总结了作者近几年在云计算应用方面的研究成果,是目前国内介绍云计算技术在不同行业领域应用较深刻的一部云计算著作。本书深入介绍了云计算技术在不同领域的应用,以云计算的领域应用为主线,论述了云计算的基础理论、云制造、教育云、环保云、物流云、云安全应用研究、移动云计算开发技术以及开源云计算平台 OpenStack 和 CloudStack,进而分析了多个领域的云计算深入应用。本书的特点是系统分析、架构设计和实际应用相结合,将云计算理论应用于制造行业、教育行业、环保行业、物流行业、信息安全和移动领域,知识涉及面广,形成了云制造、教育云、环保云、物流云、云安全、移动云计算开发技术等知识的纵横深入跨度体系。

本书补充了云计算和 Android 移动开发的基础知识,深度论述了云计算的不同领域应用,自成体系,既可作为信息科学的高年级本科生和研究生的教材,也可作为云计算领域的研究人员与工程人员以及其他行业信息化建设研究者的参考书。

图书在版编目(CIP)数据

云计算及应用/唐国纯著. —北京:清华大学出版社,2015(2023.7重印)
高等院校信息技术规划教材
ISBN 978-7-302-40908-3

Ⅰ.①云… Ⅱ.①唐… Ⅲ.①计算机网络-高等学校-教材 Ⅳ.①TP393

中国版本图书馆 CIP 数据核字(2015)第 166118 号

责任编辑:白立军 薛 阳
封面设计:常雪影
责任校对:李建庄
责任印制:刘海龙

出版发行:清华大学出版社
  网 址:http://www.tup.com.cn,http://www.wqbook.com
  地 址:北京清华大学学研大厦 A 座   邮 编:100084
  社 总 机:010-83470000   邮 购:010-62786544
  投稿与读者服务:010-62776969,c-service@tup.tsinghua.edu.cn
  质量反馈:010-62772015,zhiliang@tup.tsinghua.edu.cn
  课件下载:http://www.tup.com.cn,010-83470236
印 装 者:三河市人民印务有限公司
经 销:全国新华书店
开 本:185mm×260mm   印 张:16.5   字 数:407 千字
版 次:2015 年 8 月第 1 版   印 次:2023 年 7 月第 8 次印刷
定 价:35.00 元

产品编号:065237-01

前言

foreword

云计算是传统计算机技术和网络技术发展融合的产物,也是引领未来信息产业创新的关键战略性技术和手段。近年来,云计算已成为 IT 业界最热门的研究方向之一。几乎所有的主流 IT 厂商都在谈论云计算,既包括硬件厂商(IBM、英特尔等)、软件开发商(微软等),也包括互联网服务提供商(Google、Amazon、阿里巴巴、百度、腾讯等)和电信运营商(AT&T、中国移动等)。这些企业覆盖了整个 IT 产业链,构建了一个完整的云计算生态系统。云计算技术的兴起,提供了一种适应于各行业领域信息化发展需要的解决方法。云计算的出现为信息技术领域和企业信息化建设带来了新的挑战和机遇。然而,真正系统、深入、全面地阐述云计算概念和技术及领域应用的图书不多。本书作为一本全面、系统、深入论述云计算概念、技术和架构、领域应用的云计算专著,可以帮助对云计算领域应用感兴趣的读者理清相关的知识、理论和实践应用。本书论述了云计算的基础理论、云制造、教育云、环保云、物流云、云安全应用研究、移动云计算开发技术以及开源云计算平台 OpenStack 和 CloudStack。在写作过程中力求普及云计算的多领域应用、理论与实践相兼顾,力求给广大读者一个完整、正确和深入的云计算领域应用知识体系,作为大家日常学习、工作的案头参考书。本书结合作者多年对云计算领域应用的研究成果,对各章节结构做了精心的设计和安排,有较强的逻辑性、系统性、全面性、专业性和实践性。此外,本书还参考了其他作者发表在期刊、会议论文和网络日志等中的一些重要成果,以及一些公司提供的云计算应用解决方案,对此深表感谢。

本书相关研究获得海南省自然科学基金"基于模糊集和粗糙集的云安全综合评价模型"(614247)和海南省高等学校优秀中青年骨干教师的经费资助。谨向帮助、支持和鼓励我完成本书工作的我的家人和所有朋友致以深深的敬意和诚挚的感谢,感谢清华大学出版社为本书的出版所提供的大力帮助!

云计算是一个比较新的领域,由于作者自身知识水平有限,书中难免有疏漏和不当之处,敬请读者批评指正。

编 者

2015 年 5 月

目录

第1章
云计算理论研究综述

据 Occams Business 研究与咨询公司的预测,到 2020 年,全球云市场价值将从 2013 年的 900 亿美元增长到 6500 亿美元,复合增长率将达 29%。在云服务中,全球的平台即服务市场增长率最高,预计到 2020 年复合增长率达 39%。在地理位置上,目前亚太地区是增长最快的地区,复合增长率为 35%。该报告在服务模型、部署模型和区域基础之上讨论了全球云计算市场未来 5 年的发展趋势。随着大数据管理必要性的提升,刺激着云计算的需求呈指数形式增长。云计算技术大部分用于在线媒体应用,如 Dropbox、Gmail、Face book、Evernote 和 Skype 等。云计算是一种基于互联网的技术,作为互联网所连接的远程设备的中心数据资源。它是一种网络,所有的程序或应用都运行在一台服务器上,同时跨多台设备共享,如 PC、平板、智能手机。

1.1 云计算相关概念

1.1.1 云计算的概念

"云计算"这个全球关注度最高的 IT 词汇,谷歌、微软、亚马逊、IBM 等业界领导厂商对其分别有着不同的阐述,还有二十多位专家的诠释,"仁者见仁智者见智"的表述依然令人们不知所措。现阶段广为接受的是美国国家标准与技术研究院(NIST)的定义:云计算是一种按使用量付费的模式,这种模式提供可用的、便捷的、按需的网络访问,进入可配置的计算资源共享池(资源包括网络、服务器、存储、应用软件、服务),这些资源能够被快速提供,只需投入很少的管理工作,或与服务供应商进行很少的交互。从技术的角度来讲,云计算是一种颠覆性的交付模式,一体化的信息平台和运营平台。它将企业所有的服务器、存储等基础设施以及网络整合到统一的云平台上。在"云的世界"里,将技术和业务结合起来交付给用户使用,企业的运营管理决策分析都将基于云平台展开。从细分角度来看,云由云计算平台和云服务应用两个层面组成。企业可以将基础设施包括传统的服务器、操作系统、存储运维等都统一部署在一个平台上,这是一个技术的层面,企业可以不必过多地关注这个平台本身,而是关注应用。政府、企业和个人可以根据不同的需求部署成不同的应用,形成个性化的交付模式,形成一种云服务。一个是云技术层面,一个是云服务层面。

1.1.2 云计算服务形式

从用户体验的角度来讲,云计算可以分为以下几种交付模式:基础设施即服务(IaaS)、开发平台即服务(PaaS)、软件应用即服务(SaaS)、数据存储即服务(DaaS)和后端即服务(BaaS)。

IaaS(Infrastructure as a Service):基础设施即服务。消费者通过 Internet 可以从完善的计算机基础设施获得服务。比如 IBM 的无锡云计算中心、世纪互联的 CloudEx 云主机等。

PaaS(Platform as a Service):平台即服务。PaaS 实际上是指将软件研发的平台作为一种服务,以 SaaS 的模式提交给用户。因此,PaaS 也是 SaaS 模式的一种应用。但是,PaaS 的出现可以加快 SaaS 的发展,尤其是加快 SaaS 应用的开发速度。例如,软件的个性化定制开发,比如 Google 的 APP Engine 和 Saleforce 的 Force. Com 等。

SaaS(Software as a Service):软件即服务。它是一种通过 Internet 提供软件的模式,用户无须购买软件,而是向提供商租用基于 Web 的软件,来管理企业经营活动。例如,阳光云服务器。

DaaS(Data as a Service):数据存储即服务。这是网络上提供虚拟存储的一种服务方式,客户可以根据实际存储容量来支付费用。例如,亚马逊的 EC2、中国电信上海公司与 EMC 合作的"e 云"等。

BaaS(Backend as a Service):后端即服务。这是一种新型的云服务,起源于 MBaaS(Mobile Backend as a Service),即移动后端即服务,旨在为移动和 Web 应用提供后端云服务,包括云端数据/文件存储、账户管理、消息推送、社交媒体整合等。BaaS 是垂直领域的云服务,随着移动互联网的持续火热,BaaS 也受到越来越多的开发者的青睐。它作为应用开发的新模型,可以降低开发者成本,让开发者只需专注于具体的开发工作。随着移动互联网的发展,移动行业的分工也会像其他行业一样逐渐细化,后端服务就是这样被抽象出来,它统一向开发者提供文件存储、数据存储、推送服务等实现难度较高的功能,以帮助开发者快速开发移动应用。BaaS 的特征包括以下 4 个方面。

(1)必须是与网络相关的服务。有些 B2D 服务与网络无关,那么就不是 BaaS,比如游戏引擎,使用大型 3D 引擎开发游戏一般需要付费授权,但这个并不需要联网,所以它就不是 BaaS。

(2)必须嵌入在终端应用中,间接地为消费者提供服务。因此云测试虽然也依靠于云,但并不属于 BaaS。

(3)必须是弹性可扩充的。这其实是云服务的特征,所以,非云的网络服务也不是 BaaS。

(4)按使用量计费。这个其实就是云时代的典型商业模式。这些服务就像水和电一样,给钱就能用,不给就停掉,就这么简单。

在国外,BaaS 已经受到巨头的重视。2013 年 4 月,Facebook 收购 Parse;2014 年 6 月,苹果发布了 CloudKit;2014 年 10 月,Google 收购了 Firebase。Parse、CloudKit、Filrebase 都是国外知名的 BaaS 类产品。苹果和谷歌通过 BaaS 可以更好地完善其生态

圈,Parse 也可以帮助 Facebook 建立它在移动端的地位。从巨头们在 BaaS 方面的布局也可以看出 BaaS 的价值。在国内,提供 BaaS 的厂商也有很多,典型的代表有APICloud、Bmob、友盟,主要提供的功能包括社会化媒体集成、数据/文件存储、数据分析、消息推送、支付。大多数 BaaS 从本质上是属于 SaaS 的,因为所提供的 API 也算是软件服务,但如云存储则又涉及 PaaS,所以说 BaaS 是针对特殊领域的综合性服务,和 SaaS等是不同的划分关系,是云服务的一个分支。

无论是 SaaS、PaaS 还是 IaaS,其核心概念都是为用户提供按需服务。于是产生了"一切皆服务"(Everything as a Service,EaaS 或 XaaS)的理念。基于这种理念,以云计算为核心的创新型应用不断产生。企业和研究机构最终会把高级别的计算任务交给全球运行的服务器网络,也就是云。以下领先者在这一领域占据着主导位置,如表 1-1 所示。

表 1-1　几个云计算领先者的比较

Google	Yahoo	IBM	Microsoft	Amazon
唯一以硬件起家的搜索公司。每年在数据中心的投入超过 20 亿美元。成为云计算领域难以超越的领跑者和极力推动者	规模和资金比Google 稍逊一筹,开发的软件与云计算兼容不够。但是作为 Hadoop 的首要资助方,可能后来居上	商业数据计算的龙头和传统超级计算机的绝对领导者。与 Google 合作后立足云计算一方。为越南政府开发了飞行员"云"系统试点。并在无锡成立了数据中心	现在只能与自身开发的软件结合,这可能成为它的软肋。但是在"云"科学基础理论中扮演重要的角色。正在伊利诺伊州和西伯利亚建立大型数据中心	第一个将云计算作为服务出售的公司。规模小于其他竞争者,但是在该领域的专业性为这家零售商在下一代网络服务方面从零售到传媒业的转型助了一臂之力

1.1.3　云计算的部署配置模式

云计算的部署配置模式包括公有云、私有云、混合云、社区云。社区云也可以称为行业云,即以行业为中心,将供应链上的所有产业群围绕云共享服务,展开商业活动。

公有云(Public Cloud):简而言之,是由云服务提供商运营,为最终用户提供从应用程序、软件运行环境,到物理基础设施等各种各样的 IT 资源。在该方式下,云服务提供商需要保证所提供资源的安全性和可能性等非功能性需求,而最终用户不关心具体资源由谁提供、如何实现等问题。

私有云(Private Cloud):私有云是由企业自建自用的云计算中心,具备许多公有云环境的优点,例如弹性、适合提供服务。两者的差别在于私有云服务中,数据与程序皆在组织内管理,且与公有云服务不同,不会受到网络带宽、安全疑虑、法规限制影响;此外,私有云服务让供应者及用户更能掌控云基础架构、改善安全与弹性,因为用户与网络都受到特殊限制。

混合云(Hybrid Cloud):混合云是把"公共云"和"私有云"结合在一起的方式。在这个模式中,用户通常将非企业关键信息外包,并在公用云上处理,但同时掌控企业关键服务及数据。

社区云(Community Cloud)：社区云由众多利益相仿的组织掌控及使用，例如特定安全要求、共同宗旨等。社区成员共同使用云数据及应用程序。

云计算归根结底是一种 IT 服务提供模式，不论是公有云还是私有云(以 IT 设备的归属不同分类)，其本质都是 IT 的最终使用者可以随时随地并且简便快速地获取 IT 服务，并以获取服务的层次分为 IaaS(仅获取虚拟的硬件资源)、PaaS(获取可编程的环境)、SaaS(直接获取软件应用服务)。云计算服务通过公有、私有和混合云模式部署。目前，目前，公有云引领着云市场，占据着大量的市场份额。采用公有云的一个主要原因是"随需支付"的成本效益模型。另外，它还通过优化运营、支持和维护服务给云服务供应商带来了规模经济。私有云是使用第二多的模式，因为它相对来说更安全。混合云模型目前市场中占有的份额最少，但未来的发展空间巨大。用户可以根据其需求，选择适合自己的云计算模式。

1.1.4 云计算的特征

云计算(Cloud Computing)是分布式计算(Distributed Computing)、并行计算(Parallel Computing)、效用计算(Utility Computing)、网络存储(Network Storage Technologies)、虚拟化(Virtualization)、负载均衡(Load Balance)、热备份冗余(High Available)等传统计算机和网络技术发展融合的产物。被人们普遍接受的云计算具有如下特点。

(1) 超大规模。"云"具有相当的规模，Google 云计算已经拥有一百多万台服务器，Amazon、IBM、微软、Yahoo 等的"云"均拥有几十万台服务器。企业私有云一般拥有数百上千台服务器。"云"能赋予用户前所未有的计算能力。

(2) 虚拟化。云计算支持用户在任意位置、使用各种终端获取应用服务。所请求的资源来自"云"，而不是固定的有形的实体。应用在"云"中的某处运行，但实际上用户无须了解、也不用担心应用运行的具体位置。只需要一台笔记本或者一个手机，就可以通过网络服务来实现需要的一切，甚至包括超级计算这样的任务。

(3) 高可靠性。"云"使用了数据多副本容错、计算节点同构可互换等措施来保障服务的高可靠性，使用云计算比使用本地计算机可靠。

(4) 通用性。云计算不针对特定的应用，在"云"的支撑下可以构造出千变万化的应用，同一个"云"可以同时支撑不同的应用运行。

(5) 高可扩展性。"云"的规模可以动态伸缩，满足应用和用户规模增长的需要。

(6) 按需服务。"云"是一个庞大的资源池，可按需购买。消费者无须同服务提供商交互就可以自动地得到自助的计算资源能力，如服务器的时间、网络存储等(资源的自助服务)。

(7) 极其廉价。云系统对服务类型通过计量的方法来自动控制和优化资源使用(例如存储、处理、带宽以及活动用户数)。资源的使用可被监测、控制以及对供应商和用户提供透明的报告(即付即用的模式)。由于"云"的特殊容错措施可以采用极其廉价的节点来构成云；"云"的自动化集中式管理使大量企业无须负担日益高昂的数据中心管理成本；"云"的通用性使资源的利用率较之传统系统大幅提升，因此用户可以充分享受"云"

的低成本优势,经常只要花费几百美元、几天时间就能完成以前需要数万美元、数月时间才能完成的任务。云计算可以彻底改变人们未来的生活,但同时也要重视环境问题,这样才能真正为人类进步做贡献,而不是简单的技术提升。

(8) 潜在的危险性。云计算服务除了提供计算服务外,还必然提供了存储服务。但是云计算服务当前垄断在私人机构(企业)手中,而他们仅能够提供商业信用。政府机构、商业机构(特别像银行这样持有敏感数据的商业机构)对于选择云计算服务应保持足够的警惕。一旦商业用户大规模使用私人机构提供的云计算服务,无论其技术优势有多强,都不可避免地会让这些私人机构有机会以"数据(信息)"的重要性挟制整个社会。对于信息社会而言,"信息"是至关重要的。另一方面,云计算中的数据对于数据所有者以外的其他云计算用户是保密的,但是对于提供云计算的商业机构而言却是毫无秘密可言。所有这些潜在的危险,是商业机构和政府机构选择云计算服务、特别是国外机构提供的云计算服务时,不得不考虑的一个重要的前提。

1.1.5　云计算应用存在的主要问题

尽管使用云计算服务优点众多,但作为一项新生事物,云计算仍然面临一些问题,使人们对其仍然抱有怀疑和观望的态度。主要体现在以下几个方面。

(1) 安全。安全是云计算面临的首要问题。云计算意味着企业将把类似客户信息这类具有很高商业价值的数据存放到云计算服务提供商的手中,信息的安全性和私密性是用户非常关心的事情。对于严重依赖云计算的个人或企业用户,一旦服务提供商出现安全问题,他们存储在云中的数据可能会被长期遗忘在某个角落里甚至像石沉大海般消失得无影无踪。Google等云计算服务提供商造成的数据丢失和泄漏事件时有发生,这表明云计算的安全性和可靠性仍有待提高。根据IDC的调查结果,将近75%的受访企业认为安全是云计算发展路途上的最大挑战。相当数量的个人用户对云计算服务尚未建立充分的信任感,不敢把个人资料上传到"云"中,而观念上的转变和行为习惯的改变则非一日之功。安全已经成为云计算业务拓展的主要困扰之一。

(2) 技术。建立云计算系统是一个技术挑战。必须购买或征用数百或数千台个人计算机或服务器并将它们连在一起进行并行管理,并且需要开发功能丰富的软件以提供24×7的Web应用。此外,目前众多云计算服务提供商各自云计算服务的技术和标准还不统一,用户在选择时面临不少困惑。

(3) 经济。建立云计算服务花费巨大,只有大公司才可能够承担如此大规模的资源,那么这些提供云计算服务的公司如何获得足够的回报将是一个重要的问题。另外,收费模式和定价都是十分困难的事情,云计算将像其他新技术一样遇到盈利模式的问题。毕竟企业对于现有本地数据和业务往往已经建立了专有的数据中心,是否迁移以及如何以更低成本迁移到云计算平台之中是个不小的困扰。

(4) 网络。持久的宽带互联网接入是云计算成功运行的基本前提,但是目前接入是网络发展最主要的瓶颈,有赖于政府和企业投入更多的资源来提高接入的带宽和质量。

(5) 兼容性。用户已经习惯于现有的操作系统和文件系统,云计算要实现跨平台的服务,就必须保证现有文件格式与未来基于Web应用的文件格式能够兼容,否则很难使大多数用户向云计算迁移。

1.2 云计算的主要技术

云计算系统运用了许多技术,包括编程模型、数据管理技术、数据存储技术、虚拟化技术、云计算平台管理技术等。

1.2.1 Google 云计算的技术架构

Google 的云计算应用均依赖于 4 个基础组件,即分布式文件存储 GFS、并行数据处理模型 MapReduce、分布式锁 Chubby 和结构化数据表 BigTable。Google 的云计算技术架构如图 1-1 所示。

图 1-1 Google 的云计算技术架构

在这些组件中,其调用关系如图 1-2 所示。

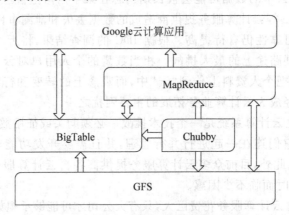

图 1-2 Google 的云计算组件调用关系

1. 分布式锁 Chubby

Chubby 系统本质上就是一个分布式的、存储大量小文件的文件系统。它是 Google 为解决分布式一致性问题而设计的提供粗粒度锁服务的文件系统,其他分布式系统可以使用它对共享资源的访问进行同步。根据它的设计目标,需要实现的特性有高可用性、高可靠性、支持粗粒度的建议性锁服务和支持小规模文件直接存储 4 个方面,而对高性能和存储能力两个特性一般不做考虑。Chubby 中的锁就是文件,在 GFS 的例子中,创建文件就是进行"加锁"操作,创建文件成功的那个 Server 其实就是抢占到了"锁"。用户通过打开、关闭和存取文件,获取共享锁或者独占锁;并且通过通信机制,向用户发送更新信息。

Chubby 的作用如下。

(1) 为 GFS 提供锁服务,选择 Master 节点;记录 Master 的相关描述信息。

(2) 通过独占锁记录 Chunk Server 的活跃情况。

(3) 为 BigTable 提供锁服务,记录子表元信息(如子表文件信息、子表分配信息、子表服务器信息)。

(4) (可能)记录 MapReduce 的任务信息。

(5) 为第三方提供锁服务与文件存储。

Chubby 的系统架构如图 1-3 所示。

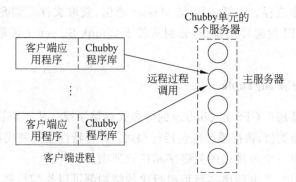

图 1-3　Chubby 的系统架构

2. 分布式文件存储 GFS

GFS 的容错机制包括 Chunk Server 容错和 Master 容错(影子节点热备)两个方面。分布式文件存储 GFS 的结构如图 1-4 所示。

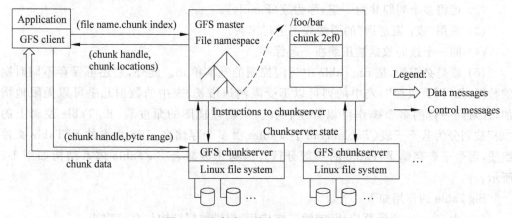

图 1-4　分布式文件存储 GFS 的结构

Chunk Server 容错机制主要表现在以下两方面。

（1）每个 Chunk 有多个存储副本（通常是三个），分别存储于不同的服务器上。

（2）每个 Chunk 又划分为若干 Block（64KB），每个 Block 对应一个 32b 的校验码，保证数据正确（若某个 Block 错误，则转移至其他 Chunk 副本）。

Master 容错（影子节点热备）机制主要表现在以下两方面。

（1）三类元数据：命名空间（目录结构）、Chunk 与文件名的映射以及 Chunk 副本的位置信息。

（2）前两类通过日志提供容错，Chunk 副本信息存储于 Chunk Server，Master 出现故障时可恢复。

GFS 的作用主要体现在以下两方面。

（1）存储 BigTable 的子表文件。

（2）为第三方应用提供大尺寸文件存储功能。

（3）文件读操作流程。包括 API 与 Master 通信，获取文件元信息；根据指定的读取位置和读取长度，API 发起并发操作，分别从若干 Chunk Server 上读取数据；API 组装所得数据，返回结果。

3. 结构化数据表 BigTable

BigTable 本质是基于 GFS 和 Chubby 的分布式存储系统。从逻辑视图角度看，总体上与关系数据库中的表类似，数据模型也包括行和列。其行特性主要表现在以下几方面。

（1）每行数据有一个可排序的关键字和任意列项。

（2）字符串、整数、二进制串甚至可串行化的结构都可以作为行键。

（3）表按照行键的"逐字节排序"顺序对行进行有序化处理。

（4）表内数据非常"稀疏"，不同的行的列的数目完全可以大不相同。

（5）URL 是较为常见的行键，存储时需要倒排。

URL 行特性主要表现在以下几个方面。

（1）特定含义的数据的集合，如图片、链接等。

（2）可将多个列归并为一组，称为族（Family）。

（3）采用"族：限定词"的语法规则进行定义。

（4）同一个族的数据被压缩在一起保存。

（5）族是必需的，是 BigTable 中访问控制的基本单元。此外，它还可保存不同时期的数据，如"网页快照"，表中的列可以不受限制地增长，表中的数据几乎可以无限地增加，针对同一行的多个操作可以分组合并。从物理视图的角度看，BigTable 逻辑上的"表"被划分为若干子表（Tablet），每个 Tablet 由多个存储在 GFS 之上的 SSTable 文件组成，每个子表存储了 Table 的一部分行。结构化数据表 BigTable 体系结构如图 1-5 所示。

BigTable 的作用如下。

（1）为 Google 云计算应用（或第三方应用）提供数据结构化存储功能。

（2）类似于数据库。

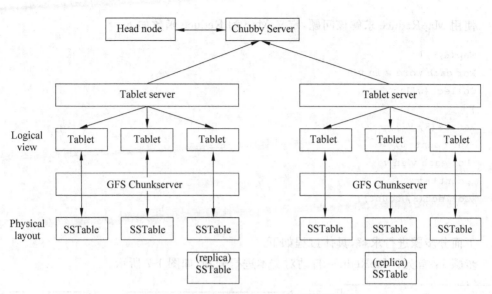

图 1-5　结构化数据表 BigTable 体系结构

（3）为应用提供简单的数据查询功能（不支持联合查询）。

（4）为 MapReduce 提供数据源或数据结果存储。

4. 并行数据处理模型 MapReduce

Google MapReduce 架构设计师 Jeffrey Dean 设计了一个新的抽象模型，使人们只须执行简单的计算，而将并行化、容错、数据分布、负载均衡等的杂乱细节放在一个库里，使人们在并行编程时不必关心它们，这就是 MapReduce。可见 MapReduce 是一个软件架构，是一种处理海量数据的并行编程模式，用于大规模数据集（通常大于 1TB）的并行运算。它实现了 Map 和 Reduce 两个功能。Map 把一个函数应用于集合中的所有成员，然后返回一个基于这个处理的结果集，Reduce 对结果集进行分类和归纳。Map（）和 Reduce（）两个函数可能会并行运行，即使不是在同一系统的同一时刻。

MapReduce 的作用如下。

（1）对 BigTable 中的数据进行并行计算处理（如统计、归类等）。

（2）使用 BigTable 或 GFS 存储计算结果。

案例：单词记数问题（Word Count），给定一个巨大的文本（如 1TB），计算单词出现的数目，如图 1-6 所示。

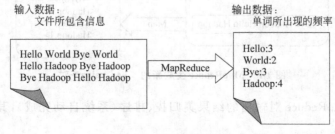

图 1-6　单词记数问题

使用 MapReduce 求解该问题,定义 Map 和 Reduce 函数如下。

```
Map(K,V){
For each word w in v
Collect(w,1);
}
Reduce(K, V[])
 int count=0;
 For each v in v
 count+=v;
 Collect(K, count);
 }
```

下面分步骤进行求解,具体过程如下。

步骤 1：首先,MapReduce 自动对文本进行分割,如图 1-7 所示。

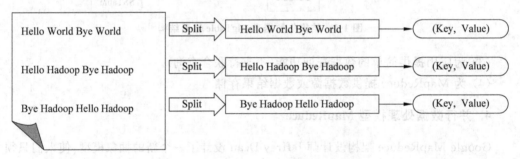

图 1-7　MapReduce 自动对文本进行分割

步骤 2：MapReduce 在分割之后,对每一对<key,value>进行用户定义的 Map 进行处理,再生成新的<key,value>对,如图 1-8 所示。

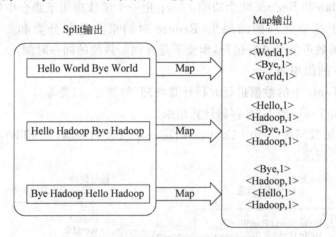

图 1-8　MapReduce 生成新的<key,value>对

步骤 3：MapReduce 对输出的结果集归拢、排序(系统自动完成),其过程如图 1-9 所示。

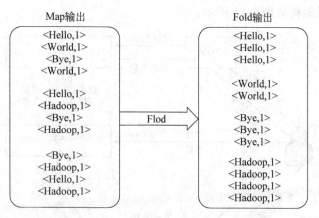

图 1-9 MapReduce 对输出的结果集归拢、排序

步骤 4：在上面步骤的基础上，MapReduce 通过 Reduce 操作生成最后结果，如图 1-10 所示。

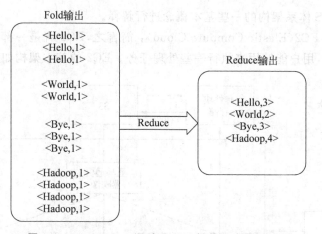

图 1-10 MapReduce 通过 Reduce 操作生成最后结果

1.2.2 亚马逊云计算 AWS

Amazon 提供的云计算服务主要有以下几方面。

（1）弹性计算云 EC2。

（2）简单存储服务 S3。

（3）简单数据库服务 Simple DB。

（4）简单队列服务 SQS。

（5）弹性 MapReduce 服务。

（6）内容推送服务 CloudFront。

（7）电子商务服务 DevPay。

（8）灵活支付服务 FPS。

AWS 的体系架构如图 1-11 所示。

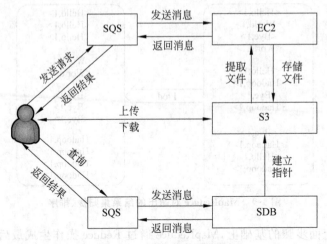

图 1-11　AWS 的体系架构

下面对 AWS 体系架构的一些基本概念进行解释。

弹性计算云 EC2(Elastic Compute Cloud)：简言之，EC2 就是一部具有无限采集能力的虚拟计算机，用户能够用来执行一些处理任务。EC2 的基本架构如图 1-12 所示。

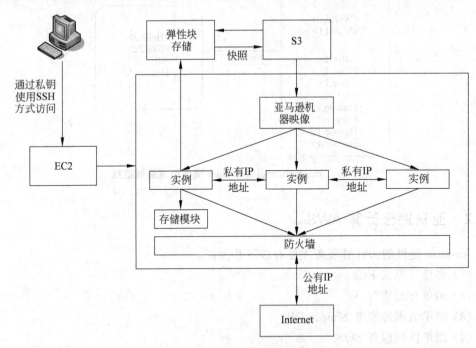

图 1-12　EC2 的基本架构

简单存储服务 S3(Simple Store Service)：S3 为任意类型的文件提供临时或永久的存储服务，是专为大型、非结构化的数据块设计的。

简单队列服务 SQS：解决低耦合系统间的通信问题，支持分布式计算机系统之间的工作流。

简单数据库服务 SimpleDB：是为复杂的、结构化数据建立的，支持数据的查找、删除、插入等操作。

1.2.3　微软云平台体系架构

微软云平台体系架构如图 1-13 所示，包含以下 4 个部分。

图 1-13　微软云平台体系架构

（1）最底层是微软全球基础服务系统——Global Foundation Services(GFS)，由遍布全球的第 4 代数据中心构成。

（2）GFS 之上是一个云计算基础服务层(Fundamental Service)。

（3）在此之上的是一个构建服务平台(Building Block Service)。

（4）再往上则是为客户提供的服务层(Finished Service)。

其中 Windows Azure 的存储由三个重要部分构成。

（1）Windows Azure Blob 部分：提供了二进制的图片、视频、文件以及大块数据的存储服务。存储机制(Blob)主要表现在以下几方面。

① 每个 Blob 可以高达 50GB。

② REST 接口。A-PUT Blob：插入新的 Blob 或者替换给定的 Blob，一次可上传 64MB，若大于 64MB，则分割重组，提供 Block 接口。B-GET Blob：获取整个或者部分 Blob。C-DELETE Blob。

（2）Windows Azure Table 部分：提供了结构化的存储。存储机制(Table)主要表现在以下几方面。

① 直接将实体类、实体对象存入表格结构当中。

② 分割 Table：分发 Entity 将 Table 扩展到存储节点上，并进行监视，动态调整。

③ Table 操作：使用 ADO.NET 数据服务的 API 来完成。

④ 更新操作的乐观一致性。获取实体到本地，同时获取版本号(HTTP ETag)。更新完毕向服务器保存，核对版本号，匹配则更新保存成功，新实体分配新 ETag；不匹配，重新获取再操作。

（3）Windows Azure Queue 部分：提供一个可靠的消息存储和消息服务。有点类似 Windows 系统自身的消息队列。存储机制(Queue)主要表现为容错机制。

Blob 和 Table 主要用来存储应用程序数据,Queue 可以用来在应用程序各个部分如 Web Role 实例和 Worker Role 实例间进行通信。

1.2.4　开源云计算系统 Hadoop

Hadoop 由 Apache Software Foundation 公司于 2005 年秋天作为 Lucene 的子项目 Nutch 的一部分正式引入。它受到最先由 Google Lab 开发的 Map/Reduce 和 Google File System(GFS) 的启发,是一个由 Apache 基金会所开发的分布式系统基础架构。

1. Hadoop 的体系结构

Hadoop 由许多元素构成,体系结构如图 1-14 所示。

图 1-14　Hadoop 的体系结构

其最底部是 Hadoop Distributed File System (HDFS),它存储 Hadoop 集群中所有存储节点上的文件。 HDFS(对于本文)的上一层是 MapReduce 引擎,该引擎由 JobTrackers 和 TaskTrackers 组成。通过对 Hadoop 分布式计算平台最核心的分布式文件系统 HDFS、 MapReduce 处理过程,以及数据仓库工具 Hive 和分布式数据库 Hbase 的介绍,基本涵盖了 Hadoop 分布式平台的所有技术核心。HDFS 为了做到可靠性创建了多份数据块的复制,并将它们放置在服务器群的计算节点中,MapReduce 就可以在它们所在的节点上处理这些数据了。

2. Hadoop 与 Google 比较

Hadoop 与 Google 之间的差异可通过两者间的体系结构差异得出,如图 1-15 所示。

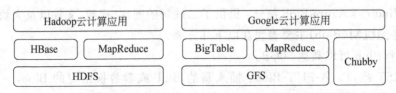

图 1-15　Hadoop 与 Google 技术架构比较

技术架构的比较主要表现在以下几方面。
(1) 数据结构化管理组件:Hbase→BigTable。
(2) 并行计算模型:MapReduce→MapReduce。
(3) 分布式文件系统:HDFS→GFS。
(4) Hadoop 缺少分布式锁服务 Chubby。

3. HDFS 与 GFS 比较

HDFS 与 GFS 之间的差异主要表现在中心服务器模式的差异和子服务器管理模式差异两个方面,如下所述。
1) 中心服务器模式的差异
GFS:多台物理服务器,选择一台对外服务,损坏时可选择另外一台提供服务。

HDFS：单一中心服务器模式，存在单点故障。

原因：Hadoop 缺少分布式锁服务。

2）子服务器管理模式差异

GFS：Chunk Server 在 Chubby 中获取独占锁表示其生存状态，Master 通过轮询这些独占锁获知 Chunk Server 的生存状态。

HDFS：DataNode 通过心跳的方式告知 NameNode 其生存状态。

GFS 中，Master 损坏时，替补服务器可以快速获知 Chunk Server 的状态。HDFS 中，NameNode 损坏后，NameNode 恢复时需要花费一段时间获知 DataNode 的状态。在添加数据存储节点时，GFS 的伸缩性较 HDFS 要好。

原因：Hadoop 缺乏分布式锁服务。

HDFS 具备安全模式：获知数据块副本状态，若副本不足，则复制副本至安全数目（如三个）。

GFS 不具备安全模式：API 读取副本失败时，Master 负责发起复制任务。

HDFS 具备空间回收机制：

① 文件删除时，仅删除目录结构；

② 实际数据的删除在等待一段时间后实施；

③ 优点是便于恢复文件。

1.2.5　虚拟化技术

虚拟化实现了 IT 资源的逻辑抽象和统一表示，在大规模数据中心管理和解决方案交付方面发挥着巨大的作用，是支撑云计算伟大构想的最重要的技术基石。虚拟化是一个广义的术语，在计算机方面通常是指计算元件在虚拟的基础上而不是真实的基础上运行。虚拟化技术可以扩大硬件的容量，简化软件的重新配置过程。虚拟机（Virtual Machine，VM）可以像真实机器一样运行程序的计算机的软件实现。虚拟化技术分为硬件虚拟化和软件虚拟化，从数据中心的角度看，大家谈论的往往都是硬件虚拟化。硬件虚拟化是相对于软件虚拟化来讲的，软件虚拟化是将虚拟化软件安装在操作系统之上，所有虚拟机的运行都要经过虚拟化软件翻译进而由操作系统来调用硬件完成操作，效率非常低下。而硬件虚拟化克服了软件虚拟化的弊病，将虚拟化软件安装在硬件和操作系统之间，这样可以由虚拟化软件直接调用硬件为所有的虚拟机提供服务，效率问题得以解决。

如今，虚拟化技术的各方面都有了进步，虚拟化也从纯软件逐步深入到处理器级虚拟化，再到平台级虚拟化乃至输入输出级虚拟化，代表性技术就是 Intel Virtualization Technology for Directed I/O(Intel VT-d)。芯片组在虚拟化道路上经历了三个阶段。第一阶段，芯片虚拟化。操作系统默认情况下都是安装在 CPU 的 Ring0 这一个特权层上，而 Hypervisor 要想直接调用硬件，也需要安装在这一层，这就会产生很多问题。而芯片厂商通过重新设计 CPU，增加了一个 Ring1 层来存放 Hypervisor，管理和调度虚拟机操作系统。代表性的技术为 AMD 的 AMD-V 和 Intel 的 Intel VT。可以看到，Inter VT 的出现，可以解决重要的虚拟处理器架构问题，让纯软件虚拟化解决方案的性能问题得以大大缓解。第二阶段：内存虚拟化。随着虚拟化技术的不断发展，内存的效率成为人们的关注点,芯片厂商随之设计了通过硬件支持来解决繁重的内存映射,AMD 称之为 NPT,而 Intel 称之为 EPT。第三阶段:IO 虚拟化。现阶段,IO 虚拟化可以让虚拟机直接调用物理服务器上的硬件,起到安全和隔离的作用,也保障了部分场景中虚拟机的性能。AMD 的 IOMMU 和 Intel 的 VT-D 就是负责从硬件层面来优化这项技术的。I/O 虚拟化的关键在于解决 I/O 设备与虚拟机数据交换的问题,而这部分主要相关的是 DMA 直接内存存取,以及 IRQ 中断请求,只要解决好这两个方面的隔离、保护以及性能问题,就是成功的 I/O 虚拟化。

虚拟化技术的优势主要表现在以下几方面。

(1)降低成本,节能减排。虚拟化可以大大降低企业在 IT 方面的硬件投入,维护成本,提高了服务器的利用率,降低数据中心的能耗,减少温室气体的排放。

(2)提高 IT 管理水平。虚拟化技术的不断创新让一些传统管理方式无法实现的任务,如在线迁移、快速批量部署、快照回滚等得到实现。虚拟机迁移技术为服务器虚拟化提供了便捷的方法。当前流行的虚拟化工具如 VMware、Xen、HyperV、KVM 都提供了各自的迁移组件。迁移服务器可以为用户节省管理资金、维护费用和升级费用。这提高了企业 IT 的管理水平,增加了用户的满意度。

用户在为虚拟化环境购买服务器时应注意以下几点。

(1)服务器是否能够正常运行虚拟化软件,也就是说它是否在虚拟化软件的兼容列表之内。

(2)尽量选择各厂商中最主流的服务器,因为主流的服务器往往是销量最大出问题概率最小的服务器。

(3)根据未来的需求和预算情况选择服务器的配置。虚拟化技术有个特点,需要很强的并发处理能力,这样才能托管更多的虚拟机,反映到服务器上就是 CPU 的核心数量,CPU 的核心越多,并发处理能力越强。在选择服务器的 CPU 时,应尽量选择多核的 CPU,如 4 核、8 核、10 核,甚至 AMD 最新的 16 核的处理器,这样既可以节省软件许可数量,也可以提高整合比,减少物理服务器的数量,节省企业的成本。

虚拟化和云计算技术正在快速地发展,业界各大厂商纷纷制定相应的战略,新的概念、观点和产品不断涌现。下面简单分析几大虚拟化厂商之间的优缺点。

Citrix 公司:Citrix 公司是近两年增长非常快的一家公司,得益于云计算的兴起。Citrix 公司主要有三大产品,服务器虚拟化 XenServer,优点是便宜,管理一般;应用虚拟化 XenAPP,桌面虚拟化 Xendesktop。后两者是目前为止最成熟的桌面虚拟化与应用虚拟化厂家。企业级 VDI 解决方案中不少都是结合使用 Citrix 公司的 Xendesktop 与 XenApp。

IBM:在 2007 年 11 月的 IBM 虚拟科技大会上,IBM 就提出了"新一代虚拟化"的概念。只是时至今日,成功的案例并不多见,像陕西榆林地区的中国神华分公司的失败案例倒是不少。不过笔者认为,IBM 虚拟化还是具备以下两点优势:第一,IBM 丰富的产品线,以及对自有品牌良好的兼容性;第二,强大的研发实力,可以提供较全面的咨询方案,只是成本过高,不是每一个客户都这么富有。加上其对第三方支持兼容较差,运维操作也比较复杂,对于企业来说是把双刃剑。并且 IBM 所谓的虚拟化只是服务器虚拟化,而非真正的虚拟化。

　　VMware：作为业内虚拟化领先的厂商，VMware 公司一直以其易用性和管理性得到人们的认同。只是受其架构的影响限制，VMware 还主要是在 X86 平台服务器上有较大优势，而非真正的 IT 信息虚拟化。另外，其本身只是软件方案解决商，而非像 IBM 与微软这样拥有各自阵地用户基础的厂商。所以，当前对于 VMware 公司来说，将面临多方面的挑战，这其中包括微软、XenSource（被 Citrix 购得）以及 Parallels、IBM 公司。所以，未来对于 VMware 公司来说这条虚拟化之道能否继续顺风顺水下去还真不好说。

　　微软：2008 年，随着微软 Virtualization 的正式推出，微软已经拥有了从桌面虚拟化、服务器虚拟化到应用虚拟化、展现层虚拟化的完备产品线。至此，其全面出击的虚拟化战略已经完全浮出水面。因为，在微软眼中虚拟化绝非简单的加固服务器和降低数据中心的成本。它还意味着帮助更多的 IT 部门最大化 ROI，并在整个企业范围内降低成本，同时强化业务持续性。这也是微软为什么研发了一系列的产品，用以支持整个物理和虚拟基础架构。

　　并且，近两年随着虚拟化技术的快速发展，虚拟化技术已经走出了局域网，从而延伸到了整个广域网。几大厂商的代理商业越来越重视客户对虚拟化解决方案需求的分析，因此也不局限于仅与一家厂商代理虚拟化产品。

1.2.6　代表性云计算方案及服务比较

　　通过对 Google App Engine、亚马逊 AWS 和微软 Azure 的分析，可得出它们之间的差异。Google App Engine、亚马逊 AWS 和微软 Azure 的云计算方案比较如图 1-16 所示。

	Google App Engine	亚马逊AWS	微软Azure
提供的服务类型	PaaS	IaaS、PaaS、SaaS	PaaS
服务间的关联度	所有服务被捆绑在一起，耦合度高	可以任意选择服务组合，耦合度低	可以任意选择服务组合，耦合度低
虚拟化技术	未使用	Xen	Hyper-V
运行环境	Google自身提供的环境，位于云端	亚马逊平台，位于云端	云端或本地
支持的编程语言	Python、Java	多种	多种
使用的数据库	Datastore(构建在BigTable之上)	用户可以根据需要在EC2上运行Oracle、SQL Server等，也可使用亚马逊的SimpleDB	改进的SQL Server
使用限制	最多	最少	较少
实现功能	最少	最多	较多
计费方式	有免费部分和收费项目	按实际使用量付费	按实际使用量付费
可扩展性	自动扩充所需资源并进行负载均衡	需要手动或通过编程自动地增加所需的虚拟机数量	需要手动或通过编程自动地增加所需的虚拟机数量
不同应用之间的隔离	通过沙盒来实现	不同的应用运行在不同的虚拟机，以此实现隔离	不同的应用运行在不同的虚拟机，以此实现隔离

图 1-16　Google App Engine、亚马逊 AWS 和微软 Azure 的云计算方案对比

MapReduce、EC2 和 Azure 计算服务比较如图 1-17 所示。

	MapReduce	EC2	Azure计算服务
服务类型	PaaS	IaaS	PaaS
虚拟机的使用	未使用	用户可以根据需要设置运行虚拟机的硬件配置	系统自动分配
运行环境	Google自身提供的环境,用户无法自行调配	由用户自行提供运行程序所需的AMI(亚马逊机器映像)	程序运行在系统自动为用户生成的装有Windows Server 2008的虚拟机上
易用性	最好	稍差	较好
灵活性	稍差	最好	较好
适用的应用程序	适合可以并行处理的应用程序	任意	任意可在Windows Server 2008上运行的程序,尤其适合有大量并行用户的应用程序

图 1-17   MapReduce、EC2 和 Azure 计算服务对比

GFS、S3 和 Blob 存储服务比较如图 1-18 所示。

	GFS	S3	Blob存储
系统结构	数据块服务器上的文件分块存储	桶、对象两级模式	容器、Blob两级模式
可扩展性	可通过增加数据块服务器数量扩展存储容量	可通过增加桶中对象数量扩展存储容量	可通过增加容器中Blob数量扩展存储容量
数据交互方式	用户和数据块服务器进行数据交互	用户可以从获得授权的对象中取得数据	用户可以从获得授权的Blob中取得数据
存储限制	无特殊限制	桶的数量和对象的大小有限制,但对象的数量无限制	Blob大小有限制,但是容器和Blob数量未限制
容量扩展方式	自动	手动或编程实现自动扩容	手动或编程实现自动扩容
容错技术	针对主、从服务器有各自的容错技术	数据监听回传、Merkle哈希树、数据冗余存储	仅重传出错的Block(块)、数据冗余存储

图 1-18   GFS、S3 和 Blob 存储服务对比

Google App Engine Datastore、亚马逊 SimpleDB 和微软 SQL 数据库服务比较如图 1-19 所示。

由于各个技术厂商的发展不同,上述表格在不同阶段会有变化。

	Google App Engine Datastore	亚马逊SimpleDB	微软SQL数据服务
系统结构	Model、实体组、实体三级模式	域、条目、属性、值4级模式	Authority、容器、实体三级模式
主要存储的数据类型	结构化和半结构化数据	结构化数据	结构化数据
所用的查询语言	GQL	支持有限的SQL语句	SQL
查询限制	返回的结果不能超过1000条	响应时间不能超过5s	返回的结果不能超过500页
数据更新时间	有延迟,但不是常态	有延迟	没有延迟
实现的功能	较多	最少	最多

图 1-19 **Google App Engine Datastore、亚马逊 SimpleDB 和微软 SQL 数据库服务对比**

1.3 云计算体系结构中的多层次研究

云计算使得一切皆服务成为可能,无论是商业流程还是人机交互,并且通过这些技术产生了全新的商业模式,一体化的共享服务平台。从技术的角度来讲,是将企业所有的服务器、存储等基础设施以及网络整合到统一的云平台上。企业的运营管理、决策分析都将基于云平台展开。互联网的计算架构正在从"服务器+客户端"模式向"云服务平台+客户端"模式演变。无论是 SaaS、PaaS 还是 IaaS,其核心概念都是为用户提供按需服务。从最根本的意义来说,云计算就是数据存储在云端,应用和服务存储在云端,充分利用数据中心强大的计算能力,实现用户业务系统的自适应性。基于这种理念,以云计算为核心的创新型应用不断产生。门户的设计要遵循应用即服务(Application as a service,AaaS) 的理念,所有的资源和功能都以服务的形式提供给云客户端。本节从不同角度提出了云计算体系结构中的多层次应用,包括云应用系统的服务架构层次、云存储架构层次和 5 层驱动模型的 SaaS 架构设计等,为云计算相关研究提供了参考。

1.3.1 云计算的定义与特点

Wiki 定义:云计算是一种通过 Internet 以服务的方式提供动态可伸缩的虚拟化的资源的计算模式。表现为四种部署模型、三种服务模型、云计算的七个特征,如图 1-20 所示。

1.3.2 云应用系统的服务架构层次

当前的云计算应用系统主要分为两类:一类是垂直型云计算系统,其特点是应用系统往往直接构建在物理基础设施之上,独立拥有一整套硬软件环境,系统在应用层支持多租户使用,通过部署多个垂直系统实例来满足增长的需求。另一类是混合型云计算系统,该类系统以资源整合为基础,利用虚拟化技术,将虚拟机作为一种服务项目租给用户

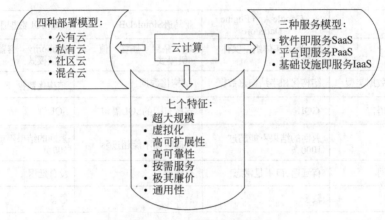

图 1-20 云计算表现形式

使用,产生效益,从而使得资源利用率提高、能耗降低。作为一种新的分布式计算平台,云计算应用系统的特性表现为以下几点。

(1)云计算中资源是物理分布、逻辑统一的整体。

(2)硬件和软件都是云计算中的资源,所有资源都被视为服务。

(3)所有资源都可以根据用户需求动态扩展和配置,具有高度的可伸缩性。

(4)用户可以根据需求选择任意规模、任意类型的资源,并按实际使用量付费。

1. 云存储架构层次

云存储系统的结构模型由 4 层组成,如图 1-21 所示。

图 1-21 云存储系统的结构模型

存储层:是云存储基础的部分,存储设备可以是 FC 光纤通道存储设备,可以是 NAS 中的存储设备,往往数量庞大且分布在不同地域,彼此之间通过广域网、互联网或者 FC

光纤通道网络连接在一起。

　　基础管理层：是云存储核心的部分，通过集群、分布式文件系统和网格计算等技术，实现云存储中多个存储设备之间的协同工作，使多个存储设备可以对外提供同一种服务，并提供更大更强更好的数据访问性能。内容分发系统、数据加密技术保证云存储中的数据不会被未授权的用户所访问，同时，通过各种数据备份和容灾技术和措施可以保证云存储中的数据不会丢失，保证云存储自身的安全和稳定。

　　应用接口层：云存储最灵活多变的部分，不同的云存储运营单位可以根据实际业务类型，开发不同的应用服务接口，提供不同的应用服务。

　　访问层：任何一个授权用户都可以通过标准的公用应用接口来登录云存储系统，享受云存储服务。云存储运营单位不同，云存储提供的访问类型和访问手段也不同。

2. 云网络参考架构层次

　　云的网络参考架构如图 1-22 所示，分为 4 个层次：网络资源池（Network Resource Pool，NRP），网络操作接口（Network Operation Interface，NOI），网络运行环境（Network Runtime Environment，NRE）和网络协议服务（Network Protocol Service，NPS）。

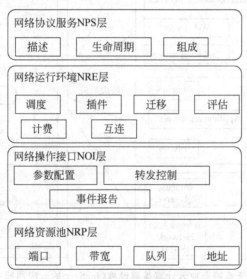

图 1-22　云的网络参考架构

　　其中，网络资源池（NRP）是一些网络资源，如端口、带宽、队列、地址，可作为一个基本的服务相关的数据包转发。网络操作接口（NOI）是开放的、标准化的 API，以配置和管理 NRP。网络运行环境（NRE）可以设立和运行协议服务实例（一个协议集），负责计费、资源分配、评估、互连每个协议服务实例和可靠的保证。网络协议服务（NPS）包括三个功能：网络协议的服务描述，网络协议的服务生命周期管理，网络协议的服务组成。

3. 云应用系统的服务架构层次

云应用系统在具体实施过程中,可分为以下几种。

(1) 架构于系统商业云计算基础设施(IaaS)上的云应用服务。

(2) 架构于系统商业云平台(PaaS)上的云应用服务。

(3) 架构于系统商业云软件(SaaS)上的云应用服务。

(4) 架构于以上三者混合的系统商业云上的云应用服务。

其中,架构于系统商业云计算基础设施(IaaS)上的云应用服务的平台架构,如图1-23所示。

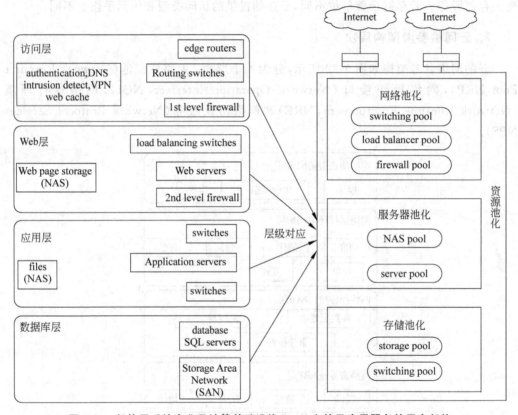

图 1-23　架构于系统商业云计算基础设施(IaaS)上的云应用服务的平台架构

云由云计算平台和云服务应用两个层面组成。企业可以将基础设施包括传统的服务器、操作系统、存储运维等都统一部署在一个平台上,这是一个技术的层面,企业可以不必过多地关注这个平台本身,而只关注应用。其二,政府、企业和个人可以根据不同的需求部署成不同的应用,形成个性化的交付模式,形成一种云服务。一个是云技术层面,一个是云服务层面。在此基础上,可构建一般通用的云应用系统的服务架构层次,如图1-24所示。

其中,物理资源层将计算、存储和网络等资源组织为资源池的方式进行统一管理,以获得最大资源利用率。虚拟化平台层利用虚拟化技术将硬件资源划分为虚拟硬件,从而

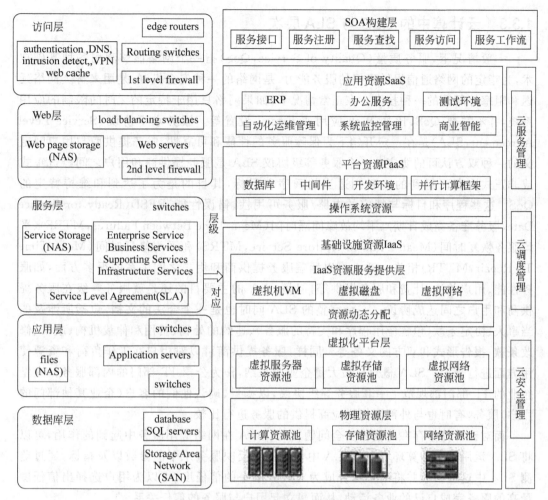

图 1-24　通用的云应用系统的服务架构

提供虚拟 CPU、虚拟存储、虚拟网络等更细粒度的资源。IaaS 资源服务提供层主要包括计算资源和存储资源,整个基础设施也可以作为一种服务向用户提供,不仅包括虚拟化的计算资源、存储,同时还要保证用户访问时的网络带宽等。平台资源 PaaS 层可以认为是整个云计算系统的核心层,提供应用程序运行及维护所需要的一切平台资源。主要包括并行程序设计和开发环境、分布式存储管理系统、分布式文件系统以及实现云计算的其他系统管理工具(数据库、中间件等),开发者不用担心应用运行时所需要的资源。应用资源 SaaS 层是面向用户提供简单的软件应用服务以及用户交互接口等,这一层称为软件即服务,即 SaaS。SOA 构建层主要负责将信息服务组件按照 Web 服务标准进行封装,并能通过工作流引擎直接使用系统提供的服务,也可以通过资源目录和交换体系进行服务注册、发布、查找和服务调用。

1.3.3　云计算中的 QoS 与 SLA 层次

一般情况下,服务质量(Quality of Service,QoS)指一个网络能够利用各种基础技术,为指定的网络通信提供更好的服务能力,是网络的一种安全机制,是用来解决网络延迟和阻塞等问题的一种技术。在正常情况下,如果网络只用于特定的无时间限制的应用系统,并不需要 QoS,比如 Web 应用或 E-mail 设置等。服务水平协议(Service Level Agreement,SLA)是在一定开销下为保障服务的性能和可靠性,服务提供商与用户间定义的一种双方认可的协定。一个服务等级协议 SLA 是服务提供商和用户之间经过正式或非正式协商而得到的一系列适当的程序和目标,其目的是为了达到和维持特定的 QoS。这些程序和目标与特定的电路/服务可用性、错误性能、RFSD(Ready for Service Date,服务准备完成日期)、平均故障间隔时间(Mean Time Between Failures,MTBF)、平均服务恢复时间(Mean Time to Restore Service,MTRS)和平均修复时间(Mean Time To Repair,MTTR)相关。SLA 可以涵盖服务提供商和用户之间关系的很多方面,如服务性能、用户关注、计费和服务提供等,但是 SLA 的主要目的还是就服务等级在服务提供商和用户之间达成协议。一个完整的 SLA 同时也是一个合法的文档,包括所涉及的当事人、协定条款(包含应用程序和支持的服务)、违约的处罚、费用和仲裁机构、政策、修改条款、报告形式和双方的义务等。同样,服务提供商可以对用户在工作负荷和资源使用方面进行规定。SLA 概念已被大量企业所采纳,作为公司 IT 部门的内部服务。大型企业的 IT 部门都规范了一套服务等级协议,以衡量、确认他们的客户(企业其他部门的用户)服务,有时也与外部网络供应商提供的服务进行比较。

面对云计算中存在的信任安全问题,以及 SLA 在网络应用服务中起到的作用,可以将 SLA 运用到云计算环境中。SLA 中包含多项反映服务水平的参数以及指标,通过监测 SLA 中这些参数并将结果综合成为对服务水平的信任度,可以为用户选择出信任度最高的服务完成自己的业务活动,从而建立起用户与服务的信任关系。

云计算中的 QoS 体系结构如图 1-25 所示。

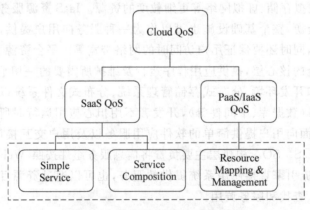

图 1-25　云计算中的 QoS 体系结构

在网络服务中服务等级协议(SLA)是很常见的,它们常常被用来表述网络服务的限制因素——通常被称为 QoS(服务质量)。但是,在云计算或平台服务中,很难找到可用的指标来作为 SLA 谈判的标准。目前,云计算服务提供商一般向用户提供 4 种云服务:基础设施即服务 IaaS,软件即服务 SaaS,平台即服务 PaaS 以及存储即服务。云计算环境中各服务类型不尽相同,侧重点也不同,因此用户付费使用服务时,针对不同的服务,涉及的服务评估参数和指标也不相同。

　　基础设施即服务(IaaS)是云计算所能提供的最基本的服务形式,是通过出租虚拟机、服务器等基础资源类设施来为用户服务的云计算业务形式。在提供基础设施服务的平台 IaaS 中,SLA 中参数与具体提供的基础设施相关,如负载大小、处理速度、CPU 大小、磁盘容量、RAM、内部网络、外部网络等,表 1-2 列出了常见的 IaaS 中包含的参数信息。

表 1-2　针对 IaaS 的 SLA 参数

参　　数	描　　述
CPU 容量	虚拟机 CPU 大小
内存大小	虚拟机实际内存
启动时间	虚拟机完成从准备到交付使用过程所需时间
存储	用户的数据存储空间
虚拟机数向上扩展	每个用户能够使用的最大虚拟机数
虚拟机数向下扩展	每个用户能够使用的最小虚拟机数
虚拟机响应时间向上扩展	每增加一个虚拟机的时间
虚拟机响应时间向下扩展	每减少一个虚拟机的时间
自动扩展	能否支持自动扩展
物理机最大配置数	每个物理服务器上可执行的虚拟机数
可用性	在特定时间段内服务的正常运行时间
响应时间	完成和处理进程时间

　　通过 PaaS 所提供的平台环境,用户可以基于云计算服务提供商所提供的在线平台和环境实现软件和应用的在线开发、测试和部署等。换言之,PaaS 能够为用户带来更高性能、更具个性化的服务。因此 SLA 中属性参数应该包括开发语言、开放性等,如表 1-3 所示。

表 1-3　针对 PaaS 的 SLA 参数

参　　数	描　　述
集成性	平台与其他服务和平台的集成性
扩展性	平台对多用户使用的支持性
即付使用性	根据服务的资源和时间收取平台使用费
开发语言	可支持开发所用的语言
服务器支持度	平台能够支持服务器的种类
浏览器支持度	平台能够支持浏览器的种类
开发人员支持度	平台能够支持可连接的开发人员数目

　　软件即服务(SaaS)是软件通过互联网来交付,向用户收取月服务费。用户通过互联网来使用软件,不需要一次性购买软件、硬件,也不需要维护和升级。SaaS 运营商统一安

装、升级、维护软件和硬件。因此,SLA参数应该包括用户在使用软件过程中更关心的可用性、可靠性、简易性等因素,如表1-4所示。

表1-4　针对SaaS的SLA参数

参　　数	描　　述
可靠性	保持持续工作的能力
简易性	用户操作界面简单易用
扩展性	对大规模用户的支持性
可用性	在特定时间段内软件的持续工作性
自定制性	满足不同的用户需求

存储即服务,就是基于存储虚拟化等技术,在云计算数据中心中实现对用户海量数据的存储。在实际中,存储即服务所涉及的SLA相关参数,主要包括用户数据的存储位置、存储服务提供商存储空间的收费情况、用户接入自己数据的连接带宽情况等,存储即服务的重点SLA参数如表1-5所示。

表1-5　存储即服务的重点SLA参数

参　　数	描　　述
地理位置	用户数据存储的地理位置分布情况
可扩展性	业务提供商增加和减少用户数据存储空间的能力
存储空间	业务提供商所拥有的最大存储空间
存储费用	用户按需存储数据的收费情况
安全	关于用户数据的加密、认证等安全环节
隐私	用户按需存储数据中涉及的隐私信息保护
备份	用户数据如何在业务提供商的数据中心实现安全备份
恢复	发生灾难等极端情况下对数据恢复的支持度
系统吞吐量	特定时刻内用户获取自己数据的最大系统带宽
传送带宽	用户访问自己存储数据的通信带宽
数据生命周期管理	用户数据在提供商数据中心的日常管理说明

除以上所介绍的分别针对4种不同云计算服务形式的特定SLA参数,对于一般意义上的云计算服务来说,也存在一些具有普遍意义的SLA参数。在每种服务中除了包含一些特定的参数外,有些参数不仅在一种类型服务中存在,如在PaaS和SaaS中均存扩展性,因此在这些服务中存在一些通用服务指标,可以在SLA中设置参数统一测量,如表1-6所示。

表1-6　针对一般云计算服务的SLA参数

参　　数	描　　述
监控	业务提供商内部的监控机构和方式
计费模式	使用云计算业务所需费用的计算依据
安全	关于用户数据的加密、认证等安全环节
网络	业务提供商能够提供的网络条件:IP数量,网络带宽和负载均衡等

续表

参　　数	描　　述
隐私	用户按需存储数据中涉及的隐私信息保护
支持服务	要求业务提供商能为用户提供简洁清晰的帮助指南
本地和国际策略	业务提供商对本地和国际策略的支持度

当企业购买网络服务时,他们认识到他们在云计算可用性和性能问题方面是处于弱势地位的——有时甚至是极其的羸弱。解决这个问题的方法就是与云计算服务供应商谈判并签署一份云计算 SLA。在 SaaS 中,虚拟资源囊括一切,因为用户没有提供任何组件。因此,云计算服务供应商应具备对其完全的控制,并应编写一个关于所有应用程序非网络组件的 SLA。在诸如平台即服务(PaaS)或基础设施即服务(IaaS)这样的低级云计算服务中,供应商应当确保他们所提供的服务;目标是确定如何度量供应商所提供服务的性能。在 IaaS 中,应用程序分配至服务器的速度将是最具可变性的因素,而当发生故障时一台新服务器替代发生故障服务器工作的速度将决定可用性。PaaS 是 SLA 条款中最成问题的一部分,因为得到的并不是一个特定硬件的承诺,而是一个在一定程度上可能包括大量物理主机和软件元素的平台的承诺。确定有多少响应时间可变性可能会要求你在云中建立一个"Ping 点",通过这个点可以扣除端到端应用程序延时以测量网络延迟,从而确定云计算应用程序处理所做的贡献。无论如何决定,这些条款都必须明确地在合同中注明,而供应商也必须接受这些条款。云计算 SLA 可能不会仅仅对买方有利,但在当今时代的许多 SLA 确实如此。小心谨慎,至少可以得到一个能够控制风险等级并确保所使用的云计算服务能够满足企业目标的云计算 SLA。

1.3.4　云计算的运维管理

对于云计算提供商来说,当云计算平台根据规划和设计建设完成之后,下一步就是如何通过云计算管理平台进行运行维护的管理。在云计算技术体系架构中,运维管理提供 IaaS 层、PaaS 层、SaaS 层资源的全生命周期的运维管理,实现物理资源、虚拟资源的统一管理,提供资源管理、统计、监控调度、服务掌控等端到端的综合管理能力。从云计算用户的角度来看,他们期望云计算服务具有如下一些重要特征。

(1) 服务的快速提供,最好是用户通过网页使用鼠标单击,就可获得所需要的服务。

(2) 服务的动态伸缩,根据服务的访问量,管理平台能够自动调整支持服务的资源,从而保障服务的质量。

(3) 灵活的定价策略,根据使用率收费。从服务提供商角度来看,他们希望自己的服务能够支持大量用户,能够适应用户的各种特定需求,能够快速开发出新的服务。

云计算服务的这些特点对运维管理系统提出了明确的要求。云运维管理和运维人员面向的是所有的云资源,要完成对不同资源的分配、调度和监控。同时,应能够向用户展示虚拟资源和物理资源的关系和拓扑结构。一般来说,云计算运维管理的目标包括:可见,可控,自动化。所谓"可见"是指给用户和管理人员提供友好的界面和接口以便他们能够操作和实施相应的功能。当前的云计算系统普遍使用图形界面或 REST 类接口。

通过这些界面或接口,用户可以提交服务请求,用户和管理人员可以跟踪查看服务请求的执行状态,管理人员可以调控服务请求的执行过程和性能表现,服务质量与资源使用状况的统计也可以通过直观的图表形式展现出来。所谓"可控"是指在运行管理的过程中整合人员、流程、数据和技术等因素,以确保云计算服务满足合同约定的服务等级,保证云计算提供商提供服务的效率从而维持一定的盈利能力。可控性关注的方面包括:根据最佳实践经验响应用户的服务请求并确保服务过程符合组织流程,确保服务提供的方式符合公司的运营政策,实现基于使用的计费管理,实现符合用户需要的信息安全管理,实现资源使用的优化,实现绿色的能源管理。所谓"自动化"是指云计算服务的运维管理系统能够自动地根据用户请求执行服务的开通,能够自动监控并应对服务运行中出现的事件。更进一步,自助服务是自动化在用户订阅和服务配置方面的体现。在实现"自动化"的过程中,需要关注的主要方面包括:自助服务的方式和自动化的服务开通;自动的IT资源管理以实现优化的资源利用;根据用户流量变化实现服务容量的自动伸缩;自动化的流程以实现云计算环境中的变更管理、配置管理、事件管理、问题管理、服务终结和资源释放管理等。云运维管理的目标是适应上述的变化,改进运维的方式和流程来实现云资源的运行维护管理。云计算运维管理应提供如下功能。

第一,自服务门户。自服务门户将支撑基础设施资源、平台资源和应用资源以服务的方式交互给用户使用,提供基础设施资源、平台资源和应用资源服务的检索、资源使用情况统计等自服务功能,需要根据不同的用户提供不同的展示功能,并有效隔离多用户的数据。

第二,身份与访问管理。身份与访问管理提供身份的访问管理,只有授权的用户才能访问相应的功能和数据,对资源服务提出使用申请。

第三,服务目录管理。建立基础设施资源、平台资源和应用资源的逻辑视图,形成云计算及服务目录,供服务消费者与管理者查询。服务目录应定义服务的类型、基本信息、能力数据、配额和权限,提供服务信息的注册、配置、发布、注销、变更、查询等管理功能。

第四,服务规则管理。服务规则管理定义了资源的调度、运行顺序逻辑。

第五,资源调度管理。资源调度管理通过查询服务目录,判断当前资源状态,并且执行自动的工作流来分配及部署资源,按照既定的适用规则,实现实时响应服务请求,根据用户需求实现资源的自动化生成、分配、回收和迁移,用以支持用户对资源的弹性需求。

第六,资源监控管理。资源监控管理实时监控、捕获资源的部署状态、使用和运行指标、各类告警信息。

第七,服务合规审计。服务合规审计对资源服务的合规性进行规范和控制,结合权限、配额对服务的资源使用情况进行运行审计。

第八,服务运营监控。服务运营监控将各类监控数据汇总至服务监控及运营引擎进行处理,通过在服务策略及工作请求间进行权衡进而生成变更请求,部分标准变更需求被转送到资源供应管理进行进一步的处理。

第九,服务计量管理。服务计量管理按照资源的实际使用情况进行服务质量审核,并规定服务计量信息,以便于在服务使用者和服务提供者之间进行核算。

第十,服务质量管理。服务质量管理遵循 SLA 要求,按照资源的实际使用情况而进行服务质量审核与管理,如果服务质量没有达到预先约定的 SLA 要求,自动化地进行动态资源调配,或者给出资源调配建议由管理者进行资料的调派,以满足 SLA 的要求。

第十一,服务交付管理。服务交付管理包括交付请求管理、服务模板管理、交付实施管理,实现服务交付请求的全流程管理,以及自动化实施的整体交付过程。

第十二,报表管理。报表管理对于云计算运维管理的各类运行时和周期性统计报表提供支持。

第十三,系统管理。系统管理云计算运维管理自身的各项管理,包括账号管理、参数管理、权限管理、策略管理等。

第十四,4A 管理。4A 管理由云计算运维管理自身的 4A 管理需求支持。

第十五,管理集成。管理集成负责与 IaaS 层、PaaS 层、SaaS 层的接口实现,为服务的交付、监控提供支持。

第十六,管理门户。管理门户面向管理维护人员,将服务、资源的各项管理功能构成一个统一的工作台,来实现管理维护人员的配置、监控、统计等功能需要。

云管理的最终目标是实现 IT 能力的服务化供应,并实现云计算的各种特性:资源共享、自动化、按使用付费、自服务、可扩展等。

1.3.5 云主机层次

云主机是云计算在基础设施应用上的重要组成部分,位于云计算产业链金字塔底层,产品源自云计算平台。该平台整合了互联网应用三大核心要素:计算、存储、网络,能提供基于云计算模式的按需使用和按需付费能力的服务器租用服务。客户可以通过 Web 界面的自助服务平台,部署所需的服务器环境。云主机是新一代的主机租用服务,它整合了高性能服务器与优质网络带宽,有效解决了传统主机租用价格偏高、服务品质参差不齐等缺点,可全面满足中小企业、个人站长用户对主机租用服务低成本、高可靠、易管理的需求。云主机优势主要体现在以下几个方面。

(1) 最佳 TCO。使用品牌服务器、无须押金、按月支付、按需付费,只需支付使用的容量,不必投资没有使用的容量。

(2) 全国覆盖。云计算节点分布于全国各骨干机房,BGP、双线、单线,客户可根据自身情况进行灵活选择。

(3) 快速供应。资源池并内置多种操作系统和应用标准镜像,需求无论是一台还是百台、Windows 还是 Linux,均可实现瞬时供应和部署。

(4) 按需弹性伸缩。保护用户投资且无须对系统、环境和数据做任何变更,即可快速实现云服务器配置的按需扩容或减配。

(5) 高可靠和快速恢复。尊享国际品牌企业级服务器的高性能和可靠性,内置的监控、备机、快照、数据备份等服务确保故障的快速恢复。提供智能备份功能,将数据风险降到最低。

(6) 具备易用、易管理特性。提供多种管理工具,不懂技术也能用。

(7) 一键部署构件。联合国内外多家知名软件厂商的论坛、电子商务等功能型云服务器构件,无须任何安装和配置工作,实现软件系统的一键部署。

（8）高性能。集群虚拟化，真正物理隔离，各云服务器独占内存等硬件资源确保高性能。

（9）SLA。24×7 的专业运维服务团队，提供最高等级的 SLA。

腾讯云的云主机总体架构如图 1-26 所示。

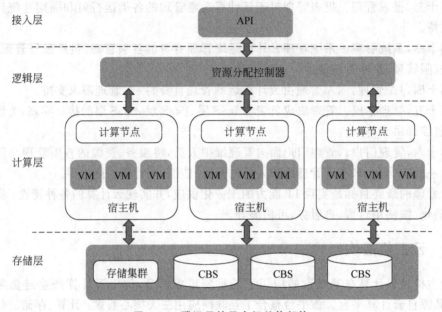

图 1-26　腾讯云的云主机总体架构

1.4　传统的架构设计过程模型

1.4.1　传统面向组件的软件体系结构

传统面向组件的软件体系结构包括基础设施层、平台层和软件层三个层次，如图 1-27 所示。

1.4.2　采用 RUP 传统的架构设计过程模型

统一软件过程（Rational Unified Process，RUP）是一个面向对象且基于网络的程序开发方法论。在 RUP 中软件质量评估不再是事后进行或单独小组进行的分离活动，而是内建于过程中的所有活动，这样可以及早发现软件中的缺陷。迭代式开发中如果没有严格的控制和协调，整个软件开发过程很快就会陷入混乱之中，RUP 描述了如何控制、跟踪、监控、修改以确保成功的迭代开发。RUP 通过软件开发过程中的制品，隔离来自其他工作空间的变更，以此为每个开发人员建立安全的工作空间。RUP 中的软件生命周期在时间上被分解为 4 个顺序的阶段，分别是：初始阶段（Inception）、细化阶段（Elaboration）、构造阶段（Construction）和交付阶段（Transition）。

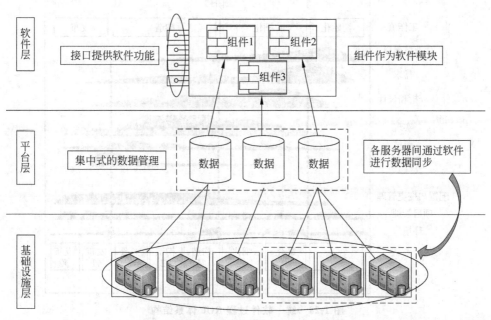

图 1-27　传统面向组件的软件体系结构

　　每个阶段结束于一个主要的里程碑(Major Milestones);每个阶段本质上是两个里程碑之间的时间跨度。在每个阶段的结尾执行一次评估以确定这个阶段的目标是否已经满足。如果评估结果令人满意,可以允许项目进入下一个阶段。RUP 中的每个阶段可以进一步分解为迭代。一个迭代是一个完整的开发循环,产生一个可执行的产品版本,是最终产品的一个子集,它增量式地发展,从一个迭代过程到另一个迭代过程到成为最终的系统。传统上的项目组织是顺序通过每个工作流,每个工作流只有一次,也就是人们熟悉的瀑布生命周期。这样做的结果是到实现末期产品完成并开始测试,在分析、设计和实现阶段所遗留的隐藏问题会大量出现,项目可能要停止并开始一个漫长的错误修正周期,其体系结构如图 1-28 所示。

　　初始阶段:初始阶段的目标是为系统建立商业案例并确定项目的边界。为了达到该目的必须识别所有与系统交互的外部实体,在较高层次上定义交互的特性。本阶段具有非常重要的意义,在这个阶段中所关注的是整个项目进行中的业务和需求方面的主要风险。对于建立在原有系统基础上的开发项目来讲,初始阶段可能很短。初始阶段结束时是第一个重要的里程碑:生命周期目标(Lifecycle Objective)里程碑。生命周期目标里程碑评价项目基本的生存能力。

　　细化阶段:细化阶段的目标是分析问题领域,建立健全的体系结构基础,编制项目计划,淘汰项目中最高风险的元素。为了达到该目的,必须在理解整个系统的基础上,对体系结构做出决策,包括其范围、主要功能和诸如性能等非功能需求。同时为项目建立支持环境,包括创建开发案例,创建模板、准则并准备工具。细化阶段结束时是第二个重要的里程碑:生命周期结构(Lifecycle Architecture)里程碑。生命周期结构里程碑为系统

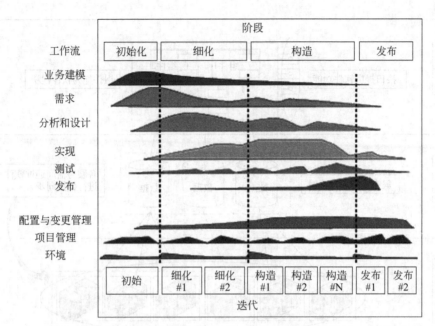

图 1-28 统一软件过程 RUP 体系结构

的结构建立了管理基准并使项目小组能够在构建阶段中进行衡量。此刻,要检验详细的系统目标和范围、结构的选择以及主要风险的解决方案。

构造阶段:在构造阶段,所有剩余的构件和应用程序功能被开发并集成为产品,所有的功能被详细测试。从某种意义上说,构造阶段是一个制造过程,其重点放在管理资源及控制运作以优化成本、进度和质量。构造阶段结束时是第三个重要的里程碑:初始功能(Initial Operational)里程碑。初始功能里程碑决定了产品是否可以在测试环境中进行部署。此刻,要确定软件、环境、用户是否可以开始系统的运作。此时的产品版本也常被称为 beta 版。

交付阶段:交付阶段的重点是确保软件对最终用户是可用的。交付阶段可以跨越几次迭代,包括为发布做准备的产品测试,基于用户反馈的少量的调整。在生命周期的这一点上,用户反馈应主要集中在产品调整,设置、安装和可用性问题,所有主要的结构问题应该已经在项目生命周期的早期阶段解决了。在交付阶段的终点是第四个里程碑:产品发布(Product Release)里程碑。此时,要确定目标是否实现,是否应该开始另一个开发周期。在一些情况下,这个里程碑可能与下一个周期的初始阶段的结束重合。

采用 RUP 中迭代增量的思想,一个经典的架构设计过程模型,由分析、描述、选择、构造和组合 5 个阶段组成,如图 1-29 所示。

这个过程模型看似很流畅,但是,由于 SAAS 的复杂性,在设计时很难把握它的正确性和可靠性,而且用它架构的系统对后续设计开发形成扩展也很难。

1.4.3 软件架构质量要求

软件架构(Software Architecture)是一系列相关的抽象模式,用于指导大型软件系

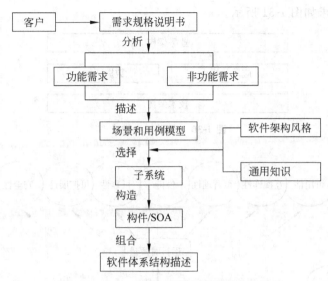

图 1-29　采用 RUP 传统的架构设计过程模型

统各个方面的设计,是一个基本概念上的结构,用于去解决或者处理复杂的问题。软件架构描述的对象是直接构成系统的抽象组件。各个组件之间的连接则明确和相对细致地描述组件之间的通信。在实现阶段,这些抽象组件被细化为实际的组件,比如具体某个类或者对象。在面向对象领域中,组件之间的连接通常用接口来实现。一般而言,软件架构设计要达到如下的目标。

(1) 可靠性(Reliable)。软件系统对于用户的商业经营和管理来说极为重要,因此软件系统必须非常可靠。

(2) 安全性(Secure)。软件系统所承担的交易的商业价值极高,系统的安全性非常重要。

(3) 可扩展性(Scalable)。软件必须能够在用户的使用率、用户的数目增加很快的情况下,保持合理的性能。只有这样,才能适应用户的市场扩展的可能性。

(4) 可定制化(Customizable)。同样的一套软件,可以根据客户群的不同和市场需求的变化进行调整。

(5) 可扩展性(Extensible)。在新技术出现的时候,一个软件系统应当允许导入新技术,从而对现有系统进行功能和性能的扩展。

(6) 可维护性(Maintainable)。软件系统的维护包括两方面,一是排除现有的错误,二是将新的软件需求反映到现有系统中去。一个易于维护的系统可以有效地降低技术支持的花费。

(7) 客户体验(Customer Experience)。软件系统必须易于使用。

(8) 市场时机(Time to Market)。软件用户要面临同业竞争,软件提供商也要面临同业竞争。以最快的速度争夺市场先机非常重要。

系统或项目架构组成和关键点如图 1-30 所示。

如果从运行质量要求、用户质量要求、系统质量要求和设计质量要求 4 个维度来说,软件架构质量要求如图 1-31 所示。

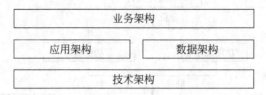

图 1-30   项目架构维度

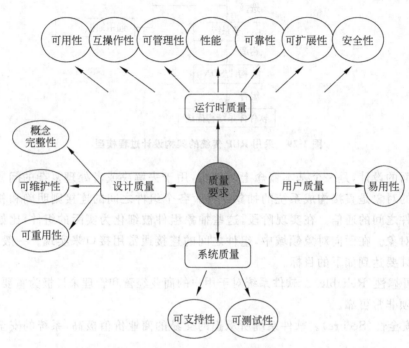

图 1-31   软件架构质量

1.5   基于 MDA 软件设计方法研究

编码式的软件开发方式,面对大型应用系统的复杂性,使用原子级的代码进行堆砌,必然造成应用系统的低效率和低质量,以及整个软件系统结构的僵化,无法快速满足变化的软件需求。MDA 要做的就是把模型本身也作为一个开发的工件,使用编译器来自动生成和实现架构如 J2EE、.NET、CORBA、COM 相关联的数据转换、持久存储等,甚至得到 Web Services。采取基于模型的方法,其工作成果将自动生成出代码。目前,国内外对 MDA 中模型变换的研究大多还是处在语法层进行的。本节从软件架构与 MDA 结合的宏观角度,介绍了模型在软件架构中的层次和设计地位,提出了一种 MDA 的开发应用方法,对运用 MDA 进行软件设计和开发具有实践指导意义。

1.5.1　模型、软件架构和框架的定义及其使用模型开发的优点

模型实际上是应用系统内部对象和数据流的关系图,通常制定了模型也就制定了一套系统内部对象的运作规范,制定了模型也就制定了开发过程中需要遵守的标准。软件架构的概念一般包括组成派和决策派,在具体的软件架构实践中总是同时体现着这两派的概念,即软件架构是计算机组件及组件之间的交互,是一系列有层次性的决策。其中,组件可以指子系统、框架、模块、类等不同粒度的软件单元。从这个角度上讲,模型既是间接构成组件的一个粒度软件单元,又具有决策性。框架是可以通过某种回调机制进行扩展的软件系统或子系统的半成品。使用模型开发的优点如下。

(1) 模型是蓝图,是开发标准。

(2) 模型是中立的,模型与平台、语言、开发工具和软件厂商无关。

(3) 模型是可重复使用的,模型具有高度可重复使用的特性。

(4) 低风险性,拓宽了开发团队的内部沟通,把丢失需求的风险降低到最小,定义了模型就定义了系统。

1.5.2　MDA 的内涵及其开发过程

MDA 具体来说是用建模语言当编程语言用,而不是当作设计语言来用,其核心思想就是用建模语言来编程,建立可执行的模型(Executable Mode1)。OMG 制定了模型精确化表示、模型存储及模型交换方面的各种规约,如 UML、元对象设施(Meta Object Facility,MOF)、公用仓库元模型(The Common Warehouse Meta model,CWM)、对象约束语言(Object Constraint Language,OCL)、QVT(Query/View Transformations)、XMI(XML Meta-data Interchange)等。MOF 是 OMG 元模型和元数据的存储标准,提供在异构环境下对元数据知识库的访问接口。CWM 实际上是为仓库元数据而制定的一套标准,已经被 Java 社团着手扩展到 J2EE 体系结构当中,形成 JMI(Java Metadata Interface)规范、用于 OLAP 分析的 JOLAP 规范和用于数据挖掘的 JDMAPI 规范。因此 MDA 不是某一种具体的技术,而是包含诸多规约的一个集合。

OMG 的 MOF 将模型划分为 M3,M2,M1 和 M0 层,模型的转换有可能发生在不同的层次之间,根据所处层次的不同,可以将模型转换划分为 MDA 的 4 层元模型体系结构:真实的系统以及组成系统的各种对象处于 M0 层;而用来表述系统的模型处于 M1 层;用来规定 M1 层的形式和语法的元模型处于 M2 层,例如 UML 元模型和 SQL 元模型;M3 元模型也是更高层模型的实例,也就是 MOF 元模型的实例,MOF 元模型处于 M3 层。M2 层是 M3 层的实例,而 M1 层是 M2 层的实例,M0 层也是 M1 层的实例。通常所说的建模,基本上是对 M1 层模型而言,因为利用 M1 层模型,可以直接生成或者构造可以运行的系统。

MDA 是保证应用设计可在将来重用的工业标准,是解决异构和互操作问题的新思路,更好地支持企业应用集成,提高软件开发效率,增强软件的可移植性、协同工作能力和可维护性。PIM 与 PSM 间的关系如图 1-32 所示。

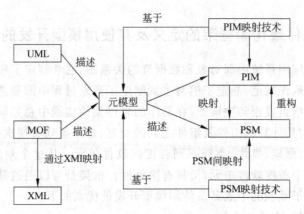

图 1-32　PIM 与 PSM 间的关系

其中,描述业务逻辑的平台无关模型 PIM 将具有长久的价值,而针对特定平台的平台相关模型 PSM(Platform Specific Model)则可能会随着平台技术的进步而快速地迁移。在 MDA 开发过程中,开发工作的最终产品是 PIM,从 PIM 到 PSM 及至代码实现都是由第三方的自动化工具来完成的。MDA 开发过程如图 1-33 所示。

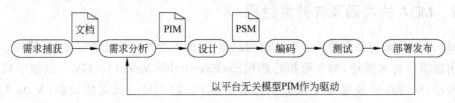

图 1-33　MDA 开发过程

1.5.3　模型在软件架构中的层次和设计地位

软件架构的层次一般包括 4 个方面:软件超系统架构、软件系统架构、软件子系统架构、不同层次的架构模式(SOA、MVC)。好的软件架构应该重视关注点的分离之道。最常用的关注点是:职责、通用性和粒度,如图 1-34 所示。

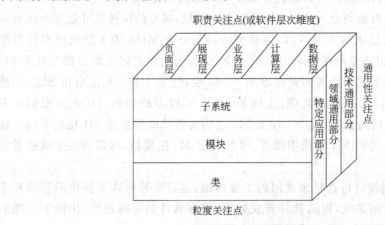

图 1-34　软件架构的关注点

OMG 制定了 MDA 体系中的很多系统规范和标准,如 CWM、MOF、UML、XMI 等。MDA 开发体系力图将商业逻辑与具体的实现技术、中间件技术分隔开,对象和对象建模将贯穿覆盖整个开发过程。由于建模和建模结果以元数据形式集成到应用系统中,开发人员可以共享统一的对象模型 UML,使得开发更加标准化。MDA 就是将建模语言当某种编程语言使用,用建模语言编程可以提高生产率,改善质量,并且使产品的生存期更长久。模型、子系统和框架在软件架构中的层次和设计地位如图 1-35 所示。

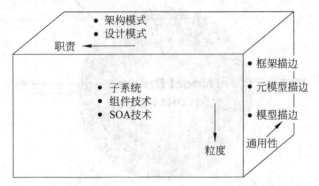

图 1-35　模型、子系统和框架在软件架构中的层次和设计地位

1. 模型层次结构图

一个应用由多个构件包构成,每个构件包实现了一组具有相关性的业务功能,实际上可以将构件包理解为业务功能分解后的功能模块。在模型描述中,可以根据软件层维度,进行相应的模型设计:页面模型、展现模型、业务模型、计算模型和数据模型。每个模型具有鲜明的特征,完成相应的使命。在实现上可引入具有很强扩展能力的 XML 总线技术,实现各个模型层次之间的数据传递,并提升各个层次数据的扩展能力。模型层次结构图如图 1-36 所示。

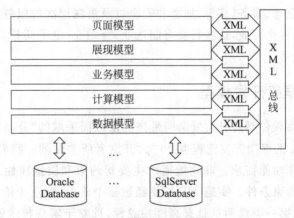

图 1-36　模型层次结构图

2. 基于 MDA 的框架开发结构

OMG 制定的 MDA 分为 4 层,如图 1-37 所示。

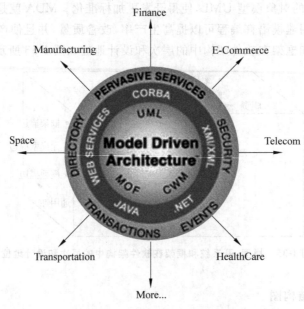

图 1-37 OMG 制定的 MDA 层次

第一层也就是图示中的最核心层次 MDA 核心,构成 MDA 体系的三个核心要素是: UML,MOF,CWM。这一层次主要负责根据业务逻辑完成建模。第二层是各种语言,技术路线和中间件产品,这里有 Java、. NET 等开发语言,有 CORBA 中间件产品,有 Web Services 规范和 XML 数据交换格式,有元数据交换 XMI 等。这一层主要负责商业逻辑的编程上的具体实现。第三层是制定客户需求时需要考虑的各个方面,一个实际的系统中通常要考虑目录服务、事务、事件、加密和安全以及更深层次的服务。第四层也就是最外层,指客户所属的各个行业,这些行业有制造业、金融业、电子商务、通信业、医疗健康、运输业、航空航天业等。

1.5.4 MDA 的框架开发模型

框架是为了解决软件系统日益复杂所带来的困难而采取的"分而治之"思维的结果,如何定位基于 MDA 的框架开发流程也是广大开发者所关注的。我们知道,软件需求一般包括功能需求和非功能需求。非功能需求主要指约束和质量属性。在开发中引入何种框架可以定义为约束条件。实施 MDA 要经过三个阶段,这三个阶段分别是:①生成 PIM。MDA 定义的第一类模型是具有高度抽象性,独立于实现技术的模型。PIM 描述支撑某些业务的软件系统。在 PIM 中,对系统的建模视角是"系统如何才能更好地支撑业务"。至于系统是在大型计算机上的关系型数据库还是用 EJB 应用服务器实现,不是 PIM 关心的内容。②PIM 映射为 PSM,PIM 被变化为一个或多个平台相关模型 PSM,

PSM 是为某种特定实现技术量身定做的,在构造 PSM 过程中使用这种技术(开发语言)中特定的结构来描述系统。③生成应用程序代码。于是可得出基于 MDA 的框架开发模型,如图 1-38 所示。

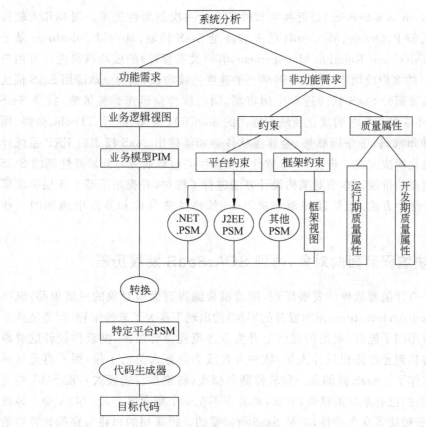

图 1-38 MDA 的框架开发模型

图 1-38 中软件质量属性分类如表 1-7 所示。

表 1-7 软件质量属性分类

运行期质量属性	开发期质量属性
性能(Performance)	易理解性(Understandability)
安全性(Security)	可扩展性(Extensibility)
易用性(Usability)	可重用性(Reusability)
持续可用性(Availability)	可维护性(Maintainability)
可伸缩性(Scalability)	可移植性(Portability)
互操作性(Interoperability)	
可靠性(Reliability)	
鲁棒性(Robustness)	

上述基于 MDA 的框架开发模型具有普遍代表性,可以指导运用 MDA 进行软件设计。

1.6　5 层驱动模型的 SaaS 架构设计

　　SaaS(Software as a Service)是近些年软件产业的一次创新性进步。国外几大软件巨头 Salesforce、SAP、Oracle、Microsoft 已先后涉足 SaaS 领域,其中以 Salesforce 基于 SaaS 模式的 CRM(Client Relation Management,客户关系管理)的成功赢得近百万用户的信任以及 95% 的客户成功率,并以每年 80% 的速度持续增长,成为全球应用 SaaS 模式的成功典范。随着国外 SaaS 软件进军中国市场,国内软件商迅速调整策略,投身 SaaS 行业。自 2004 年 6 月八百客的成立及随后推出的 800CRM 宝座,随后 XTools、金蝶、用友、阿里巴巴、神州数码、中华网软件、金算盘软件等相继推出 SaaS 模式的 ERP 系统针对中小企业信息化解决方案。进行 SaaS 软件开发模型与过程研究对开发高性能的 SaaS 软件有着十分重要的价值。本节对架构设计方法进行了探讨,并提出了基于 5 层驱动模型的 SaaS 架构设计方法,能够较好地解决 SaaS 软件的复杂性和开发中遇到的一些困难。

1.6.1　从模块编程到面向对象,再到 SOA、SaaS 发展历程

　　软件重用一直伴随着软件的发展历程,顺着模块编程到面向对象的发展思路,SOA (Service Oriented Architecture,面向服务的架构)的出现不是为了软件编程,而是把业务流程拆解为可重用的子流程,重用的程度上升为业务流程设计层面,把软件设计的着眼点从编程人员转移到业务流程设计人员,软件开发成为业务人员的工作,而不再是计算机专业人员的工作了。SaaS 指的是一种软件商业模式(特别是营销模式),而 SOA 指的是系统的实现(包括已有系统的整合)方式,两者本不在一个概念层上,但 SOA 身上体现了业务整合、业务敏捷等众多特性,正是 SaaS 所需要的。把重用的思路贯穿到计算机的软硬件设计中,进行融合,就是目前的云构架,SaaS 只是云的一种服务形式。从模块编程到面向对象,再到 SOA、SaaS 发展历程可用图 1-39 描述。

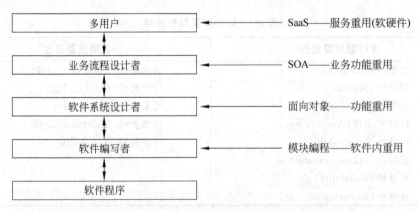

图 1-39　从模块编程到面向对象,再到 SOA、SaaS 发展历程

　　与传统软件相比,SaaS 依托于软件和互联网,其商业模式上的特点突出表现为:基

于互联网特性、多重租赁特性、服务特性。

1.6.2 SaaS 的成熟度模型及其演化过程

1. SaaS 的成熟度模型

SaaS 不同于传统的按需定制软件,要能够满足不同用户、不同地域、不同业务规则,对服务的适应性、扩展性、灵活性要求非常高,从而在技术上也有很高的要求。通过确定 SaaS 应用对可配置性、多用户高效性、可扩展性三大重要特性的支持,可将 SaaS 按成熟度模型分为 4 级。不过,在实际软件开发过程中,成熟的 SaaS 应用不一定同时具备这三个特性,其架构应从满足商业要求和整体成本利益出发,选择合适的 SaaS 模型。SaaS 成熟度模型可用图 1-40 描述。

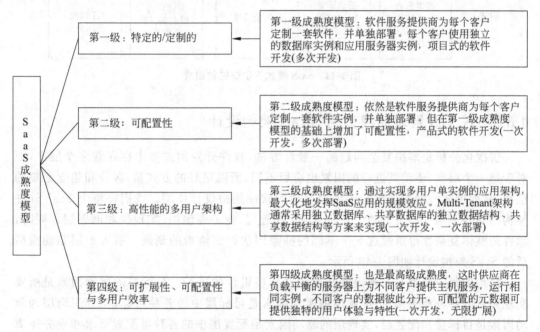

图 1-40 SaaS 的 4 级成熟度模型

依据 SaaS 的成熟度模型,SaaS 软件成熟度模型渐进演化的过程可用图 1-41 描述。

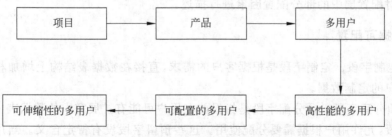

图 1-41 SaaS 软件成熟度模型渐进演化的过程

2. 传统模式发展到 SaaS 模式价值链的转换

在传统的软件开发模式下,客户建设 IT 系统需要直接面对软件开发商、硬件提供商、集成商和售后技术支持,系统建设周期长、初期投入大。在 SaaS 模式下,客户只需要与服务提供商发生关联,在向服务提供商订购业务后,客户无须关注系统的软件和硬件,可以直接使用业务。从客户角度看,从传统模式发展到 SaaS 模式,价值链由并行转变为串行。从 ASP 模式发展到 SaaS 模式,则出现了新的价值链角色服务提供商。SaaS 模式下价值链的组成如图 1-42 所示。

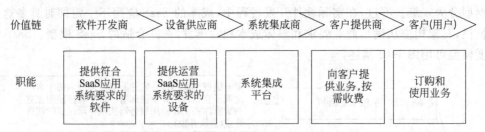

图 1-42　SaaS 模式下价值链的组成

1.6.3　基于 5 层驱动模型的 SaaS 架构设计

层次化分析是解决复杂问题的一般性方法,软件开发的过程中存在着多个层次,而对于每一个层次,驱动其进行的因素也有所不同,所以更好的方式是,区分和建立必要的层次,从而形成一种层次化的多因素驱动的软件架构设计模型。我们将整个 SaaS 软件架构的设计划分为 5 个层次——目标层、配置层、业务逻辑层、实现层和部署层。同时,软件的整体复杂性也透过这 5 个不同的抽象层次得到清晰的刻画。引入 5 层驱动模型后的 SaaS 架构设计如图 1-43 所示。

模型中每一层都有一种因素在驱动其建模设计的进行。目标层的驱动因素是所要实现系统的各种相关角色,配置层的驱动因素是目标层中的各种目标,业务逻辑层的驱动因素是目标层和配置层,实现层的驱动因素是配置层中的各种可配置要求和业务逻辑层,采用相应的架构技术,进而实现满足要求的高性能的可扩展的多租户系统。部署层的驱动因素是新的价值链角色服务提供商。

下面对配置层中的部分配置因素进行描述。

1. 数据可配置

(1)定制字段。定制字段是根据客户的需求,直接在数据表结构上增加相应的字段来保存客户的定制数据。

(2)预分配字段。预分配字段是指提前在用户可能有扩展需求的数据表中预设一定数量的字段,允许用户根据需要分配使用。这些预留字段没有特定含义。当用户提出数据扩展需求时,从预留字段中选出相应字段来满足用户需求。

(3)名称值对。名称值对(Name-Value Pair)是指用单独的配置元数据表和扩展数

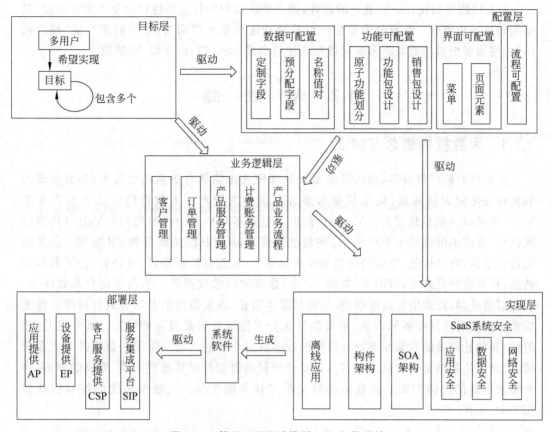

图 1-43　基于 5 层驱动模型 SaaS 架构设计

据值表来分别存储扩展数据的名称属性及值,将数据记录表、配置元数据表、扩展数据值表相关联,表达完整的扩展数据信息。

2. 功能可配置

(1) 原子功能的划分。功能分解是指整个系统功能遵从原子性原则,并以用户价值为导向划分成最基本的相对独立的原子功能。原子功能也是功能配置的基本单位。其具有以下几种特性。

① 不可再分性:要求对系统的功能分解做到尽量细化,以保证功能配置的灵活性。

② 不相互重叠:要求明确每个功能的内容和作用,划分时有清楚的界定标准,保证原子功能的相对独立性。

③ 不循环依赖:是指原子功能间能通过有限的有序组合方式来完成完整的业务功能。原子间的依赖关系不可避免,但循环依赖是功能分解过程中需要杜绝的。

④ 整体完整性:是指分解出来的所有原子功能,能覆盖整个系统的所有功能,不存在被遗漏的系统功能,尤其是对一些比较独立的功能。

⑤ 具有客户价值:是指功能分解要以用户价值为导向。原子功能作为功能配置的基本单位,提供给客户进行选择,就要求每一个原子功能都能给用户带来某方面的价值。

（2）功能包的设计。功能包的设计，则主要从租户的行业特性以及业务需求出发，对功能包进一步组合。在充分满足租户对系统功能的要求的同时，使不同租户能"按需使用"。按照客户对功能需求多少可以相应地组合成 Mini 版、标准版、完整版。

1.7　大　数　据

1.7.1　大数据的概念与特点

大数据或称巨量资料，指的是需要新处理模式才能具有更强的决策力、洞察发现力和流程优化能力的海量、高增长率和多样化的信息资产。大数据的特点表现为 4 个 V——Volume（数据体量大）、Variety（数据类型繁多）、Velocity（速度快）、Value（价值密度低）。具体来说就是 4 个层面：①海量数据信息，从 TB 级别跃升到 PB 级别。②从结构特征来说，有结构化、半结构化和非结构化数据；从拥有特征来说，有公有、公开和私有数据；从形态特征来说，有语音、视频、文本、数值和图像数据等。③由于用户基数庞大，设备数量众多，数据增长速度很快，呈指数级别增长，海量数据的及时有效分析就显得尤为重要。实时获取需要的信息，是大数据区分于传统数据最显著的特征。如今已是 ZB 时代，在如此海量的数据面前处理数据的效率就是企业的生命。④单一数据并无太多价值，但庞大的数据量蕴含巨大财富。只要合理利用数据并对其进行正确、准确的分析，将会带来很高的价值回报。大数据必然会带来技术的变革。大数据时代的技术驱动如图 1-44 所示。

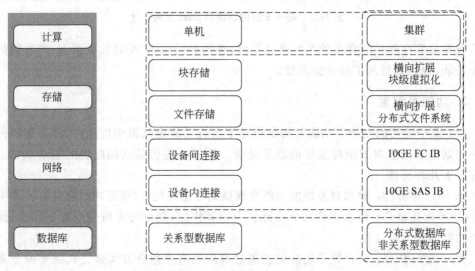

图 1-44　大数据时代的技术驱动

经比较，可得出大数据与传统数据库的区别如图 1-45 所示。

目前互联网企业发展势头强劲，正引领全球大数据应用，如图 1-46 所示。

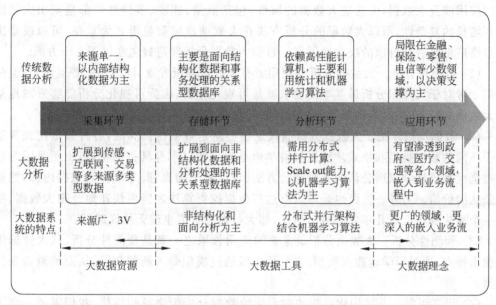

图 1-45　大数据与传统数据库的区别

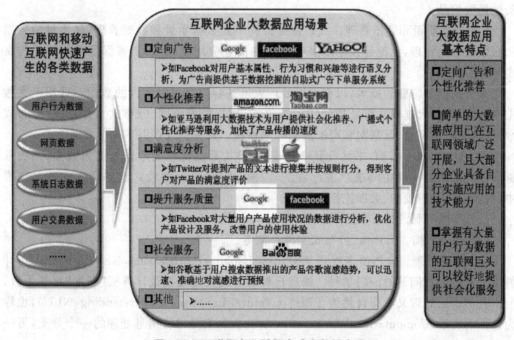

图 1-46　互联网企业引领全球大数据应用

1.7.2　建立以数据为中心的云计算应用

由于大数据的特殊性,大数据已经不只是数据大的事实了,而最重要的现实是对大数据进行分析,只有通过分析才能获取很多智能的、深入的、有价值的信息。那么越来越多的应用涉及大数据,而这些大数据的属性,包括数量、速度、多样性等都呈现出大数据不断增长的复杂性,所以大数据的分析方法在大数据领域就显得尤为重要,可以说是决定最终信息是否有价值的决定性因素。目前大数据分析普遍聚焦在以下5个方面。

(1)可视化分析。大数据分析的使用者有大数据分析专家,同时还有普通用户,但是他们二者对于大数据分析最基本的要求就是可视化分析,因为可视化分析能够直观地呈现大数据的特点,同时能够非常容易被读者所接受,就如同看图说话一样简单明了。

(2)数据挖掘算法。大数据分析的理论核心就是数据挖掘算法,各种数据挖掘算法基于不同的数据类型和格式才能更加科学地呈现出数据本身具备的特点,也正是因为这些被全世界统计学家所公认的各种统计方法(可以称之为真理)才能深入数据内部,挖掘出公认的价值。另外一方面也是因为有这些数据挖掘算法才能更快速地处理大数据,如果一个算法要花上好几年才能得出结论,那大数据的价值也就无从说起了。

(3)预测性分析。大数据分析最重要的应用领域之一就是预测性分析,从大数据中挖掘出特点,通过科学地建立模型,之后便可以通过模型带入新的数据,从而预测未来的数据。

(4)语义引擎。非结构化数据的多元化给数据分析带来新的挑战,我们需要一套工具系统地去分析、提炼数据。语义引擎需要设计到有足够的人工智能以足以从数据中主动地提取信息。

(5)数据质量和数据管理。大数据分析离不开数据质量和数据管理,高质量的数据和有效的数据管理,无论是在学术研究还是在商业应用领域,都能够保证分析结果的真实和有价值。

大数据需要特殊的技术,以有效地处理大量的容忍经过时间内的数据。适用于大数据的技术,包括大规模并行处理(MPP)数据库、数据挖掘电网、分布式文件系统、分布式数据库、云计算平台、互联网和可扩展的存储系统。具体体现在以下几个方面。

(1)数据采集。ETL工具负责将分布的、异构数据源中的数据如关系数据、平面数据文件等抽取到临时中间层后进行清洗、转换、集成,最后加载到数据仓库或数据集市中,成为联机分析处理、数据挖掘的基础。

(2)数据存取。关系数据库、NOSQL、SQL等。

(3)基础架构。云存储、分布式文件存储等。

(4)数据处理。自然语言处理(Natural Language Processing,NLP)是研究人与计算机交互的语言问题的一门学科。处理自然语言的关键是要让计算机"理解"自然语言,所以自然语言处理又叫作自然语言理解(Natural Language Understanding,NLU),也称为计算语言学(Computational Linguistics)。一方面它是语言信息处理的一个分支,另一方面它是人工智能(Artificial Intelligence,AI)的核心课题之一。

(5)统计分析。包括假设检验、显著性检验、差异分析、相关分析、T检验、方差分析、卡方分析、偏相关分析、距离分析、回归分析、简单回归分析、多元回归分析、逐步回归、回归预测与残差分析、岭回归、Logistic回归分析、曲线估计、因子分析、聚类分析、主成分分析、因子分析、快速聚类法与聚类法、判别分析、对应分析、多元对应分析(最优尺度分析)、Bootstrap技术等。

　　(6) 数据挖掘。包括分类(Classification)、估计(Estimation)、预测(Prediction)、相关性分组或关联规则(Affinity Grouping or Association Rules)、聚类(Clustering)、描述和可视化(Description and Visualization)、复杂数据类型挖掘(Text,Web,图形图像,视频,音频)等。

　　(7) 模型预测。包括预测模型、机器学习、建模仿真。

　　(8) 结果呈现。包括云计算、标签云、关系图等。大数据必然无法用单台的计算机进行处理,必须采用分布式架构。它的特色在于对海量数据进行分布式数据挖掘,但它必须依托云计算的分布式处理、分布式数据库和云存储、虚拟化技术。

　　目前 Hadoop 几乎成为大数据处理的事实标准,主要体现在以下几个方面。

　　(1) 海量数据"分而治之"——批量分布式并行计算 Hadoop。

　　(2) 海量数据"灵活多变"——存取处理 NoSQL 实时分布式高吞吐高并发数据。

　　(3) 海量数据"跨越鸿沟"——大数据超高速装载进数据库。

　　可见,建立以数据为中心的云计算应用将是解决大数据高效应用的有效手段。

参 考 文 献

[1] 唐国纯,罗自强. 云计算体系结构中的多层次研究[J]. 铁路计算机应用,2012,21(11):4-7.

[2] 王佳隽,吕智慧,吴杰等.云计算技术发展分析及其应用探讨[J].计算机工程与设计,2010,31(20):4406-4408.

[3] 雷万云.云计算——技术、平台及应用案例[M].北京:清华大学出版社,2011.

[4] Tao Feng,Jun Bi,Hongyu Hu et al. Networking as a Service:a Cloud-based Network Architecture[J].JOURNAL OF NETWORKS,2011,6(7):1084-1088.

[5] 张建勋,古志民,郑超.云计算研究进展综述[J].计算机应用研究,2010,27(2).

[6] Wassim Itani,Ayman Kayssi,Ali Chehab. Privacy as a Service:Privacy-Aware Data Storage and Processing in Cloud Computing Architectures[C]. 2009 Eighth IEEE International Conference on Dependable,Autonomic and Secure Computing:713-714.

[7] Aobing Sun,ngkai Ji,Qiang Yue, et al. IaaS Public Cloud Computing Platform Scheduling Model and Optimization Analyzation[C]. 2010 Third International Conference on Education Technology and Training(ETT):586-587.

[8] 鲁小亿,林健,查礼. 凌云体系结构及关键技术研究[J].计算机研究与发展,2011,48(7):1112-1113.

[9] Ivona Brandic,Schahram Dustdar,Tobias Anstett. Compliant Cloud Computing (C3):Architecture and Language Support for User-driven Compliance Management in Clouds [C]. 2010 IEEE 3rd International Conference on Cloud Computing:244-247.

[10] 曾蔚.基于云计算的移动商业智能系统研究[J].长沙大学学报,2011,25(5):49-50.

[11] 史佩昌,王怀民,蒋杰等.面向云计算的网络化平台研究与实现[J].计算机工程与科学,2011,31(A1):249-251.

[12] 叶伟等.互联网时代的软件革命 SaaS 架构设计[M].北京:电子工业出版社,2009.

[13] 陆洪潮. SaaS 模式的 ERP 系统的研究[D].武汉:武汉理工大学硕士学位论文,2009.

[14] David Engelbrecht. SaaS Acceleration[J]. OPSource SaaS Summit. 2006,12.

[15] 张雷,扈飞. 软件即服务应用框架中配置的设计与实现[J]. 计算机系统应用,2009,(6):28-29.

[16] 多租户数据层设计模式,http://www. ibm. com/developerworks/cn/webservices/ ws-multitenantpart4/index. html.

[17] Software as a Service,http://msdn. microsoft. com/en-us/library/bb245821. aspx.

[18] 陈康,郑纬民. 云计算:系统实例与研究现状[J]. 软件学报,2009,20(09).

[19] REST Style Service ISV 接入规范. Alisoft Service Integration Platform,技术白皮书[R].

[20] 让云触手可及——微软云计算解决方案白皮书[R]. 2009,12:30-35.

[21] 2008—2009 年中国软件运营服务(SAAS)市场发展状况白皮书[R].

[22] 江春. MDA 方法与基于 UML 的 MDA 建模[J]. 沈阳工程学院学报(自然科学版),2008,4(1):68-69.

[23] 侯勤园,王虎. 基于 MDA 的 Web 服务组合的研究及应用[J]. 计算机技术与发展,2008,18(10):240.

[24] 杨宗亮,边馥苓,张艳敏. 基于 MDA 的地理信息系统开发方法[J]. 计算机工程,2008,34(18):243-244.

[25] 刘亚军,康建初,吕卫锋. 模型驱动体系结构研究综述[J]. 计算机科学,2006,33(3):224-226.

[26] 黄国栋,王景龙,孙建志等. 一种支持多目标框架的模型驱动开发方法[J]. 计算机工程,2008,34(20):61-62.

[27] Miller J,Mukeoi J. MDA Guide Version 1. 0. 1:Document Numbe Omg/2003-06-01[Z]. 2003. http://www. omg. com/mda.

[28] Caplat G Sourrouille J L. Model Mapping Using Formalism Extensions[J]. IEEE Software,22(2),2005.

[29] Bezivin J,Hammoudi S,Lopes D,et al. Applying MDA Approach for Web Service Platform[C]. Proc. of the 8th International,Enterprise Distributed Object Computing Conference. [s. 1.]:IEEE Press,2004:58-70.

[30] Gervais M E. Towards all MDA—oriented Methodology[C]. Proc. of the 26th Annual International,Computer Software and Applications Conference. [s. 1.]:IEEE Press,2002:265-270.

[31] 温昱. 软件架构设计[M]. 北京:电子工业出版社,2007.

[32] Wang Q,Li MS. Software process management:Practices in China. Lecture Notes in Computer Science,2005,3840:317-331.

[33] Duan YC,Cheung SC,Fu XL,et al. A metamodel based model transformation approach. In:Proc. of 3rd ACIS Int'1 Con. on Software Engineering Research. Management& Applications(SERA 2005). Washington:IEEE Computer Society Press,2005:184-191.

[34] 赵婷婷. 云计算环境下服务信任度评估技术的研究[D]. 北京交通大学,2014.

[35] 张健. 云计算服务等级协议(SLA)研究[J]. 电信网技术,2012,(2):7-10.

[36] RUP 学堂,http://www. ibm. com/developerworks/cn/rational/theme/rational-rup/rup. html.

[37] 吴博. 京东应用架构设计技术手册.

[38] 何宝宏. 大数据与应用. http://wenku. baidu. com/view/2f9902723b3567ec112d8a07. html.

[39] 大数据,http://baike. baidu. com/link? url = ecwmh_5C-2qCQpdv1JX7NgFB0T9wneQuTaTga-iuvMZsAI1gVEKmIvOszfnE0h5JA5gbkFYrdR1OcKDORcbcNYoBf1zasGEq11moK45s＿＿z7 ＃ reference-[2]-13647476-wrap.

[40] 段建民. 大数据解决方案. http://wenku. baidu. com/view/0915adf3700abb68a982fb22. html?

re＝view.

[41]　大数据,http://wiki.mbalib.com/wiki/大数据♯.

[42]　大数据平台,http://www-03.ibm.com/software/products/zh/category/bigdata.

[43]　Gouchun Tang,"The Saas Architecture and Design on the Five Layers Driving Model",Journal of Management and Engineering 02,2011：61-65.

第 2 章

chapter 2

云制造——云计算在制造行业中的应用

随着信息技术在企业中的广泛应用与发展,现代制造业的工作模式已经由传统的闭门造车式发展到跨平台、跨企业、跨地域的协同制造模式,制造企业间通过相互合作与协同达到企业利益共赢的共同目标变得越来越重要。当前的网络化制造虽然促进了企业基于网络技术的业务协同,但其体现的主要是一个独立系统,是以固定数量的资源或既定的解决方案为用户提供服务,缺乏动态性,同时缺乏智能化的客户端和有效的商业运营模式。"云计算"为解决当前网络化制造存在的问题提供了新的思路和契机,但云计算并没有提出制造即服务,不能很好地描述现代制造业的业务逻辑。为此"云制造"应运而生,被广大学者和工程技术人员关注。"云制造"的研究与应用将会加速推进中国制造业信息化向网络化、智能化、服务化方向发展。本节在讨论了云计算、云制造的概念的基础上,提出了一种云制造平台的总体结构,讨论了云制造的相关技术。

2.1 云制造的概念

2.1.1 云制造的研究现状

我国制造业正处于从生产型向服务型、从价值链的低端向中高端、从制造大国向制造强国、从中国制造向中国创造转变的关键时期,正在培育新型制造服务模式,以满足制造企业最短的上市速度、最好的质量、最低的成本、最优的服务、最清洁的环境和基于知识的创新需求。2010 年 1 月,李伯虎院士第一次正式给出云制造的概念,分析了云制造与应用服务提供商、制造网格等的区别,提出了一种云制造的体系结构。云制造的概念一经提出,在学术界和企业界产生了广泛的影响,迅速引起了国内各级政府、企事业单位的关注。国家"863"计划、支撑计划等相继支持开展相关研究,截至目前,取得了一批显著成果,推动了云制造理念的"落地"及进一步推广应用。与此同时,云制造的理念也引起了国际学术界的关注,相继有新西兰、瑞典、美国、德国、英国、伊朗等国家的学者开展了相关研究,使云制造成为国内外学术界一个新的研究领域。可以预见,云制造服务平台的研究与开发将是下一阶段我国制造业信息化的重要方向之一,其核心是盘活社会制造资源存量,针对规模大、产业链长、组织结构复杂多样、企业整体协作性差等特点进行研究,以企业群体依托云制造服务平台,实现便捷的访问、知识的聚合与共享、服务资源

的优化配置以及企业间的协同管理与交易。

2.1.2 云制造内涵

云计算是一种商业计算模型，它将计算任务分布在大量计算机构成的资源池上，使用户能够按需获取计算力、存储空间和信息服务。它是并行计算（Parallel Computing）、分布式计算（Distributed Computing）和网格计算（Grid Computing）的发展，或者说是这些计算科学概念的商业实现。同时，云计算也是虚拟化（Virtualization）、效用计算（Utility Computing）、将基础设施作为服务（Infrastructure as a Service，IaaS）、将平台作为服务（Platform as a Service，PaaS）和将软件作为服务（Software as a Service，SaaS）等概念混合演进并跃升的结果。云计算平台整体架构如图 2-1 所示。

云制造是把制造资源和制造能力在网上作为服务提供给所需要的用户。"云制造"融合了现有信息化制造及云计算、物联网、语义 Web、高性能计算等新兴信息技术，是一种面向服务的、高效低耗和基于知识的网络化敏捷制造新模式。云制造是在云计算提供的 IaaS（基础设施即服务）、PaaS（平台即服务）、SaaS（软件即服务）基础上的延伸和发展，它丰富、拓展了云计算的资源共享内容、服务模式和技术。从云计算概念到"云制造"概念，不难推论，若将"制造资源/制造能力"增加到 IaaS 中，云计算的计算模式和运营模式将为制造业信息化走向"敏捷化、绿色化、智能化、服务化"提供一种可行的新思路，并为云制造模式提供了理念基础。

2.1.3 云制造设备的服务化封装与云端化接入模型

由于制造加工设备类型多样，难以一概而论。云制造设备的服务化封装与云端化接入目的是通过对物理层的制造设备应用物联网技术，将各类加工设备的制造服务接入网络，同时通过对设备的制造服务进行封装和云端化接入，以一种松散耦合和即插即用的方式接入云制造平台，实现物理制造资源的制造服务全面互联。云制造设备的服务化封装与云端化接入模型的框架如图 2-2 所示。

首先通过附加各类传感设备（如自动识别设备、数字化测量设备等）于传统制造设备端，从硬件层面确保设备端生产过程产生的多源制造信息能被实时、精确和可靠地感知，构建一种具有感知交互能力的制造设备；在此基础上，研究制造能力描述模型、实时制造服务状态信息主动感知、云制造设备的协作生产与自主决策，实现制造设备层面的复杂、多源制造信息的主动感知，进而通过对制造设备的制造服务进行服务化封装和云端化接入，提升加工设备自身执行过程的透明化和可访问化，并通过一种松耦合和即插即用的方式接入云制造平台。云制造设备的服务化封装与云端化接入模型所涉及的关键技术包括传感器群优化配置、制造能力描述与主动发现、实时多源制造信息主动感知、实时信息驱动的自决策与智能协同、设备端制造服务封装、制造服务云端化接入等。

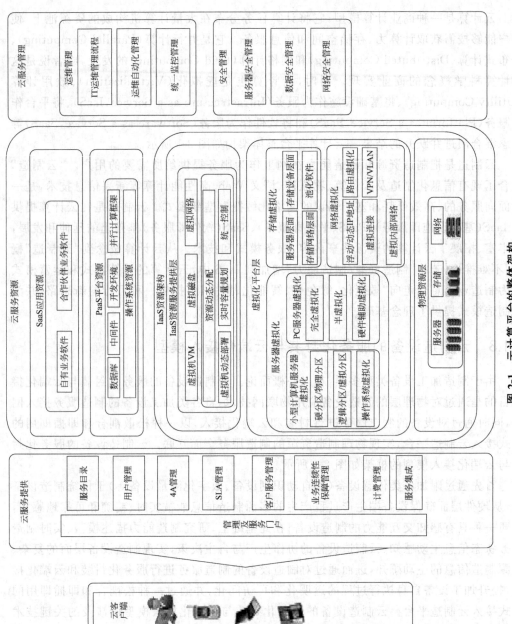

图 2-1　云计算平台的整体架构

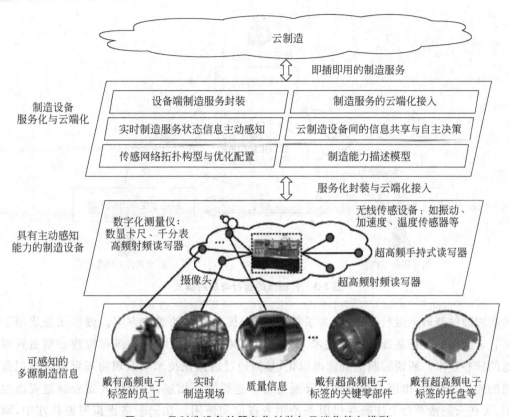

图 2-2　云制造设备的服务化封装与云端化接入模型

2.2　云制造体系结构

2.2.1　云制造的运行与应用模式

在技术方面的拓展上,云制造技术融合云计算、物联网、高性能计算、面向服务的技术、智能科学技术与信息化制造等新技术。"云制造"的运行需要三大组成部分支撑:制造资源/制造能力、制造云池、制造全生命周期活动。它包括三类资源:制造资源提供者、制造资源的使用者、制造云的运营者。云制造的运行与应用模式如图 2-3 所示。制造资源提供者将制造资源和制造能力以服务的形式呈现,也就是云制造服务。云制造服务指制造企业实体将自身的制造过程(或能力)和管理过程(或能力)以服务的形式发布在云中,同时支持云客户端在云中发现、匹配与组合优化这些服务,形成整合服务,以满足云客户端个性化的制造服务需求。

2.2.2　云制造虚拟资源构建

在计算机与网络中,虚拟化是指计算机相关模块在虚拟的基础上而不是真实的独立

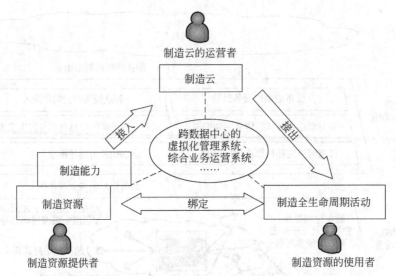

图 2-3 云制造的运行与应用模式

的物理硬件基础上运行,是一种为了简化管理、优化资源的解决方案。虚拟化是适用于所有云架构的一种基础性设计技术。云制造资源虚拟化技术是支撑和构建云制造资源池的核心技术。所谓云制造资源虚拟化,是指通过虚拟化技术来实现物理资源到虚拟资源的透明化映射,由服务提供者对云制造资源进行统一描述,然后加入到云制造资源池中,可在云制造平台上注册并供服务使用者查询和使用。在云制造虚拟资源构建中,除了云计算的计算虚拟化、存储虚拟化和网络虚拟化外,还应包括制造资源和制造能力的虚拟化。即云制造应共享以下 4 种类型资源。

(1) 计算资源:存储、运算器等资源。

(2) 云制造的软资源:制造过程中的各种模型、数据、信息、软件、知识等。

(3) 云制造的硬资源:各类制造硬设备,如机床、加工中心、仿真设备、计算试验设备等。

(4) 制造能力资源:制造过程中有关的论证、设计、生产、仿真、实验、管理、集成等能力。

如果对上述 4 类资源进一步细化,可分为以下 10 种资源。

(1) 制造设备资源:产品全生命周期过程中为云平台使用者提供云制造服务的生产、加工、实验等物理设备,可以根据功能将制造设备资源进一步细化为加工设备资源、实验设备资源等。

(2) 计算设备资源:支持云制造平台运行及企业的设计计算、仿真计算的各类服务器、储存器等设备资源(如高性能计算机、高性能储存器等)。

(3) 软件资源:为产品全生命周期过程提供设计、分析、仿真等的各类软件(如AutoCAD,PRO/E,ANSYS 等)。

(4) 物料资源:制造任务中制造某种产品所需要的原材料、毛坯和半成品等。

（5）技术资源：企业在制造过程中所积累的设计制造、工艺技术、经验模型、相关标准、产品知识库等资源。

（6）人力资源：在产品全生命周期中，从事操作生成、管理、技术应用等活动的专业技术人员。

（7）服务流程管理资源：云制造平台根据成本最低、时间最短、质量最优等不同的优化目标选择相适应的优化算法得到优化结果并且匹配服务，实现跨组织的服务流程执行。

（8）用户信息资源：记录云制造资源提供者和使用者的一些基本信息（如用户的身份、权限以及好评等记录），它为以后的云制造资源评估、发现和调用提供依据。

（9）服务资源：为云制造资源使用者提供各种培训、信息咨询、物流和售后服务等。

（10）其他资源：不属于上述类型的所有资源的集合（如企业运营效率、企业财务信息等）。

为了感知各种制造资源，在云制造虚拟资源构建中，应引入物联网体系的感知层，采集物理世界中发生的物理事件和数据，确保为云制造平台的应用服务层提供分析所需的原始数据。通过视频感知、定位感知等前端建设或接入，实现对制造资源和制造能力的全面实时采集。云制造虚拟资源体系如图 2-4 所示。

图 2-4　云制造虚拟资源体系

此外，在云制造资源虚拟化过程时必须考虑如下 6 个特性。

（1）系统性。充分考虑各种因素的影响，兼顾相关资源领域，以保证云制造资源虚拟化模型的完整性和合理性。

（2）针对性。完全表示一类资源的性质，往往需要大量的属性，所以需要针对该类资源抽取本质属性。

（3）适应性。云制造资源虚拟化模型应直观、易用，便于分类和检索。

（4）扩展性。由于云制造资源的复杂多样，因此需要在针对某一大类的资源虚拟化模型的基础上可扩展描述具体的云制造资源，并可以适应未来的功能扩展需求。

（5）接口统一性。在异构分布的制造资源之间实现高效的资源共享和协同工作。

（6）动态性。通过物联网的 RFID 等实时感知资源状态。

2.2.3　云制造平台总体结构

云制造资源服务化主要是实现虚拟资源的服务化封装并以云服务的形式发布到云制造平台中，它包括：虚拟资源描述模型构建技术，云服务的统一建模、封装、注册与发布，云服务的动态部署与监控技术等。云计算所提供的服务同样也包括其中，并与制造全生命周期各环节服务相互交叉。云制造中除了包括 IaaS、PaaS、SaaS 外，更加重视和强调制造全生命周期中所需的其他服务，如论证为服务（Argumentation as a Service，AaaS）、经营管理为服务（Management as a Service，MaaS）、设计为服务（Design as a Service，DaaS）、实验为服务（Experiment as a Service，EaaS）、生产加工为服务（Fabrication as a Service，FaaS）、集成为服务（Integration as a Service，InaaS）、仿真为服务（Simulation as a Service，SimaaS）等。云制造体系架构包括云制造服务管理、云制造服务资源、云制造服务提供、云制造客户端几个方面，云制造体系架构如图 2-5 所示。

2.2.4　云制造中的关键技术

云制造中的关键技术包括下面几个方面：①云制造的制造资源和制造能力的云端化技术，包括物联网技术，云终端服务虚拟化技术，云计算互接入技术等。②云制造的模式、体系架构、标准、规范，包括云制造的体系结构，云制造的相关标准、协议，云制造模式下的制造资源共享、互操作模式，云制造相关规范。③云制造业务管理模式与技术，包括云制造模式下企业业务流程的动态构造、管理与执行技术，云制造服务的成本、评估方法和技术，云制造模式各方信用管理机制与实现，云服务的电子支付技术等。④制造云服务的综合管理技术，包括云服务的接入管理技术，云用户管理技术，云制造服务的动态组合与优化技术，云制造任务的动态构建、分解与部署技术，云制造服务的协同技术，高效能、智能化的云制造服务搜索与匹配技术等。⑤云制造安全与可信制造技术，包括制造云终端的可信接入技术，制造云可信网络技术，制造云的可信运营技术，云模型理论的软件可靠性评估方法等。

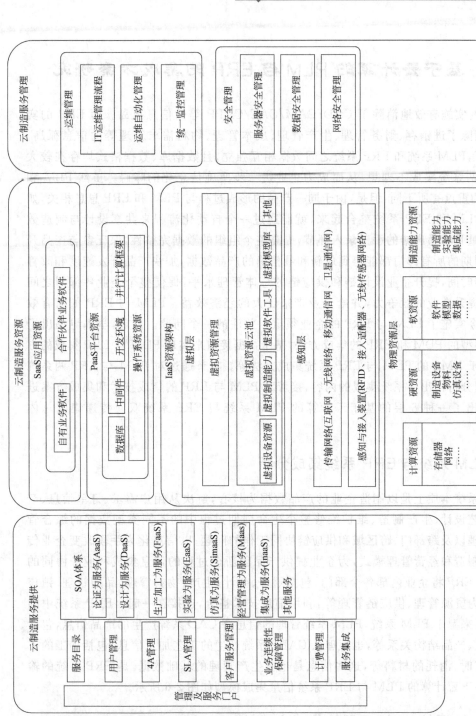

图 2-5　云制造平台的总体结构

2.3 基于云计算的 PLM 与 ERP 的集成方案研究

PLM 的实施有效地消除了 CAD/CAM/CAE/CAPP 等的信息孤岛。而 ERP 的实施有效地消除了进销存、财务管理、生产管理、成本管理、物料需求管理等的信息孤岛。一般情况下,PLM 系统和 ERP 系统之间数据相互独立,且数据库、数据格式均存在较大差异,导致两系统集成不理想,从而成为企业进一步实施信息化的障碍。虽然 PLM 和 ERP 管理的重点有所不同,但是,由于同一产品的形成过程与 PLM 和 ERP 息息相关,如果企业将 PLM 和 ERP 系统整合起来,就能通过一个自动化流程来共享设计与制造数据,消除繁重且容易出错的手工录入环节,提高整个组织的数据完整性,保证参与产品开发和制造周期的所有部门都能得到最新和最精确的产品数据,加快产品开发速度和改善新产品周转时间,提升企业设计链和供应链的总体管理水平,促使整个企业各部门之间协调工作,提升企业的竞争力,并给企业带来巨大的经济效益。PLM 与 ERP 如何有效集成,是当今实施了 PLM 与 ERP 的企业须重点关注的一个问题。目前,学术界提出了基于数学模型的 PDM 和 ERP 的集成方法,基于数据接口来实现 PDM 与 ERP 集成的方法,以及基于 XML 的 PDM 与 ERP 系统集成方法等。本节通过对 PLM 与 ERP 两系统交互的数据分析得出了系统集成的内容,接着对 PLM 与 ERP 的集成技术和集成方案进行研究,提出了一种 8 层的基于云计算的 PLM 系统与 ERP 系统双向传递集成总体架构。

2.3.1 PLM 系统与 ERP 系统集成分析

PLM 系统本质上是以制造企业的产品数据为核心,解决从用户需求、订单信息、产品开发、工艺设计、生产制造、维护维修整个生命周期过程中的不同类型数据的综合管理、过程管理以及跨部门、跨区域和供应链协同工作的问题;以信息化为手段改变企业传统的设计、制造和经营管理模式,为企业提供产品创新全过程的信息集成和业务协同的统一平台。ERP 将企业内部各个部门,包括财务、会计、生产、物料管理、品质管理、销售与分销、人力资源管理、供应链管理等,利用信息技术整合,连接在一起。ERP 系统中的制造 BOM,来源于 PLM 系统,PLM 系统管理的信息有 CAD 系统产生的产品信息,包括如零件属性、产品结构关系等,也管理从 CAPP 系统产生的工艺加工信息,包括加工的工序、工号、工时、消耗的材料等,这些信息是企业生产管理的基础数据,是 ERP 系统的输入数据。基于云计算的 PLM 与 ERP 系统信息集成模型如图 2-6 所示。

2.3.2 PLM 系统与 ERP 系统集成方式

目前 PLM 系统与 ERP 系统集成方式主要表现在封装集成、主动集成、被动集成、接口集成几方面。

(1) 封装集成: 对 PLM 和 ERP 这两个不同的系统进行封装。"封装"的含义是把对象的属性和操作方法同时封装在定义对象中,用操作集来描述可见的模块外部接口,保

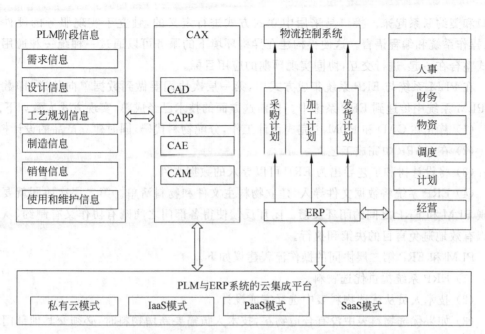

图 2-6　基于云计算的 PLM 与 ERP 系统信息集成模型

证对象的界面独立于对象的内部表达。对象的内部结构即属性和操作方法是不可见的，只有外部接口才是唯一的可见部分。

（2）主动集成：PLM 将 ERP 所需的信息直接写入 ERP 系统的数据库中。这种方式要求详细了解 ERP 系统内部的数据库结构，并且 ERP 系统允许 PLM 系统往里写数据（即有写的权限）。采用主动式形式，在 PLM 系统与 ERP 系统中信息的同步性较好，但在安全性方面存在一定问题，如出现写数据冲突，即 PDM 系统写数据到 ERP 系统的同时，ERP 系统也在往里写数据。一般对于大型的 ERP 系统如 Oracle、SAP 等建议不采用此种方式。

（3）被动集成：这种模式正好和主动集成相反，ERP 系统从 PLM 系统中读取所需的数据，将其写入数据库中。采用被动式接口形式，PLM 系统与 ERP 系统的同步性也做得比较好，安全性方面也比主动式要强。一般由 ERP 软件提供商来完成接口工作比较合适，适合于自行开发的 ERP 系统。

（4）接口集成：基于 PLM 和 ERP 双方提供的开发工具，开发数据接口，使 ERP 能从 PLM 中直接获取信息，PLM 也能通过接口从 ERP 中获得反馈信息，从而达到信息的双向传递。表现在 PLM 和 ERP 根据各自接口的要求，提供给对方访问数据库的工具，即调用 API 函数来交换信息；或 PLM 系统将 ERP 系统所需的信息生成中间文件或中间数据表，ERP 系统直接读取中间文件或中间表中的信息写入数据库中，这种方式要求 PLM 和 ERP 两方都做一些开发工作。

面向服务架构（Service-Oriented Architecture，SOA）是指为了解决在 Internet 环境下业务集成的需要，通过连接能完成特定任务的独立功能实体，来实现整合、集成的应用功能。SOA 是一个组件模型，它将应用程序的不同功能单元（称为服务）通过定义良好的接口和契约联系起来。接口是采用中立的方式进行定义的,独立于实现服务的硬件平台、操作系统和编程语言。这使得构建在异构环境下的服务可以通过一种统一和通用的方式整合在一起,进行交互,协同实现预期的应用目标。

在 PLM 系统与 ERP 系统集成方式中,第一层次协同要做到数据单向传递,即数据从 PLM 系统中传递到 ERP 系统中。目前这方面的技术已经成熟,实现方式大致如下。

(1) 首先在 CAD 和 PDM 中完成设计工作,分配物料代码,同时建立产品的设计树。

(2) 在 CAPP 中完成工艺。

(3) 将设计树和工艺导出为 ERP 可以导入的数据文件。

(4) ERP 系统将数据文件导入,建立物料主文件和物料清单。第二层次协同就要求实现 PLM 和 ERP 之间的闭环反馈。闭环反馈使得各部门之间既有协作又有制约,从而可以有效地避免盲目的决策和执行。

PLM 和 ERP 第二层协同的操作流程建议如下。

(1) ERP 系统提供优选物料表。

(2) 技术人员从优选物料表中选择完成设计。

(3) 如果优选物料表中没有合适物料,技术人员需要新增物料时,必须交其他部门评估后方可更新优选物料表。

(4) 建立产品设计树。

(5) 在 CAPP 中完成工艺,选择负荷饱和的设备需要多部门评估。

(6) 将设计树和工艺导出为 ERP 可以导入的数据文件。

(7) ERP 系统将数据文件导入,建立物料主文件和物料清单。

基于云计算的 PLM 系统与 ERP 系统双向传递集成可选用企业服务总线(Enterprise Service Bus,ESB)作为系统集成平台,总体架构如图 2-7 所示。

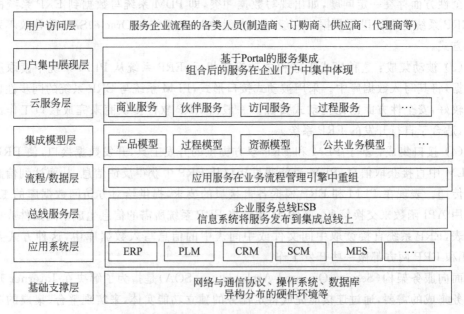

图 2-7 基于云计算的 PLM 系统与 ERP 系统双向传递集成

基于云计算的 PLM 系统与 ERP 系统双向传递集成架构中,企业内所有的应用系统都通过企业服务总线与其他应用系统进行数据交互,各应用系统将自己的特定服务开发成适配器,进行服务封装发布到系统总线。所有参与集成的系统都只消费服务总线上的规范服务,并不关心服务是由哪个系统提供的,服务是如何具体实现的。这样通过企业服务总线与其他应用系统发生关系,充分地实现系统之间的耦合,使得一个系统接口定义的变化并不会直接影响到其他的系统,从而使得系统之间形成"松耦合"的体系架构。无论企业是先使用 ERP 还是先使用 PLM,都应该首先考虑到 ERP 和 PLM 是一个整体,按照整体规划、分步实施的思路来进行建设。企业是先使用 PLM,还是先使用 ERP,要根据企业的实际情况判断:一方面,要看企业是更加关注研发,还是更加关注资源的整合;另一方面,要看企业本身的信息化水平。比如,如果企业要先使用 PLM 系统,就应该在使用 PLM 时充分考虑 ERP 系统可能需要怎样的数据。只有了解系统、了解客户需求的供应商才能真正帮助企业解决好 ERP 和 PLM 的整合问题。像 SAP、甲骨文、用友等长期在企业信息化领域打拼的 ERP 供应商,以及达索、PTC、西门子、CAXA、艾克斯特等知名的 PLM 供应商,都非常了解用户对 ERP 和 PLM 的整合需求。

PLM 与 ERP 信息化建设是现代企业管理理念与企业生产发展相结合的过程,这个过程不仅是一个软件系统的使用过程,更是一套先进的管理思想和方法在企业不同层次的充分应用。PLM 与 ERP 融合是一种发展趋势,成为制造业信息化发展和实施中的热点议题。此外,随着 SOA、虚拟化、云计算等新兴技术的成熟,让完整的云计算架构成为可能,构建在云计算模式上的 ERP、PLM 也成为一个新兴的、必然的挑战。为此云时代 ERP、PLM 厂商的身份也需要调整,其不再是单一的产品和解决方案供应商,还要向运营商转化做好准备,包括更加安全和开放的架构,以承载更多的第三方的产品。除了进行信息集成、服务集成、流程集成,还对人力以及智能进行集成,为用户提供 ERP 与 PLM 整合集成的解决方案,以云服务协助企业实现更高的信息化应用价值。

参 考 文 献

[1] 唐国纯,罗自强. 云制造的体系结构研究[J]. 制造业自动化,2012,34(9):85-87.

[2] 王晶,全春来等. 物联网公共安全平台软件体系架构研究[J]. 计算机工程与设计,2011,32(10):3374-3376.

[3] 战德臣,赵曦滨,王顺强等. 面向制造及管理的集团企业云制造服务平台[J]. 计算机集成制造系统,2011,17(3):489-494.

[4] 李伯虎,张霖等. 云制造——面向服务的网络化制造新模式[J]. 2010,16(1):2-7.

[5] 孟祥旭,刘士军,武蕾等. 云制造模式与支撑技术[J]. 山东大学学报(工学版),2011,41(5):16-17.

[6] 李春泉,尚玉玲等. 云制造的体系结构及其关键技术研究[J]. 2011(7):105-107.

[7] 陶飞,张霖等. 云制造特征及云服务组合关键问题研究[J]. 计算机集成制造系统,2011,17(3):480-484.

[8] 任磊,张霖,张雅彬等. 云制造资源虚拟化研究[J]. 计算机集成制造系统,2011,17(3):514-516.

[9] 张霖,罗永亮,陶飞等. 制造云构建关键技术研究[J]. 计算机集成制造系统,2010,16(11):

2511-2516.

[10] 乔立红,张毅柱.产品数据管理与企业资源计划系统间更改信息的集成与控制[J].计算机集成制造系统,2008(05):906-910.

[11] 崔剑,祁国宁,纪杨建等.面向产品全生命周期的需求信息管理模型研究[J].计算机集成制造系统,2007,13(12):2407-2414.

[12] 刘士军,张勇,杨成伟.基于SaaS服务的中小企业业务协同系统[J].东南大学学报(自然科学版),2011,41(03):459-462.

[13] SUN Yong,HAN Liang,LI Ni. Research and Application of PLM in SBA[J]. Journal of System Simulation,2008,20(19):5167-5168.

[14] Byeong-Eon Lee,Suk-Hwan Suh. An architecture for ubiquitous product life cycle support system and its extension to machine tools with product data model. Int J Adv Manuf Technol,2009,42:606-620.

[15] Farouk Belkadi, Nadège Troussier, Benoit Eynard. Collaboration based on product lifecycles interoperability for extended enterprise. Int J Interact Des Manuf,2010,4:169-179.

[16] Lee S, Han S, Mun D. Integrated management of facility, process, and output: data model perspective. Sci China Inf Sci,2012,55:994-1007,doi: 10.1007/s11432-012-4555-1.

[17] eongsam Yang, Soonhung Han, Matthias Grau. OpenPDM-based product data exchange among heterogeneous PDM systems in a distributed environment. Int J Adv Manuf Technol,2009,40:1033-1043.

[18] Aobing Sun,Tongkai Ji,Qiang Yue. IaaS Public Cloud Computing Platform Scheduling Modeland Optimization Analyzation. 2010 Third International Conference on Education Technology and Training(ETT)586-589.

[19] K Chen,W M Zheng. Cloud Computing:System Instance and Current State. Journal of Software,2009,20(5):1337-1348.

[20] 钟小勇,龙渊铭,张国军.基于数据云与应用云分离模式的制造资源云定位服务平台[J].计算机集成制造系统,2011,17(3):520-524.

[21] 张映锋,张耿,杨腾等.云制造加工设备服务化封装与云端化接入方法[J].计算机集成制造系统,2014,20(8):2029-2037.

[22] 姚锡凡,金鸿,徐川等.云制造资源的虚拟化与服务化[J].华南理工大学学报:自然科学版,2013,41(3):1-7.

第 3 章

chapter 3

教育云——云计算在教育行业中的应用

当前教育信息资源普遍暴露出不均衡和低水平重复建设的弊端,云计算的出现必将会改变目前的这种状况。教育方面,在国际上正在兴起一种新的教育模式称为 MOOC (Massive Open Online Course,大型开放式在线课程),主要通过信息技术与网络技术将优质教育免费送到世界各个角落。作为 MOOC 的优势支撑平台,教育云平台的资源建设已成为许多国家的政府行为,很多国家都有自己的国家级教育资源中心。例如,美国教育部和国家教育图书馆(National Library of Education)共同资助的 GEM(Gateway to Educational Materials)项目、澳大利亚各个州共同建设的澳大利亚教育网(Education Network Australia)等,这些远程教育资源库都在各国的远程教育中发挥了重要的作用。在教育领域,云计算已经在清华大学、中国科学院等单位得到了初步应用,并取得了很好的应用效果。黎加厚教授于 2009 年首次提出了云计算辅助教学 CCAI 的概念,其含义是在云环境下,利用云服务平台构建个性化的教学环境,以辅助教师教学,促进教师和学生之间的交流,促进学生协作学习,是计算机辅助教学的延伸和新的发展。未来,云计算必将在教育方面得到广泛应用。然而目前教育领域的云计算应用只是停留在初始教学应用的单一层面上,缺乏系统性实施教育云的发展规划。

3.1 教育云的概念及其优势

3.1.1 教育云的概念

云计算在教育领域中的迁移称为"教育云",是未来教育信息化的基础架构。结合教育信息化、云计算等技术和相关研究成果,本节对教育云的概念定义如下。

教育云是依托云计算理论及框架,以"随时获取,按需服务"为核心,充分利用云计算技术、多媒体设备和教育云终端设备,将基础设施、教育资源、教育管理、教育服务、校园安全完美结合,致力于为教育界及相关方面提供集管理、教学、学习、社交于一体的丰富开放、安全可靠、通用标准和规范的教育云平台服务。教育云可使各类用户随时随地取得所需资源,得到实时互动的教与学。在这种分布式环境中,教育云将优化教育资源、提高教学效果,提升教育管理和服务。

目前,国内教育云领域专家大都关注教育云关键技术、物联网教育应用技术、电子书包关键技术和教育信息化标准,以及教育云服务应用、基于云的数字化校园等方面展开研究、开发及推广,从而推动我国教育云事业的技术突破、标准化和广泛应用。

3.1.2 教育云的优势

教育云的优势主要表现在下面几个方面。

(1)三网合一。教育云平台架构主要以云计算为架构基础,对资源进行集中托管,摒弃信息孤岛,实现互联网、电信网、广电网跨平台使用并且手机短信支持联通、电信、移动全网覆盖。

(2)个性化学习。根据用户类型不同所提供的内容有所不同,主要实现个性化服务(如教师管理系统,学生管理系统,家长管理系统,内容推送系统等)。

(3)教育与科技深度整合。教育云机制灵活,符合教育需求、体现教育与科技深度整合的先进信息化产品及服务实现市场化。其技术优势完成了高性能计算技术、高速网络技术、云计算技术、网络教学视频技术、3G 技术、WAP 技术、RFID 技术、三网合一融合技术、移动互联网开发技术、通信和互联网集成技术的融合。

(4)解决教育资源不均衡的问题。通过教育云平台及师范院校联盟,构建现代远程师范教育和教师体系,加强现代教育技术的教学和培训,解决教育资源不均衡的问题。

(5)加速国际教育资源流通。将国外知名大学的学习项目引入中国市场,通过远程教学、教育云平台,使更多教师、学生能受益于优秀的国际教育资源,从而促进教育资源大范围、高效率地共享和利用。

(6)管理平台优势。在一个平台上统一管理,高效运转、处理及时,将系统运行效率发挥到极致,将获得很好的用户满意度,真正实现利益和风险并存。

我国在教育云平台开发、网络教育方面开展工作的时间还不长,部分院校和机构虽然已建立了一定数目的资源库,但是在建设总体上缺乏标准性和规范性,技术上也没有形成完整的体系,无法用以构建符合要求的高质量的网络教育资源体系。国外的网络教育资源管理技术也在发展之中,而且不能完全适合中国教育的特色。

3.2 教育云的体系结构及核心特征

3.2.1 教育云的体系结构

教育云的体系结构共分为 6 层,分别为:物理资源层,虚拟化平台层,中间件服务层,SOA 构建层,教育应用层,用户端层,如图 3-1 所示。

物理资源层:教育云的最底层,用以提供面向教育活动的共享教育信息资源。教育信息资源定义为硬件资源和软件资源。前者包括支撑一切教育信息化应用的设施和设备,后者指支撑教学与科研活动的信息平台数字化资源和业务数据,如建模与仿真环境、工程实验环境、科学计算环境、图书资源管理等。物理资源层包含完全自治的自治域资源以及通过有偿租赁获得的租赁域资源,租赁域资源用于弥补自有资源在教育资源缺乏

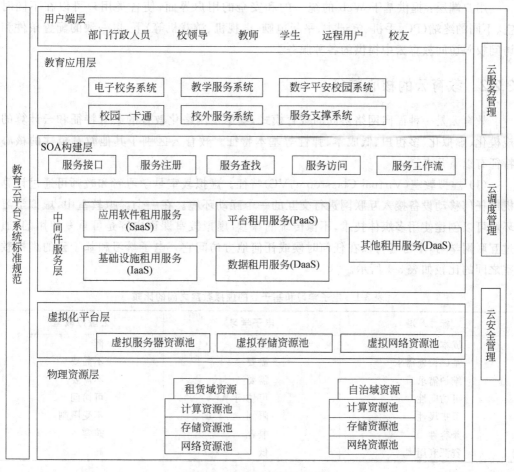

图 3-1　教育云的体系结构

方面的不足。

　　虚拟化平台层：通过采用相关虚拟化技术，将分散的各类资源虚拟接入到教育云平台，形成虚拟资源并聚集在虚拟资源池中从而隐藏底层资源的复杂性和动态性，为教育云平台实现面向服务的资源高效共享与协同提供支持。

　　中间件服务层：是一个应用服务平台，在这个平台上，从 IaaS 到 SaaS，在多个层面提供教育云服务的使用。为用户提供一系列的应用开发、部署、运行、数据存储、服务总线、工作流、虚拟主机托管等服务，包括应用软件租用服务、平台租用服务、基础设施租用服务、数据租用服务和其他租用服务。

　　SOA 构建层：主要负责将信息服务组件按照 Web 服务标准进行封装，并能通过工作流引擎直接使用系统提供的服务，也可以通过资源目录和交换体系进行服务注册、发布、查找和服务调用。

　　教育应用层：该层面对教育的相关领域和行业，体现高等教育相关的业务逻辑，提供教育方面的各类服务应用。包括电子校务系统、教学服务系统、校内消费系统、校外服务系统、数字平安校园系统和服务支撑系统 6 大类。

用户端层：提供基于 Web 的统一的和安全的用户界面,使各类用户可以在不同时空、不同的终端(PC、手机、笔记本、平板电脑、电视机、游戏机等)下,以一致的配置条件和访问权限访问教育云中提供的各种服务。

3.2.2 教育云的核心特征

教育云是一种面向网络协同的教育模式,继承了网络化教育的共有特征和云计算的规模化、虚拟化、多租户、低成本、弹性等基本特征。教育云区别于其他教育模式的核心特征有以下几点。

(1) 虚拟教室(Virtual Classroom,VC)特征。虚拟教室是学习者和教师可通过计算机或任何移动设备接入互联网进行交互的一个互动环境。在一个虚拟教室中,虚拟学习环境可以创建使用多媒体技术,不像传统的课堂,虚拟教室课程内容是可重复使用的,通过互联网学习,学习者可以在任何时候或任何地方访问它。电子学习和基于云的虚拟教室之间的比较如表 3-1 所示。

表 3-1 电子学习和基于云的虚拟教室之间的比较

标　　准	电子学习	云虚拟教室
成本	高	低
基础设施需求	需要	不需要
维护需求	需要	不需要
可访问性	可访问	可访问
可扩展性	限制	不受限制
兼容性	兼容	兼容
资源利用率	低	高

(2) 多数字化学习终端特征。具有适合学习者个体使用的多种数字化学习终端,如①电子书包,是指具有电子书阅读功能、上网计算机的信息处理功能、适合学习者个体使用的数字化学习终端。②个人学习环境(Personal Learning Environment,PLE):加拿大教育技术专家 Stephen Downes 描述的 PLE"是一种工具、服务、人和资源的松散集合体,是利用网络力量的一种新方式"。③移动学习:是指利用无线移动通信网络技术以及无线移动通信设备(如移动电话、PDA、Pocket,PC 等)获取教育信息、教育资源和教育服务的一种新型学习形式。

(3) 泛在学习,助推终身教育特征。泛在学习(Ubiquitous Learning,U-Learning)是指使用带有 RFID、红外数据通信端口、蓝牙端口或 GPS 卡等通信接口的 PDA、智能手机、笔记本等移动设备,利用 IEEE 802.11b、GPRS 等无线通信技术,在任何地点、任何时间学习任何自己感兴趣的内容。表现为按需学习、适量学习和即时学习。

(4) 大学资源计划(URP)特征。URP 是大学信息资源与系统的总集成,它利用统一的平台和接口规范,将大学的各种信息系统与资源集成起来,实现信息的共享和交换,为用户提供统一的访问界面,并为后续的应用系统设计和实施提供统一的、规范化的要求,以期实现大学运作中资源的统一规划与管理。

3.3　教育云的应用模式与关键技术

3.3.1　教育云的应用模式

传统的教育信息化模式弊病表现在计算资源分散,难以形成规模不断增长的架构复杂性,高维护成本和数据难于同步等方面。采用教育云可以有效地解决这些问题。现代高校在建设新一代的数字化大学中,离不开以下各种信息化系统。

(1)电子校务系统:包括电子政务系统,财务管理系统,教务管理系统,科研管理系统,人事管理系统,学籍管理系统,档案管理系统,资产设备管理系统,实验室管理系统,招生管理系统,学生工作管理系统等。

(2)教学服务系统:包括远程教育系统,网络教学平台,数字图书馆,教学超市系统,学习超市系统等。

(3)校内消费系统:如校园一卡通等。

(4)校外服务系统:如校友服务系统,离校服务系统等。

(5)数字平安校园系统:如校园应急指挥系统,校园监控系统,电视电话会务系统等。

(6)服务支撑系统:如统一信息门户平台,统一身份认证平台,一站式服务中心等。

教育云的应用模式如图 3-2 所示。

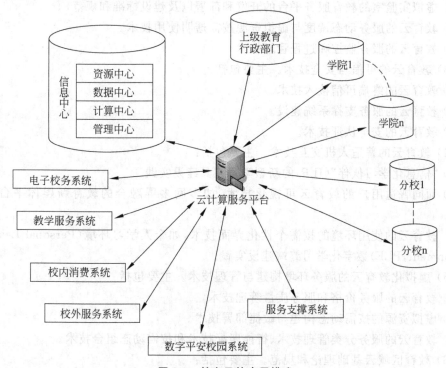

图 3-2　教育云的应用模式

其中,信息中心包括以下几个。

(1) 资源中心:网络、应用、计算、数据。

(2) 数据中心:大容量存储设备、服务器。

(3) 计算中心:云计算。

(4) 管理中心:统一管理、虚拟化。采用这种模式可以使资源高度集中,同时也解决了有限的经费投入与资源浪费的矛盾。

在实际情况中,并不是只有云计算一种环境,选择具体部署环境要综合考虑应用规模的经济学指标和用户对信息的控制要求,用户对信息的控制要求越高,应用规模的经济学指标越低;用户对信息的控制要求越低,应用规模的经济学指标越高。

3.3.2 教育云的关键技术

教育云的关键技术一般表现在以下 7 个方面。

(1) 教育云的基础理论、标准及规范:从系统的角度对教育云的理论基础、体系结构、标准和规范等技术进行研究。主要包括:

① 教育云形成的充要条件、稳定条件及演化机理。

② 教育云的计算框架和体系结构。

③ 教育云的组织及运行模式。

④ 教育云的相关标准、协议及规范。

(2) 虚拟化教育云的服务环境运行技术。主要包括:

① 虚拟实验室的教育服务平台的开发和部署以及建设标准和规范。

② 教育云的服务动态调度与虚拟资源按需透明使用技术。

③ 教育云的服务监控和过程管理技术。

(3) 教育云的可信与安全技术。主要包括:

① 教育云的终端可信接入技术。

② 教育云的服务支撑系统建设。

③ 教育云的安全认证技术。

(4) 教育云的普适人机交互技术。主要包括:

① "信息化学习伙伴"(ILP)的新型学习工具建设实践。

② 面向普适用户的教育云可视化技术,如多网多屏融合的教育新媒体平台建设实践。

③ 教育云的使用环境的按需个性化界面技术,如个人学习环境(Personal Learning Environment,PLE)数字化学习终端建设实践。

(5) 虚拟化教育云的服务环境构建与管理技术。主要包括:

① 教育云的服务价格和服务质量管理技术。

② 虚拟资源的按需动态构建与敏捷部署技术。

③ 教育云的服务分类管理技术、智能匹配技术和按需动态组合技术。

(6) 教育区域云基础理论和规范。主要包括:

① 基于区域云构建教学资源共建共享体系。

② 建立区域教育云的服务运营中心。

③ 教育云的远程教育系统的设计与实现。

④ 教育云的区域教育信息化效益评估。

(7) 教育云带来的教育技术理论新认知。主要包括：

① 教育云中知识管理技术和学习技术系统。

② 教育云的信息架构学和学习环境论。

③ 教育云的社会信息学、技术哲学与技术文化。

④ 教育云中的协同学习理论、软系统方法论。

⑤ 教育云产生的教育信息化理论。

3.4　基于 SOA 架构的教育软件开发平台框架的研究

　　教育软件工程是近年来出现的崭新的研究方向，专门支持教育领域(数字化校园信息系统)的开发平台还没有真正出现。研制开发教育软件不能仅依靠软件专业的技术人员，还需要具有多学科交叉的学术背景才能胜任教育软件的开发工作。互联网时代，教育软件对于教育的重要性越来越高，越来越成为支撑学校发展的重要因素。但是，日益复杂的应用系统、不断变换的教学内容和教学管理理念带来的无尽的教育信息需求，却使得快速实现满足学校要求的教育信息系统遭遇到严重挑战，主要表现在以下几个方面。

　　(1) 各个教学模块形成孤岛，缺乏统一的企业级应用平台。

　　(2) 无法快速响应教育需求(教学内容、教育观念、教学设计、教学管理等)变化。

　　(3) 软件复用度低，重复开发造成浪费。

　　(4) 缺少稳定高性能的教育软件基础架构支持。

　　(5) 面对教育信息系统的复杂性，使用原子级的代码进行堆砌，必然造成应用系统的低效率和低质量，以及整个软件系统结构的僵化，无法快速满足变化的软件需求。如果出现一个基于 SOA 架构的教育软件开发平台，这些挑战都会迎刃而解。

3.4.1　教育软件的概念及其数字化校园信息的建设内容

1. 教育软件的概念

　　首都师范大学博士方海光等国内学者将教育软件划分为广义的教育软件和狭义的教育软件。教育软件的概念实质是对教育信息化体系的界定，随着硬件和软件的飞速发展，嵌入式软件和嵌入式操作系统随之诞生，将教育信息化体系严格地划分为硬件系统和软件系统很难对教育软件进行科学的界定，本节引入嵌入式教育软件概念后得出教育信息化体系，如图 3-3 所示。

2. 数字化校园信息的建设内容

　　数字化校园信息平台要融合 SOA 架构的先进理念，实现以服务为导向的校园各类

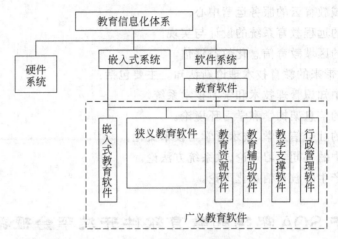

图 3-3　教育信息化体系

应用软件高效集成和数据资源高度共享,为学生、教师、行政办公人员、学生父母、来访用户及相关应用人员提供高效、便捷的一站式信息服务,为高校领导提供智能决策分析的综合信息管理服务平台。数字化校园信息主要包括教学平台,管理平台,办公平台,门户平台,资源平台和其他平台。数字化校园信息结构如图 3-4 所示。

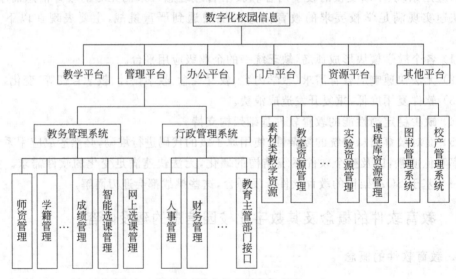

图 3-4　数字化校园信息结构

3. 提倡基于 SOA 架构的教育软件开发平台的必要性

软件并不是代码,软件是一个企业和组织业务的体现,而业务又是企业文化的反映。当教育文化和业务不断发展变化的时候,教育软件就必须跟随着发生变化。同时,每所学校都有自己的校园文化,这也是为什么教育软件都不要用套装软件,需要去定制、去开发。我们所讨论的不仅是停留在 SOA 技术方面,其实真正需要的是一种基于 SOA 架构的教育软件开发平台,它能够为 SOA 共存于电子教务之中提供必要的开发和监管能力,对促进数字化校园信息建设和提升中国教育软件产业及其管理水平有着非常重要的意义。

3.4.2 基于 SOA 架构的数字化校园信息平台的框架

1. 服务导向架构 SOA 的特点

有别于传统的系统整合方案,SOA 具有以下几个重要的特点。

(1) 各服务间有一个明确的界限,其他的程序只能透过服务窗口要求服务。

(2) 通过 XML 共享 Data Schema 与数据规定。

(3) 独立自主,每个服务不必倚赖其他的系统。

(4) SOA 使用策略设计连接端口规定、数据规定、功能规定、安全规定等,并且协调服务之间的互动流程。

(5) 一次 SOA 实现就像用来设计业务服务的方法一样成功,每一服务必须被抽象为一种粗粒度的业务功能,并按照可以在企业之间耦合和重用的方式进行设计。SOA 实现框架中的普通组件必须以模块化的和优化的 SOA 库的标准方式发布,来促进代码的统一和重用。

2. 基于 SOA 架构的数字化校园信息平台的框架

一个企业应用系统的应用架构就是通过功能、层次、软件要素这三个相互影响的维度有机结合形成的,良好的应用架构取决于对这三个维度的有效合理的切分和组合。基于 SOA 架构的数字化校园信息平台的解决方案重点是解决学校信息化建设过程中不同厂家、不同产品、不同运行环境、不同开发工具开发的应用系统的松散型、低耦合的集成。基于 SOA 架构的数字化校园信息平台的框架如图 3-5 所示。

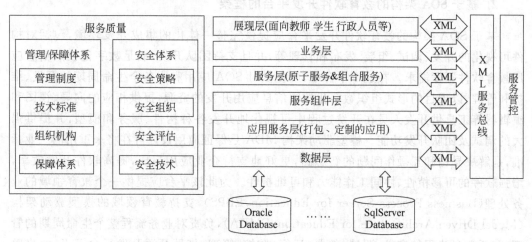

图 3-5 基于 SOA 架构的数字化校园信息平台的框架

可以看出,基于 SOA 架构的数字化校园信息平台解决方案的核心是建立学校 SOA

架构的技术标准,学校不同的信息系统遵循该技术标准,进行组件化和服务化,实现了不同的信息系统可以相互调用功能服务。SOA 的切入点在 6 个层面都有。既有自下而上,从信息标准化开始的信息交互和共享,基础是元数据的标准化;也有自上而下,流程驱动的跨系统流程的整合,这样全方位的 SOA 项目集成大大提高了学校软件的重复使用率,提高了软件系统的可扩展性,降低了学校的 IT 资源投资和 IT 建设风险。

3.4.3　基于 SOA 架构的教育软件开发平台的框架和运营模式

1. 服务导向架构 SOA 平台解决方法

2006 年正式成立的 OSOA 民间联盟组织,定义了一套 SOA 体系架构下的应用软件定义方式、开发模式和相应的标准规范。其中制定的服务组件架构(Service Component Architecture,SCA)和服务数据对象(Service Data Objects,SDO)规范清晰定义了构件、组合构件、构件实现、构件装配、服务数据对象和完备的策略管理框架。OSOA 组织已在 2007 年推出了 SCA 1.0 和 SDO 2.1 的规范,并提交到 OASIS 国际标准组织制定成 SOA 的核心标准。SCA 为构建于 SOA 的应用和解决方案提供了一套编程模型和开发新服务的模型,也提供了重用已有应用业务功能的模型。服务数据对象(Service Data Object,SDO)旨在创建一个统一的数据访问层,以一种可以服从工具和框架的易用方式为不同的数据源提供一种数据访问解决方案。可建立基于 SOA 架构标准规范(SCA、SDO)之上的服务管理平台 SMP,采用了 WSDL、BPEL、XML、SOAP、JMS、UDDI 等相关技术,与 ESB、BPM、MQ 等中间件产品有标准、开放接口的服务管理平台,重点建立学校信息系统服务集成的标准与规范,实现服务的集成注册、服务的重组、服务的发布、服务运行的监控。服务管理平台管理的服务包括:Web Service、URL 资源功能服务、RSS 服务、API 服务、Portlet 服务等。

2. 基于 SOA 架构的教育软件开发平台的框架

基于 SOA 架构的教育软件开发平台应提供完整一体化的集成开发环境,包括对构件可视化的开发、调试、组装、发布和管理等,并且支持团队开发,满足数字化校园信息应用教育软件开发需求。在这个平台中,应提供对 SOA 应用和服务全生命周期的开发、维护和管理,以项目的形式组织数字化校园信息应用开发的资源,提供相应的向导、视图和编辑器等工具供开发人员在开发过程中可视化地开发各种构件、服务和模型,并提供强大的调试及团队开发功能。模型驱动架构 MDA 是保证应用设计可在将来重用的工业标准,是解决异构和互操作问题的新思路,更好地支持企业应用集成,提高软件开发效率,增强软件的可移植性、协同工作能力和可维护性。为此该平台应提供一个教育领域的业务处理(Business Process Server for Education,EBPS),支持教育领域的模型驱动架构(Model Driven Architecture for Education,EMDA),负责对业务流程整个生命周期的管理,包括业务流程的定义、调试、部署、运行、监控、管理,借助开源开发平台 Eclipse 来整合实现基于 SOA 架构的教育软件开发平台是一个非常好的选择。对于一个应用项目而言,所有的开发内容都可以方便快捷地通过该平台完成,而不需要使用其他开发工具。

基于 SOA 架构的教育软件开发平台框架如图 3-6 所示。

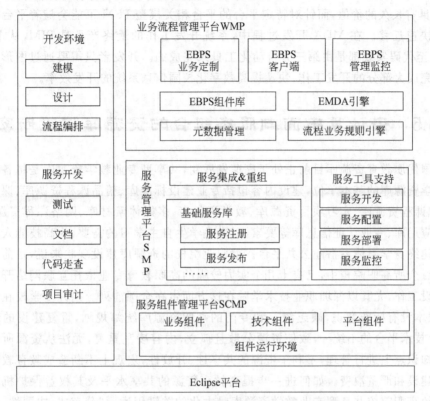

图 3-6 基于 SOA 架构的教育软件开发平台框架

其中,EMDA 引擎可以借助 EMF(Eclipse Modeling Framework,Eclipse 建模框架)来完成。EMF 是开源项目 Eclipse 的一个重要子项目,可以快速地将模型转换成高效、正确和易于定制的 Java 代码,从而构建基于结构化模型的工具或其他应用系统。EMF 把 XMI 作为模型定义的规范形式,定义模型的方法之一是使用 UML 建模工具定义类模型(UML Class Models)。模型输入 EMF 后,由代码生成器转换成一个 Java 实现类的集合。EMF 框架通过输入的 UML 类模型来驱动 Java 接口和实现类的代码生成,并实现 XML 序列化。

3. 基于 SOA 架构的教育软件开发平台的运营模式

基于 SOA 架构的教育软件开发平台的研发需要投入可观的人力和财力,国家教育部应该牵头,依托重点高校和全国有名的教育领域专家共同完成第一版本的开发。借助开源开发平台 Eclipse 来整合实现基于 SOA 架构的教育软件开发平台实施非常可行,对于业务组件、技术组件和平台组件可采用开源方式,快速增加该平台的扩展性、适应性、灵活性和生命力。对教育领域的模型驱动架构(Mode Driven Architecture for Education,EMDA)设计部分也应实施开源,形成不同的版本,快速进行教育领域的业务模型设计,做到模型设计即编码。软件开发者只需要建立表达教育领域业务逻辑的平台无关模型 PIM,剩下的工作都将由 EMDA 引擎自动完成。描述教育领域业务逻辑的 PIM 将具有长久的价值,而针对特定平台的平台相关模型 PSM 可能会随着平台技术的进步而快速迁移。在 MDA 开发过程中,系统开发工作的最终产品是 PIM,从 PIM 到 PSM 及至代码实现都是由第三方自动化工具来完成的。开发者只需要通过图形化的拖曳即可完成大部分的开发工作,快速提高数字化校园信息系统的开发效率。

3.5 云计算中面向服务组合的资源库建设研究

我国优质教育资源库目前正处于高速发展期,共享型专业教学资源库是将各个专业作为教学资源库的基本单位,建设内容包括专业建设标准库、精品课程资源库、课件资源库、实训课程资源库、实习项目资源库、教学资料库、多媒体素材库、网络课程资源库、专业行业应用库、专业认证信息库等要素,以满足学生自主学习的需要,为高技能人才的培养和构建终身学习体系搭建公共平台。就职业院校的资源库建设现状来说,目前在全国一千二百余所高职院校中,已有十几个实力较强的高职教育专业依托互联网开展资源库的建设工作,尤其以深圳职业技术学院在这方面走在全国前列。但许多学校在资源建设中,根本没有标准意识,缺乏统一和专门的高职资源库统筹规划,重复建设的现象突出,加上技术平台的不统一,致使资源分散且孤立,内容凌乱重复,无法从资源所描述的内容和知识点上进行管理,不利于资源的共享性、开放性,宏观上不断造成教育教学资源的重复建设和严重浪费。如何进一步提高教育资源的共享水平及其权益保护机制已经成为制约高职院校共享型专业教学资源库最大化的关键因素。"分布式、协同性、开放性和共享性"资源库是建设方向,要做到这一点,采用云计算面向服务组合的方式来建设资源库是一个非常好的方案。为此本节探索了云计算下面向服务组合的资源库建设研究,目的在于构建云计算环境下面向服务组合的资源共享模式及其权益保护机制。

3.5.1 云计算环境下面向服务组合模式构建资源库的内涵

从构建共享型专业教学资源库,打造开放性教学资源环境,满足学生自主学习需要出发,资源库建设模式的选择是开发和应用过程中首先遇到的问题。采用云计算环境下面向服务组合模式来构建共享型专业教学资源库可以很好地解决选择传统的以校园网为基础的"岛"式架构还是以区域性网络为基础的"分布式"资源库的纷争。同时,采用云计算环境下面向服务组合模式来构建共享型专业教学资源库也将有效地消除教学资源信息系统中的"孤岛"现象。

1. 建设中要准确把握面向服务组合模式构建专业资源库建设原则

影响教育资源共享的因素不仅包括技术层面,它还涉及思想认识、管理体制、知识产权保护、技术规范、利益分配等许多方面的复杂因素。建设专业资源库的最终目的是为网络教学服务。专业资源库可用于教师的网上备课、网络教学和学生的网上自主化学习。一般来说,面向服务组合模式构建专业资源库建设应遵循下面 9 大原则。

（1）教育性：资源内容要对学生的身心发展起到正面的促进作用，符合教学大纲和课程标准，有利于激发学生的学习动机和提高学习兴趣。

（2）科学性：资源内容的科学与准确是专业资源库的根本。

（3）开放性：在一定的环境和条件下对教师用户、学生用户、企业用户和社会学习者进行开放。

（4）共享性：不同资源可以进行有效的共享、组合，优化成新的高质量资源。

（5）标准性：资源库建设中的各种要素要符合相关国家标准。

（6）艺术性：主要是针对多媒体素材而言，从其表现手法的多样性、情节的生动性、构图的合理性以及画面的灵活性等方面来考虑。

（7）完善性：专业资源库中的专业课程体系必须完善、准确。要明确专业所涉及的专业主干课程，并以课程为单元建立完善的专业资源库。

（8）权益保护性：资源库建设中必须考虑的特性，忽略了它，也会影响到其他特性的发挥。

（9）服务性：资源库中的各种资源要素都可作为一种服务供外部访问。

2. 云计算与创建共享型专业教学资源库的联系

云计算是网格计算、分布式计算、并行计算、效用计算、网络存储、虚拟化、负载均衡等计算机技术和网络技术发展相互融合的产物。云计算利用网络把多个成本相对较低的计算实体整合成一个具有强大计算能力的集成系统，并借助 SaaS（软件即服务）、PaaS（平台即服务）、IaaS（基础设施即服务）、MSP（管理服务提供商）等商业模式把强大的计算能力分布到终端用户手中。在创建共享型专业教学资源库中，当更加多元化、智能化、网络化的"端"遇见无处不在的"云"（互联网），资源库应更多地以服务形式呈现。这样一来，用户可持有各种终端电子产品（PC、智能手机、电视、上网本、平板电脑等）来学习。

3. 专业教学资源库中资源服务的组合与匹配

传统的软件体系结构中的各构件，通常都是紧密耦合在一起的，构件的维护和重复使用变得非常困难，因为一个构件中的修改就自动意味着其他构件中的修改。云计算环境下面向服务组合模式来构建共享型专业教学资源库的基本构件是"服务"，从外特性上看，一个服务被定义为显式的、独立于服务具体实现技术细节的接口。从内特性上看，服务封装了可复用的资源功能，这些功能通常是不同粒度的资源，如专业包、岗位包、课程包、能力包、任务包等。服务的实现可采用任何技术平台，如 J2EE、.NET 等。采用云计算环境下面向服务组合模式来构建共享型专业教学资源库则实现了完全的松散耦合，服务接口作为与服务实现分离的实体而存在，从而服务实现能够在完全不影响服务使用者的情况下进行修改。按照 SOA 应用场景的复杂度，将云计算环境下面向服务的高职资源库模式构建体系结构模式分为以下 10 种。

（1）连线（Hard-wired）。

（2）点对点的服务发布与调用（P2P）。

（3）服务适配器（Service Adaptor）。

（4）服务代理（Service Proxy）。

（5）远程服务策略（Remote Service Strategy）。

（6）单点访问（Single Point of Access）。

（7）虚拟服务提供者（Virtual Provider）。

（8）服务集成器（Service Integrator）。

（9）企业服务总线（Enterprise Service Bus）。

（10）集成化的服务生态系统（Integrated Service Ecosystem）。

单个资源服务的功能或/和性能有限,难以满足一些教学和学习的需求,从而需要解决资源服务组合问题。资源服务的组合是指通过一定的方法将小粒度的资源服务手工或半自动或自动地组合为大粒度的组合服务,所使用的方法决定了资源服务组合实施过程的速度和效果。对于不同类型的资源服务组合,对其组合方法的要求也不尽相同。资源服务匹配是指从资源服务库中搜索出满足用户需求的资源服务集合的过程,而这一过程的自动化处理,则是资源服务的自动匹配。

面向服务组合模式资源总体结构如图 3-7 所示。

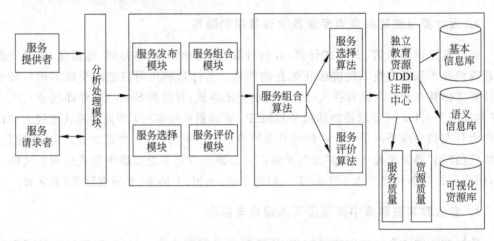

图 3-7　面向服务组合模式资源总体结构

在实施过程中,应从国家教育层面建立一个独立的教育资源 UDDI 注册中心和资源质量的评测组,用以评价、存储与管理描述资源。资源服务端口基于 BPEL 之上,提供资源服务功能和 Web 服务端口,其端口采用 WSDL 定义与描述,用户通过服务终端组件与资源服务端口交互,实现资源服务的定制与使用。服务组合的主流途径包括 6 种方法:BPEL（Business Process Execution Language）、OWL-S、Web Components、π-calculus、Petri Nets 和 Model Checking/FSM。就 BPEL 而言,能够实现基于 WSDL 的 Web Services 之间的流程编排和服务协同,它提供了一种 XML 注释和语义,用于指定对 Web Services 进行编排并确定 Web 服务之间的业务流程,实现 Web Services 之间的协同。目前服务组合方法有两大主流。①基于 XML 的方法:以 WSDL+BPEL4WS 为代表,主要应用于工业界的实践中。②基于语义的方法:以 RDF/DAML-S+Golog/Planning 为代表,目前尚未成熟,主要出现在学术界的研究中,离实际应用还差得很远。

3.5.2　云计算环境下面向服务组合模式构建资源库的架构

云计算环境下面向服务组合模式构建资源库的架构如图 3-8 所示,其中对于分布式 Web 服务组合算法共分为三个阶段。第一阶段:元 Web 服务构建,该阶段的主要任务是根据各分布服务组合节点的 Web 服务集生成相应的元 Web 服务描述文件。第二阶段:根据服务组合请求和各分布节点的元 Web 服务描述文件分析服务组合请求的特性、原子、复合、复杂以及无关的服务组合请求和元 Web 服务组合路径,并根据分析结果向分布节点发送服务组合请求。第三阶段:根据元 Web 服务组合路径和各分布节点返回的组合结果,生成最终的 Web 服务组合路径。

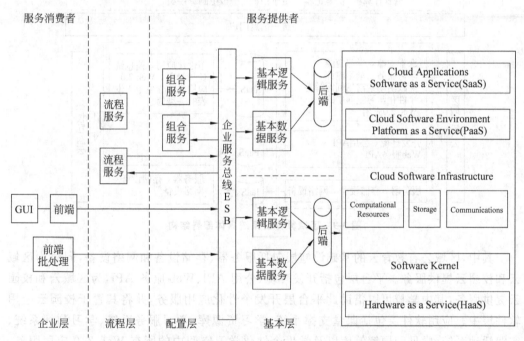

图 3-8　云计算环境下面向服务组合模式架构图

对于软件即服务(SaaS)供应商来说,主要是集中通过云端如何为终端用户提供在线服务软件(如应用程序和实用工具)。而平台即服务(PaaS)供应商则是专注于提供服务从云端的开发应用,这样使“分布式、协同性、开放性和共享性”资源库得以真正实施。

3.5.3　区域教育云系统的部署模式与结构

教育云的统筹规划是一项规模宏大的工作,最上级可至国家级教育云,依次往下包含省级教育云、地市级教育云、县区级教育云,以及最下层级的校级教育云等多个层级。区域教育云系统的部署模式一般采用混合云的部署方式,即区域公有云与校园私有云相互连通。区域公有云由现有的教育网络信息中心扩建而成,校园私有云沿用当前的网络信息中心即可。区域公有云设立一个管理中心对资源和服务等进行管理,校园私有云由各学校自行管理。服务类型包括三类：基础设施即服务(IaaS)，平台即服务(PaaS)和软件即服务(SaaS)。相应的教育云平台架构包括三层：基础设施层、平台层和教育应用软件层。基础设施层，为高层提供计算、数据存储和网络通信等资源，即提供 IaaS；平台层，构建在基础设施层之上，面向开发人员，为开发各类基于云计算的教育应用软件提供开发环境和公用 API 等，即提供 PaaS；教育应用软件层，提供各类的教育教学相关的应用软件，即提供面向教育的 SaaS，其结构如图 3-9 所示。

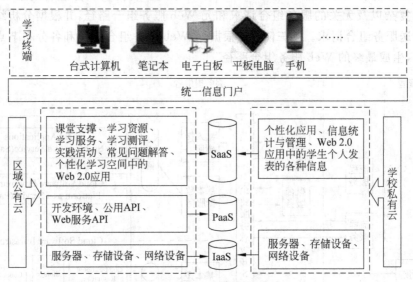

图 3-9　区域教育云系统具体部署结构

其中，区域公有教育云的基础设施层包括服务器、存储设备和网络设备，同时为区域云和校园云提供服务。平台层包括开发环境、公用 API、Web 服务 API，为区域云和校园云提供服务，其中学校可以借助此平台层开发个性化应用服务，并将其置于校园云应用软件层中。应用软件层包括课堂支撑系统、学习资源库、学习服务系统、学习测评系统、实践活动系统、常见问题解答库以及学生个性化学习空间中的所有 Web 2.0 应用服务。校园私有教育云的基础设施层与区域云一样包括服务器、存储设备和网络设备，不过从功能上、规模上可能比区域云要弱。校园云不提供平台服务，因为区域云的平台服务是在区域与学校管理机构互相协调的基础上建设而成的，即使学校要开发个性化应用，只借助区域云的平台层就能够满足要求。应用软件层主要是学生信息的统计与管理，因为这些信息或其统计结果可能需要与校园中的其他应用软件共享或关联数据，而这些应用软件有可能是学校借助区域云的平台层自行开发的，因此信息的统计与管理服务归属于校园私有云。另外，校园云需要存储的信息主要是个性化学习空间中本校学生发表的个性化信息，这也是学习过程中的生成性学习内容，有利于教师对其统计整理，将隐性知识显性化，然后将这些显性化的知识上传到区域公有教育云中，方便更多学生学习。

3.6　浪潮教育云应用

3.6.1　浪潮区域教育云解决方案

浪潮区域教育云解决方案基于浪潮教育云平台设计并实现,浪潮教育云平台按照云计算三层技术框架设计,包括:教育云基础平台层(IaaS)、教育云公共软件平台层(PaaS)、教育云应用软件平台层(SaaS),如图 3-10 所示。浪潮教育云平台基于云计算的开放、标准、可扩展的系统架构,能够实现平台容量扩容、应用嵌入整合。教育云平台按照通用标准 5 层架构建设,分别是云基础服务(IaaS),云平台服务(PaaS)、云应用服务(SaaS)、云保障及专业服务。

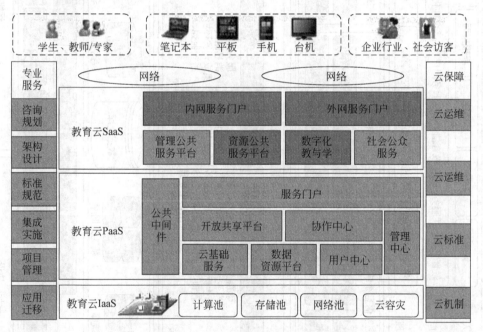

图 3-10　浪潮区域教育云解决方案

教育云基础平台层(IaaS):实现各类软硬件资源"按需分配、共享最优"。利用云计算和虚拟化技术,整合多种资源,建立统一计算资源池、存储资源池、网络资源池,为不同用户、不同系统提供 IaaS(计算和存储资源服务)。

教育云公共软件平台(PaaS):提供全局统一基础性支撑服务,使各类应用系统能够有效地整合与协同,形成信息系统统一的公共支撑环境。构建了统一、开放的软件环境,提供标准化的应用接入方式。

教育云应用软件平台(SaaS):构建在教育云基础平台(IaaS)和教育云公共软件平台(PaaS)之上,包括教育管理公共服务平台、教育资源公共服务平台、数字化教与学平台及向社会公众提供的社会公众服务平台,通过教育云应用软件平台实现了管理系统与资源平台的整合,实现了"优质教学资源班班通"和"网络学习空间人人通"的落地。

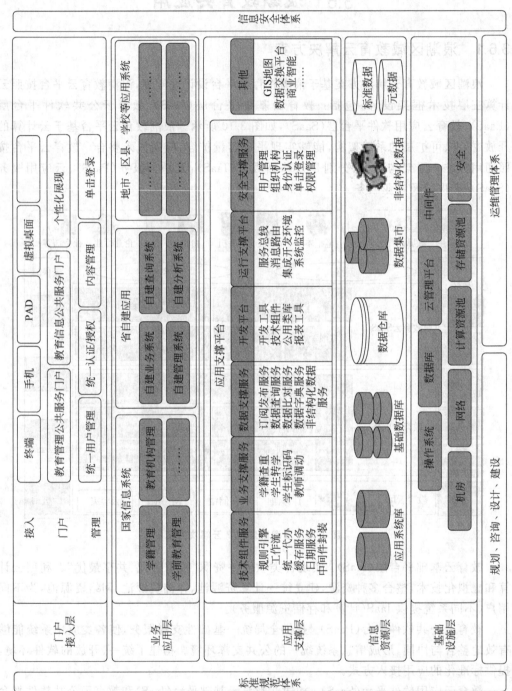

图 3-11 数据中心建设的总体框架

　　云保障：包括云安全、云标准、云运维、云机制 4 个部分。根据应用的需要和科学布局,在区域进行建设部署,功能满足在各级行政管理单位的部署要求,通过网络和终端提供给各级用户使用。云安全：通过完善安全技术设施,健全安全规章制度,提升安全监管能力。云运维：不断强化云基础、云平台、云数据、云应用等运维工作。云标准：采用国际、国家和部门行业已发布的标准,申报制定新标准。云机制：进一步完善建设、采集、应用、共享、培训、考核和监督等工作规范。通过云安全、云运维、云标准、云机制建设,形成基础稳固、平台健壮、应用繁荣、安全可靠的云保障体系。

　　专业服务：基于浪潮在教育行业及其他行业的建设经验,为区域教育云平台建设提供架构设计、咨询规划、项目管理、教育标准规范的执行等服务。

3.6.2　教育数据中心解决方案

　　教育数据中心建设是构建国家教育管理信息系统在各级单位部署与应用的关键设施。近几年借助教育信息化工程实施建设了中央所属的数据中心,但是整体上各下级单位数据中心依然存在着设计不完整,可靠性、可用性、可持续发展能力严重不足,专业化运行维护管理水平需要进一步提高等诸多问题。同时,国家信息系统在各下级单位的部署,需要在设计和运行环境上(如数据库平台、公共软件、数据采集、地理信息等公共平台,数据交换、安全体系等互连互通设施)提供相应的框架规范,迫切需要在技术层面上进行规划与指导。教育数据中心建设,是一项系统工程,需要借鉴教育部信息化建设成功经验和方法论,采用各种先进技术,依托教育部统一的应用支撑服务平台,结合各级单位信息化建设实际情况,建设适合发展的软硬件运行环境,支撑国家信息系统、各级单位自建系统的部署与建设。数据中心建设的总体框架如图 3-11 所示,由 5 个层面、三大保障体系共同构成,其中 5 个层面包括基础设施层、信息资源层、应用支撑层、业务应用层和门户接入层;三大保障体系包括信息安全体系、标准规范体系、运维管理体系。

参 考 文 献

[1]　唐国纯,符传谊,罗自强. 教育云的体系结构及其关键技术研究[J]. 信息技术,2014,(3)：51-54.

[2]　Yuru W. Xinfang L, Xianchen Z. Cloud Computing and its Application to Construction of Web-Based Learning Environment. Computer Application & System Modeling (ICCASM),International Conference on 22-24 October (2010) 8：80-83.

[3]　Yang Z. Study on an Interoperable Cloud Framework for E-Education. E-Business & E-Government (ICEE),2011 International Conference on 6-8 May(2011)：1-4.

[4]　彭红光. 基于区域云的教育信息资源配置初探[J]. 中国教育信息化,2011,6：84-86.

[5]　李铧. 基于云计算理念打造教育云的探讨[J]. 天津电大学报,2011,15(3)：47-49.

[6]　Fiaidhi,J. Developing Personal Learning Environments Based on Calm Technologies. U-and E-Service,Science and Technology Communications in Computer and Information Science,2010,124：134-146.

[7]　王继鹏.高等教育云计算服务平台构建策略初探[J].安阳师范学院学报,2011,(5)：82-85.

[8]　Bahiraey M H. Quality of Collaborative and Individual Learning in Virtual Learning Environments. The Second International Conference on E-Learning and E-Teaching (ICELET 2010),IEEE.

[9]　章泽昂,邬家炜.基于云计算的教育信息化平台的研究(EB/OL).http://wenku.baidu.com/view/a1302219a8114431b90dd845.html,2010.

[10]　雷万云.云计算——技术、平台及应用案例[M].北京：清华大学出版社,2011.

[11]　陈全,邓倩妮.云计算及其关键技术[J].计算机应用,2010,29(9)：2564-2565.

[12]　史佩昌,王怀民,蒋杰等.面向云计算的网络化平台研究与实现[J].计算机工程与科学,2011,31 (A1)：249-251.

[13]　Ferzli R,Khalife I. Mobile Cloud Computing Educational Tool for Image/Video Processing Algorithms. Digital Signal Processing Workshop and IEEE Signal Processing Education Workshop (DSP/SPE),2011 IEEE：529-533.

[14]　吕倩.基于云计算及物联网构建智慧校园[J].计算机科学,2011,38(10A)：18-21.

[15]　Nicolai M Josuttis. SOA 实践指南[M].程桦译.北京：电子工业出版社,2008.

[16]　刘春玲,唐少清.开放教育资源与高等职业教育创新型人才培养研究[J].华北电力大学学报(社会科学版),2008.

[17]　潘杏梅.网络信息资源共享服务与知识产权问题探析[J].图书馆研究与工作,2010,(2).

[18]　雷万保,朱怡安,钟冬.基于元 Web 服务的分布式　Web 服务组合算法[J].华中科技大学学报(自然科学版),2010,38(10).

[19]　http://www.hit-ssme.net/course_presentations.htm.

[20]　http://www.almaden.ibm.com/asr/SSME/.

[21]　方海光,任剑锋,陈蜜.教育软件工程框架的构建[J].计算机科学.2009,36(1)：29-33.

[22]　李静,韩永生,杨青.往返工程在 MDA 中的应用研究[J].计算机应用研究,2007,24(6)：253-256.

[23]　侯勤园,王虎.基于 MDA 的 Web 服务组合的研究及应用[J].计算机技术与发展,2008,18(10)：240-241.

[24]　杨宗亮,边馥苓,张艳敏.基于 MDA 的地理信息系统开发方法[J].计算机工程,2008,34(18)：243-244.

[25]　杨亮涛,徐梅林.中间件与教育软件工程[J].教育信息化,2004,9.

[26]　方海光.基于 ESVUM 模型的教育软件价值评测框架的研究[J].现代教育技术,2008,18(9)：120-123.

[27]　Caplat G Sourrouille J L. Model Mapping Using Formalism Extensions[J]. IEEE Software,2005, 22(2).

[28]　Bezivin J,Hammoudi S,Lopes D,et al. Applying MDA Approach for Web Service Platform[C]. Proc. of the 8th International,Enterprise Distributed Object Computing Conference.[s.1.]：IEEE Press,2004：58-70.

[29]　温昱.软件架构设计[M].北京：电子工业出版社,2007.

[30]　BUDINSKY F,STEINBERG D MERKS E,et al. Eclipse modeling framework：a developer's guide[M].Boston：Addison Wesley Professional,2003：210-212.

[31]　Stephen H Karl.软件质量工程——度量与模型(第 2 版)[M].吴明晖,应晶等译.北京：电子工业出版社,2004.

[32]　H GFang,LShe. A Basic Framework for Know-ledge Management to Intelligent Educational

Software,Proceedings of KEST'04,Beijing,China,2004.

[33]　http://www.primeton.com. EOS 产品概述(EB).2009,9-15.

[34]　兰孝臣,刘志勇,王伟等.国内教育云研究瞰览[J].电化教育研究,2014,(2).

[35]　孙永强,钟绍春,郭军梅等.基于教育云的数字校园设计研究[J].中国电化教育,2014,(4):94-97.

[36]　唐国纯,符传谊,罗自强.基于 MDA 软件设计方法研究.中国软件工程大会 CCSE2009,计算机工程与应用(专刊).

[37]　唐国纯.基于 SOA 架构的教育软件开发平台框架的研究.中国软件工程大会 CCSE2009,计算机工程与应用(专刊).

[38]　教育数据中心解决方案.http://www.inspur.com/lcjtww/443009/443384/447435/448260/1344086/index.html.

[39]　区域教育云解决方案.http://www.inspur.com/lcjtww/443009/443384/447435/448260/1344760/index.html.

[40]　李桂英.基于云教育平台的移动学习模型研究[D].西北大学,2014.

第4章

环保云——云计算在环保行业中的应用

物联网与云计算引领着当今信息科技的革命性变革,蕴含着巨大的产业发展空间,代表着信息产业的最新发展方向。我国经济社会发展与资源环境约束的矛盾日益加剧,环境污染问题突出,环境保护形势严峻,加强提升环境的信息化建设迫在眉睫。传统的环境信息系统在对环境污染进行全方位的实时动态监测方面表现出诸多问题,不能满足政府部门对环境信息采集、管理、分析、决策等方面的需求,严重阻碍了环境的信息化建设进程。这些问题表现在以下几个方面。

(1) 环保监测终端众多,且不同厂家的监控终端都有自己不同的通信协议,使一个数据采集器同时适应多个中心读取数据造成困境。

(2) 环境监控现场纵横交错,分布地域较广,受现场诸多条件限制,很难对数据采集器的软件进行升级。

(3) 环境保护信息系统相关业务标准缺乏,信息化建设受到了工作流程不确定性的制约。

(4) 环境保护链路建设滞后,地方信息不能及时反馈到中央,信息孤岛现象普遍存在,资源不能共享。

(5) 国家本级和地方现有的各级各类应用软件和系统往往各自独立现象严重,需要进一步梳理、整合等。物联网和云计算技术的出现,为打造科学合理的环保云提供了基础。

目前,"环保云"已经成为环境信息化发展的必然趋势。尽管我国在环境质量在线监测、重点污染源在线监控和环境信息化业务专网方面已经取得较大进步,但离真正的环保云的应用还有很大差距。鉴于国内环保云建设正处在起步阶段,基于此,本节尝试运用多种方法对环保云的体系结构及关键技术进行了深入研究。给出了一种环保云的平台结构,环保云 SOA 架构,环保云的信息资源层次框架和环保云的管理平台,对推动国内环保云的建设具有一定的参考价值。

4.1 环保云的相关概念及其优势

4.1.1 环保云的概念

云计算是指将信息基础设施以及建立在基础设施上的各类应用信息系统以服务的

方式提供给用户使用,并且可以随时获取、按需使用、随时扩展、按使用付费。2005 年,国际电信联盟发布的物联网报告中提出:通过一些关键技术,用互联网将世界上的物体都连接在一起,使世界万物都可以上网。即物联网是指把各种信息传感设备,如定位 GPS、传感器、遥感 RS、摄像头、放射源射频身份识别 RFID、数据采集仪等组成传感网络所获取的物理世界的各种信息经由通信网络的传输,到达集中化的信息处理与应用平台,为用户提供智能化的解决方案。目前国内外还没有一个对环保云的标准定义。这里尝试给出环保云的概念。环保云是指充分利用物联网、传感网、云计算、卫星遥感(RS)、全球定位(GPS)、地理信息系统(GIS)、虚拟现实(VR)等新一代信息技术,把各种感知设备嵌入到各种环境监控对象中,通过传输网络将云计算、物联网和环保应用整合起来,以环保业务云服务的方式,实现人类社会与环境业务系统的整合,达到智慧环保的目的。通过实施环保云,可以实现如下四化标准。

(1) 监督执法流程规范化:系统可将标准和行政流程结合起来,实现监察执法的全流程电子化处理。

(2) 数据共享平台统一化:环保云建立统一的云数据中心,满足各类环保云服务的数据交互。

(3) 监察执法管理一体化:系统实现了监察执法管理一体化;工作与考核一体化;GIS 系统与业务系统一体化;日常管理与应急管理一体化。

(4) 各类环保业务云服务化:各类环保业务以云服务的形式提供给政府、公众和排污者等各类环保用户使用。

4.1.2　实施环保云的优势

实施环保云的优势主要表现在以下几个方面。

(1) 实现资源整合共享。通过将现有环境保护业务信息化系统转移到云计算平台,将原有分散的、各成体系的应用统一到通用云计算平台,从底层上实现各系统间的系统集成、资源共享,从而打破不同部门间各成体系的信息化结构,促进原本纵向独立的信息化系统向横、纵相间的网格式信息化体系转变,通过对基础信息化资源的集中管理、统一分配,实现数据资源的统一存储、统一维护、统一管理,打破数据共享壁垒,消除"信息孤岛",实现数据整合,为建立环保数据资源中心奠定技术基础。

(2) 促进信息化建设模式的转变。云计算平台既可集成改造传统系统,为已有业务系统的发展和进化提供多种技术模式,同时,它也能够培育新生系统,为新生业务系统提供核心的系统架构及共享资源。在进行新业务系统建设时,充分利用云计算平台资源共享、弹性分配的特点,整合现有基础软硬件资源,实现基础软硬件资源的科学、有效管理,大幅提高资源利用率,降低系统冗余,减少信息化基础设施投入;云计算平台为应用提供统一的应用开发环境和共享数据资源,建立能够随着业务变化快速进行开发、测试以及部署的支撑环境,大大缩短业务系统的建设周期和成本,能够形成快捷、高效的一体化建设模式,实现资源动态的扩展和伸缩,并且采取数据多副本容错、计算节点互换等措施保障服务的高可靠性。

(3) 提升信息化队伍的能力。目前环境信息机构能力建设初步形成了国家、省、地市级信息中心的机构体系,直接为各级环境保护管理部门提供信息支持。但部分地区信息化投入不足,缺乏系统建设资金和后期运行维护投入,无法发挥信息化对环境管理工作的支持和辅助作用。通过云计算平台的建设,各地、各级环境保护部门可以充分利用云计算平台提供的资源,开展适应本地区业务特点的信息化建设,以较小的代价迅速提高信息化工作水平。同时,云计算平台统一的体系结构也更有利于进行大范围的系统培训,提高各地信息化工作人员的业务水平,带领信息队伍的发展。

4.2 环保云的体系结构及技术架构

4.2.1 环保云的平台结构

环保云的云计算平台是数据存储、分析与服务平台。环保云平台上的数据中心包含面向环保行业各种相关数据,包含基于云计算的海量数据存储技术建立起来的异种异构大数据。环保云平台上的服务中心主要指在线环境线监控平台、污染源管理系统平台及数据应用等。环保云的平台结构如图 4-1 所示。

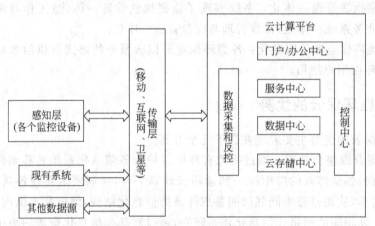

图 4-1 环保云的平台结构

其中,服务中心和数据中心的具体结构如图 4-2 所示。

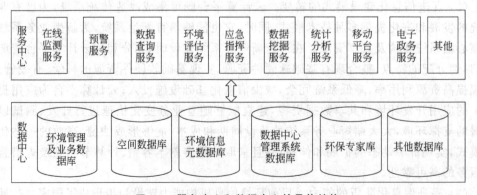

图 4-2 服务中心和数据中心的具体结构

4.2.2　环保云的功能结构

　　基于云计算和物联网的环境保护是数据存储、分析与环境服务云平台。其平台上的数据中心包含面向环境保护行业的各种相关数据,包含基于云计算的海量数据存储技术建立起来的异种异构大数据。其平台上的服务中心主要指在线环境线监控平台、污染源管理系统平台及数据应用等。环保云的功能结构如图 4-3 所示。

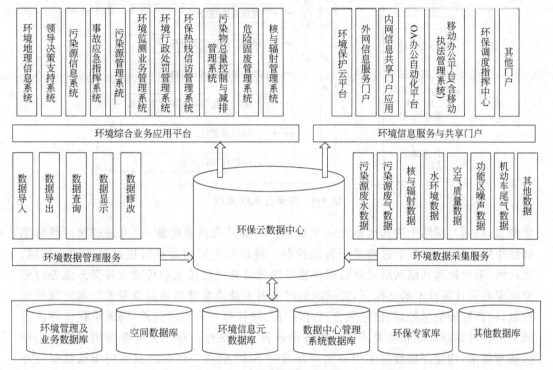

图 4-3　环保云的功能结构

4.2.3　环保云 SOA 架构

　　面向服务的体系结构(Service Oriented Architecture,SOA)作为一种高层架构模型,可以适应将来未知或变化的业务需求。在环保云中运用 SOA,可以很好地构建各种环保云服务。在基于 SOA 架构中,具体应用程序的功能由统一接口定义的服务所构成,表现出松耦合性,其构件包括服务和服务描述两部分。环保云 SOA 架构如图 4-4 所示。

4.2.4　环保云的信息资源层次框图

　　本着国家环保信息化总体要求:统筹规划、国家主导、统一标准、联合建设、互连互通和资源共享,环保云的信息资源层次分为 5 层,自下向上依次为感知层、传输层、环保云业务应用支撑层、环保云业务应用层、环保云服务层,且先后顺序有着严格的逻辑关系,综合在一起,则构成了"环保云"的建设核心。感知层主要通过各种类型的传感器获取环

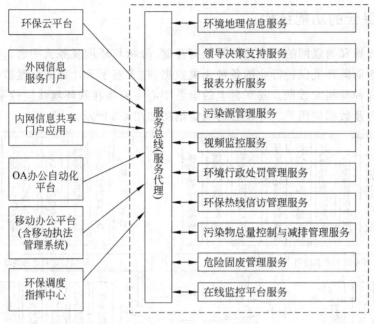

图 4-4　环保云 SOA 架构

境信息,然后与网络中的其他单元共享资源进行交互与信息传输,也可通过执行器对感知结果做出反应,对整个过程进行智能控制。传输层主要功能是直接通过移动通信网、互联网、卫星网等基础网络设施对来自感知层的信息进行接入和传输。环保云业务应用支撑层在云计算技术的支撑下,对获取的网络内大量或海量的信息资源进行实时管理和控制,包括智能信息处理、信息融合、数据挖掘、统计分析和预测计算,同时可提供环保云所需的各种基础设施和相关环保云服务的各种开发平台。环保云业务应用层指根据环保质量需求,构建环境数据库中心和环保云的 SaaS 应用。环保云服务层指构建面向环保信息系统实际应用的管理平台和运行平台,包括各种环保服务系统。环保云的信息资源层次框图如图 4-5 所示。

其中,环保云的标准与规范化体系在"环保云"项目建设中起着基础性的支撑作用,体系包括:环保云的网络基础设施标准、应用支撑标准、应用标准、信息安全标准和管理规范标准等。环保云的安全与保障体系是环保云正常稳定运行的保证条件。主要包括安全策略和安全技术两个方面。环保云的安全在各个层面提供机密性、完整性、可用性、鉴别、抵抗赖等安全服务。安全体系包括安全评估、安全策略、安全防御、安全监控、安全审计和安全响应。环保云的运营与管理体系涉及中央、省、市、县、排污者 5 级结构,随着应用的迅速增加,具有可扩展性。同时建立高效、合理的运行维护体系用以支持环境保护各种业务应用的顺利、高效的开展,特别是保证各种环境应用数据快速、准确的传输以及各种网络信息资源的全方位共享,确保环保云的稳定、高效运行。这种分层架构有利于环保云服务的设计、开发和部署,也保证了整个环保云的稳定性、可用性和扩展性,屏蔽了各层具体实现的相关性和复杂度,降低了系统应用之间的耦合程度。

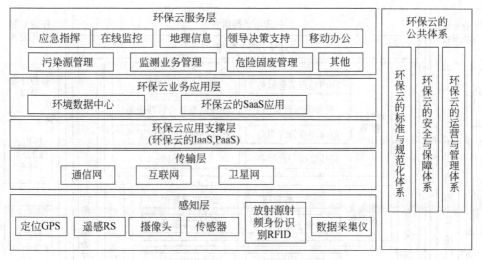

图 4-5　环保云的信息资源层次框架

4.3　基于云计算和物联网的环境保护云平台及关键技术

4.3.1　环保云的管理平台

环保云角色涉及国家、省、市、县 4 级环境监督管理局和排污单位 5 级业务主体，能够实现社会公众间的上下联动、横向互动和资源共享，最终使环境监察工作科学化、网络化、移动化和云端化。环保云的管理平台如图 4-6 所示。

4.3.2　环保云的关键技术

建设环境保护云平台是一个涉及软件资源、硬件资源管理、优化、分配等复杂的系统化工程。为了搭建环境云计算平台，至少需要解决如下关键问题。

1. 分布式数据存储技术

分布式存储的目标是利用云环境中多台服务器的存储资源来满足单台服务器所不能满足的存储需求，其特征是存储资源能够被抽象表示和统一管理，并且能够保证数据读写与操作的安全性、可靠性等各方面要求。目前的各 IT 厂商主要采用的数据存储技术有非开源的 GFS(Google File System) 和 Hadoop 开发团队开发的开源实现 HDFS(Hadoop Distributed File System)。

2. 分布式编程计算资源管理技术

编程管理技术使得云计算平台的使用者可以通过这项技术自动地为项目分配计算不同计算任务的计算单元，使得使用者不需要关心如何将输入的数据分块、分配和调度，

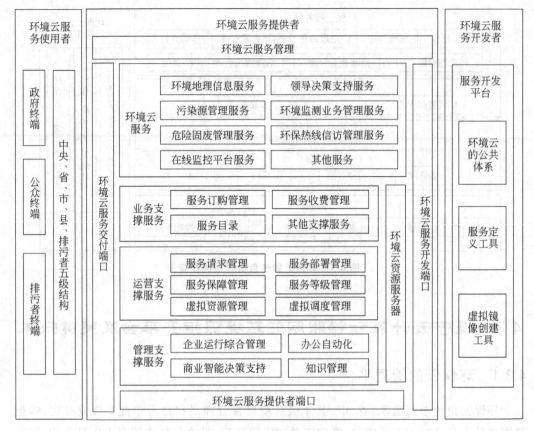

图 4-6　环境保护云的管理平台

大大提高了云计算平台的使用效率。基于云平台的最典型的分布式计算模式是MapReduce 编程模型,MapReduce 将大型任务分成很多细粒度的子任务,这些子任务分布式地在多个计算节点上进行调度和计算,从而在云平台上获得对海量数据的处理能力。

3. 数据管理及数据融合技术

云计算系统对大数据集进行处理分析,向用户提供高效地服务,因此,数据管理技术必须能够高效地管理大数据集。其次,如何在规模巨大的数据中找到特定的数据,也是云计算数据管理技术所必须解决的问题。物联网中有海量的物体信息数据,如何处理海量的多样的数据信息,并将不同类型的数据进行融合是物联网的技术难题之一。

4. 以服务方式提供计算能力技术

虽然不同行业应用的业务流程和功能存在较大差异,但从物联网运营角度来看,其计算控制需求是相同的,都需要对采集的数据进行分析处理,因此可以将这部分功能从行业密切相关的流程中剥离出来,包装成面向不同行业的服务,以平台服务方式提供给客户,客户只要满足服务接口要求,就能享受到这些服务能力。

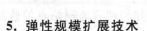

5. 弹性规模扩展技术

云计算提供了一个巨大的资源池,而应用的使用又有不同的负载周期,根据负载对应用的资源进行动态伸缩(即高负载时动态扩展资源,低负载时释放多余的资源),将可以显著提高资源的利用率。该技术为不同的应用架构设定不同的集群类型,每一种集群类型都有特定的扩展方式,然后通过监控负载的动态变化,自动为应用集群增加或者减少资源。

6. 虚拟化技术

虚拟化,是云计算最主要的特点之一。每一个应用部署的环境和物理平台是没有关系的,通过虚拟平台进行管理、扩展、迁移、备份,种种操作都通过虚拟化层次完成。虚拟化还包含两个特点:动态可扩展和分布式。动态可扩展是指通过动态扩展虚拟化的层次,进而达到对应用进行扩展的目的;分布式是指计算所使用的物理节点是分布的。

7. 三网融合技术及物联网的异构网络融合

三网融合是指有线电视网、电信网和互联网三大网络通过技术改造,提供包括视频、语音和数据等综合多媒体业务,并主要包括三个层次的融合:网络融合、业务融合、监管融合。物联网本质上是泛在网络,需要融合现有的各种通信网络,并引入新的通信网络。要实现泛在的物联网,异构网络的融合是一个重要的技术问题。

8. 多租户技术

多租户技术目的在于使大量用户能够共享同一堆栈的软硬件资源,每个用户按需使用资源,能够对软件服务进行客户化配置,而不影响其他用户的使用。多租户技术的核心包括数据隔离、客户化配置、架构扩展和性能定制。

9. 云计算和物联网的信息安全和保密

安全和隐私是云计算、物联网面临的最大挑战。需要研究云计算、物联网的网络安全体系结构和安全技术,主要包括云计算、物联网的物理安全策略、访问控制策略、信息加密策略以及网络安全管理策略、系统安全技术、网络安全技术、应用安全技术、安全管理体系结构等。

4.4　环保云应用方案

4.4.1　联想 PM2.5 云监测平台

联想环保云——PM2.5 云监测平台方案,是联想基于联想在物联网云计算方面的优势推出的端到端的一体化行业应用解决方案。方案基于收集 PM2.5 监测仪提供的实时数据,通过建立 PM2.5 监测数据汇总分析云平台系统分析和处理海量 PM2.5 数据,通过多种维度的展现方式从宏观上反映城市的整体空气质量,并和现有监测站点的监测数据形成互补,为相关政府部门进行环境监测和污染防治提供全面、实时、准确的环境监测数据和执法依据。M2.5 云监测节点采集到对应位置的 PM2.5,通过无线传输方式传送到数据接收服务器,数据经过解析后,通过 PM2.5 云监测处理平台对海量历史和实时数据的智能分析处理,将实时数据通过 Web 网页、移动终端展示给最终用户,同时提供预警信息、PM2.5 污染传播过程实时演化与污染源追踪功能。为客户科学分析环境污染趋势,为决策和制定行政执法人员环境保护提供信息化技术支持工作。

联想 PM2.5 云监测平台系统采用 SOA 面向服务的模型架构,各层相互提供服务支撑能力,并存在递进式的服务关系。整个系统划分为三层 8 大模块,如图 4-7 所示。

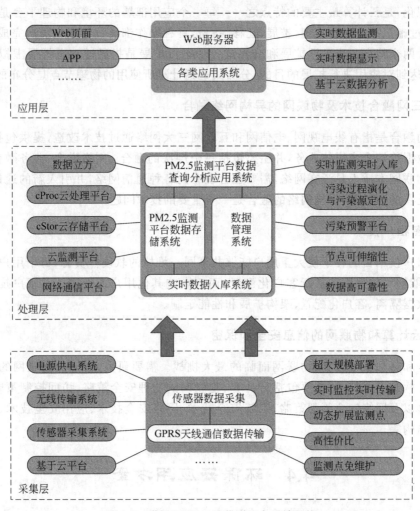

图 4-7　联想 PM2.5 云监测平台系统架构

三层分别为应用层、处理层和采集层。应用层为 PM2.5 综合展示平台,主要包括 PM2.5 实时监测与发布模块、PM2.5 污染传播过程实时演化与推演模块、PM2.5 污染源定位分析模块等,主要实现基于 GIS 的 PM2.5 综合应用管理。处理层为 PM2.5 云数据处理平台,主要包括存储模块、数据管理模块、数据分析处理模块,主要实现大数据环境下海量数据的安全存储、数据处理、预警管理和基于污染过程演化与污染源定位算法的大数据分析挖掘。数据分析系统实现了主流的数据挖掘功能,包括属性选择、分类预测、回归预测、聚类分析、关联分析、时间序列分析等 6 大类。为适应不同业务数据的特点,对同一个数据挖掘功能,通过多种算法进行实现,包括决策树、分类回归树、支撑向量机分类、神经网络分类、贝叶斯网络、朴素贝叶斯、逻辑回归、分类组合模型等算法来协助用户进行综合分析。采集层由数据接收服务器和网格化布设的 PM2.5 云监测仪组成,主要包括 PM2.5 实时数据采集模块、预处理模块及实时传输模块。该产品测量精准、灵敏度高,可实时提供监测数据;同时数据接收服务器还可接入各类综合数据,以供分析使用。

联想 PM2.5 云监测平台主要功能表现在以下几方面。

(1) 数据高效接收存储。前端 PM2.5 云监测仪发回的原始 PM2.5 数据,将全部存储在分布式数据库和文件系统中,采用云存储的方式存储海量的数据。为了满足和适应数据量、数据特征和查询处理的不同需求,字典类或管理类数据存储于关系型数据库中。

(2) 数据实时监测统计。PM2.5 数据查询分析应用主要提供基于 GIS 的 PM2.5 实时监控、历史记录和数据下载等功能,采用云计算的方式进行数据存储和处理,可实现千亿级海量 PM2.5 数据实时返回查询结果。

(3) 实时空气质量预警。可灵活地根据应急预案设置报警阈值,可分为数值超限和增率超限等多种阈值设置,一旦发生报警立即通过邮件、App 推送或者短信等形式通知管理者,并提示管理和执法人员所需执行的应急预案。

(4) 污染传播演化与污染源追踪。依托云计算的分布式存储、分布式数据库、分布式处理和虚拟化技术,进行海量环境数据的挖掘和分析,通过分析大气扩散模型和高斯扩散算法,构建了 PM2.5 污染传播过程实时演化与污染源定位数学模型,可对多种污染源进行综合分析。

(5) 综合数据发布。通过环境质量发布平台,可以向相关部门实时提供多维度的综合信息,并可准确提供特定区域的实时的生态环境质量状况。为环保监管和污染防治提供科学依据和行动方向。

4.4.2　浪潮环保云数据中心

浪潮环保云数据中心解决方案立足现有各类环保应用系统的使用现状,充分利用现有应用系统产生的数据,重新构建统一的数据中心,按照新的系统架构进行建设。在新的数据中心环境下,创新“大数据”应用,充分挖掘大数据带来的价值,充分整合系统资源,从而实现一个数据采集、存储、分析、挖掘、决策、发布的统一的数据链应用,为环保各业务部门产生更大的价值。环保数据中心的建设分为以下三个步骤。

(1) 将原有的应用系统从物理机向云计算中心迁移,从而实现环保应用系统的统一管理,为数据中心应用打下基础。

(2) 在不改变原有环保应用系统架构和使用模式的前提下,对环保应用系统数据进行清洗、统一存储、构建创新环保数据中心。搭建大数据应用平台。

（3）在大数据处理平台之上，创新数据中心应用，实现环保数据挖掘、分析、决策的大数据应用。

省级云数据中心架构如图 4-8 所示。

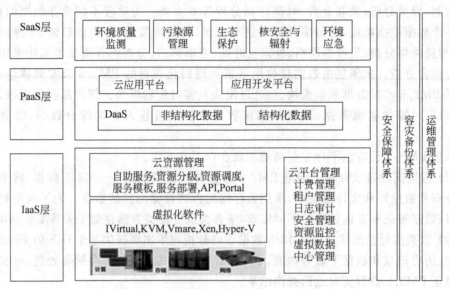

图 4-8　浪潮环保云省级云数据中心架构

IaaS 层包括计算、存储、网络资源管理。PaaS 层包括云应用开发平台和云应用管理平台。SaaS 层包括各类环保应用。

浪潮环保云数据中心管理系统架构如图 4-9 所示。

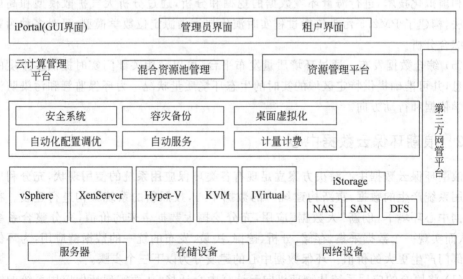

图 4-9　浪潮环保云数据中心管理系统架构

云计算操作系统是云计算后台数据中心的整体管理运营系统。它是指构架于服务器、存储、网络等基础硬件资源和单机操作系统、中间件、数据库等基础软件管理海量的基础硬件、软资源之上的云平台综合管理系统。云计算操作系统包含以下几个模块：大规模基础软硬件管理、虚拟计算管理、分布式文件系统、业务/资源调度管理、安全管理控制等。

浪潮环保云应用开发架构如图 4-10 所示。

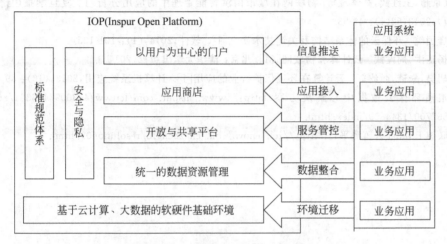

图 4-10 浪潮环保云应用开发架构

云应用的核心是应用的碎片化，理念是平台＋应用。最终在环保数据中心建设应用服务生态环境。云应用开放平台结合云计算、大数据、社交网络、物联网等先进的技术和理念；以整合各方面资源为重点，通过信息共享平台强化资源的有机整合和高效利用；搭建一体化、协同化、智能化、松耦合、高效和高可用的平台；基于开放平台的公开的标准和规范，通过公开发布服务（OpenAPI）为第三方应用使用。云应用开发平台架构包括：云应用迁移、数据整合、服务管控、应用接入和信息推送。从而使得云应用平台具备大数据与高并发处理能力、业务协作与信息共享能力、面向公众的信息服务能力、面向内部的业务管理能力、用户行为分析和改进能力。

参 考 文 献

[1] GUOCHUN TANG, YANPING WU. Research on Environmental Protection Based on IoT and Cloud Computing [A]. Proceedings of the 2013 Asia-Pacific Computational Intelligence and Information Technology Conference[C]. 2013.

[2] 朱近之. 智慧的云计算物联网的平台[M]. 北京：电子工业出版社，2012.

[3] 朱洪波，杨龙祥，朱琦. 物联网技术进展与应用[J]. 南京邮电大学学报（自然科学版），2011,31(1)：1-8.

[4] 王晓静，张晋，田宝勇等. 物联网及其技术体系研究[J]. 辽宁大学学报（自然科学版），2011,38(3)：275-278.

[5] 李德毅. 云计算支撑信息服务社会化、集约化和专业化[J]. 重庆邮电大学学报（自然科学版），2010,22(6)：699-722.

[6] 杨光，耿贵宁，都婧等. 物联网安全威胁与措施[J]. 清华大学学报（自然科学版），2011,51(10)：

1335-1340.

[7] Wolf W. Cyber-physical systems[J]. IEEE Computer,2009,42(3):88-89.

[8] 陈海明,崔莉,谢开斌. 物联网体系结构与实现方法的比较研究[J]. 计算机学报,2013,36(1):169-185.

[9] 汉京超,王红武,高学珑等. 物联网在城市雨洪智能管理中的应用分析[J]. 复旦学报(自然科学版),2013,52(1):49-53.

[10] 唐国纯. 环保云的体系结构及关键技术研究[J]. 软件,2014,(1):101-103.

[11] 杨正洪,周发武. 云计算和物联网[M]. 北京:清华大学出版社,2011.

[12] 胡昊,朱琦,尚屹等. 云计算在环境保护行业的应用[J]. 计算机系统应用,2013,(10):39-44.

[13] 浪潮环保云数据中心解决方案. http://www.inspur.com/lcjtww/443009/443384/867540/867700/1344809/index.html.

[14] 联想PM2.5云监测平台. http://rel.lenovo.com.cn/zhengfu/resolution09.html.

第5章

物流云——云计算在物流行业中的应用

物流产业是物流资源产业化而形成的一种复合型或聚合型产业。物流资源包括运输、仓储、装卸、搬运、包装、流通加工、配送、信息平台等。通过对物流行业各方面的基础需求分析,以及对现阶段国内物流行业的信息化现状的把握,物流云计算服务平台划分为:物流公共信息平台、物流管理平台及物流园区管理平台三个部分。这三个平台有各自适合的作用层面,物流公共信息平台针对的是客户服务层,拥有强大的信息获取能力;物流管理平台针对的是用户作业层,可以大幅度地提高物流及其相关企业的工作效率,甚至可以拓展出更大范围的业务领域;物流园区管理平台针对的是决策管理层,可以帮助物流枢纽中心、物流园区等管理辖区内的入驻企业进行规划和布局。

5.1 物流云的相关概念及要求

5.1.1 物流云的概念

物流云中的物流资源是一个广义的概念,是一切能够在物流过程(运输、仓储、装卸、包装、流通加工等)中发挥作用的所有物质资源、人力资源、信息资源等的集合。物流云中物流资源的内涵非常广泛,包括运作资源、客户资源、人力资源、信息资源、系统资源、供应商资源和分销商资源等。各类资源能够通过其在物流过程中体现的物流参与能力,通过描述虚拟化为云物流服务,以服务的形式在云计算平台下进行运算实现物流服务的高效化、便捷化以及信息化。

物流云是一种面向服务的、面向物流任务的,融合现有物流网络、服务技术、云计算、物联网等技术,通过将各类物流资源(包括运作资源、客户资源、人力资源、信息资源、系统资源、供应商资源和分销商资源等)进行虚拟化服务并进行统一、集中、智能化管理和分配的智能化物流服务模式。物流云服务(Logistics Cloud Service, LCS)平台是面向各类物流企业、物流枢纽中心及各类综合型企业的物流部门等的完整解决方案,依靠大规模的云计算处理能力、标准的作业流程、灵活的业务覆盖、精确的环节控制、智能的决策支持及深入的信息共享来完成物流行业的各环节所需要的信息化要求。物流云服务是一种在网络技术与分布式计算技术的支持下,通过物流云服务平台整合物流资源和客户资源,并按照客户需求智能管理和调配物流资源,为客户定制和提供安全、高效、优质廉价、灵活可变的个性化物流服务的新型物流服务模式。物流云服务模式按照物流任务需求进行智能化管理与调度匹配物流资源,融合现有的物流网络、服务技术、云计算、云安全、物联网、RFID 等技术,实现各类物流资源(包括运输工具、运输线路、仓储资源、信息资源、软件、知识等)和客户资源,为物流服务系统全生命周期过程提供可随时获取、按需使用的个性化物流服务。

5.1.2　物流云的业务架构、运作模型与特征

1. 物流云服务业务架构

从业务的角度,物流云服务(Logistics Cloud Service,LCS)业务架构如图 5-1 所示。其主要由三部分组成:物流云服务需求端(Logistics Cloud Service Demander,LCSD)、物流云服务提供端(Logistics Cloud Service Provider,LCSP)、云服务平台(Cloud Service Platform,CSP)。LCSD 是指物流云服务使用者,这里指的是整个供应链或供应链上个别成员;LCSP 指的是提供物流服务资源的运输车队、货代公司等,它主要向云服务平台提供各种异构的物流资源和物流服务;CSP 充当二者之间的桥梁和枢纽,负责建立健壮的供需服务链。LCSD 通过 CSP 提出个性化服务需求,CSP 对 LCSP 提供的物流云进行整合、检索和匹配,建立起适合客户的个性化服务解决方案并进行物流云调度,同时在服务过程中对服务质量进行管理和监控,为双方创造不断优化的服务质量和服务价值。

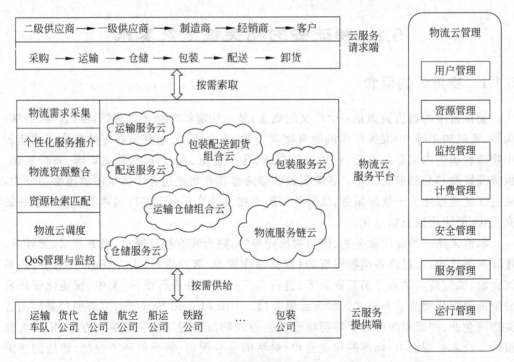

图 5-1　物流云服务业务架构

云服务提供端是能够提供物流服务的公司或者企业按照一定的信息格式对自己所

能提供的服务进行信息化并将它们发布在云中,供其他用户使用。云管理层则主要是对已经发布的各类服务云进行管理,主要包含:用户管理、资源管理、监控管理、计费管理、安全管理、运行管理以及服务管理等。目前可以提供服务的物流云主要包含:运输服务云、包装服务云、配送服务云、仓储服务云以及物流服务链云等。

云服务请求端则为用户按需请求物流服务提供一个平台,主要包含采购、运输、仓储、包装、配送以及装卸等物流类的服务。

2. 物流云的服务运作模型

形成物流云服务的过程实际上就是通过物联网感知、数据采集等技术首先对分布式资源进行感知,然后将物流资源虚拟化为云物流服务,接着通过聚合、封装、发布形成物流云,以物流云的形式为客户提供按需物流服务,形成物流云服务。在物流云中,其服务主要包括物流资源和物流能力(如运输能力、装卸能力、仓储能力等)服务化后形成的物流资源与物流能力服务,可以通过各种通信网络为用户提供物流全过程的各种服务应用。物流云服务运作模型如图 5-2 所示。

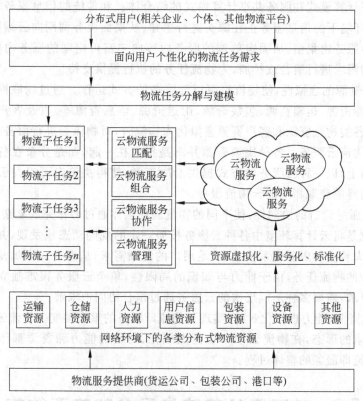

图 5-2 物流云服务运作模型

在物流云中,物流服务是面向物流任务的,是面向用户的,通过定制按需物流服务满足客户需求所实施的一系列物流活动的结果。物流服务模式是结合先进的云计算技术、物联网技术、网络技术和物流技术,通过对物流任务的分工与协作实现的一个物流资源高度共享、快速反应、成本最优的综合物流服务体系。它实现了跨企业的高度协同和区域物流资源随需调配,为客户提供高效、高质量、低成本的专业化与个性化物流服务。

物流云服务模式是在不确定、动态变化的需求和云物流服务之间建立一种按需的资源分配和使用模式。在物流云中,只要根据客户需求,建立相应的物流任务模型,然后在云物流服务中心搜索匹配到相应的服务,并实现服务主体中的服务执行的运作模式。

物流云服务运作模式就是通过物联网感知物流设施和流程中的各种资源信息,为云计算平台提供物流信息来源,利用云计算将物流资源虚拟化形成云服务,通过云服务信息共享、云服务发现、云服务资源组合以及服务之间协作实现物流任务的协同运作,最终为现代物流服务模式提供方案。

3. 物流云服务特征

在云计算环境下,物流资源与物流能力以物流云服务的形式运作。在物流云服务模式下,物流服务具有不同于传统服务模式的特征,主要表现在以下几个方面。

(1) 物流服务环境的开放性,使用户根据需要获取服务。物联网和云计算是数据感知与数据共享计算模式和服务共享计算模式的结合体。和传统的信息服务模式不同,物联网、云计算环境下的信息服务正在源头进行感知、从桌面服务调用向云端服务执行、从数据密集型向服务密集型、从固定单调的服务内容向丰富可定制的服务内容转变,并可根据决策者的需求进行组合或扩展,为物流任务的执行提供支持。

(2) 物流资源的虚拟性,使物流资源以云服务的方式运作。通过物联网对各类物流资源(包括仓储资源、运输资源、包装资源、配送资源、信息资源等)以及客户资源进行感知,云计算把各类物流资源和客户资源虚拟化为物流云,对物流云进行服务化封装、发布及注册,形成物流云服务。各种决策资源并不是集中在一起,而是分布在各地数以万计的不同服务器上,以一种云服务的方式提供给决策者,使得决策者可以在云端的任意位置使用不同的终端获取相应的云物流服务。

(3) 物流服务运行的协同性,使不同的物流服务主体通过协作完成复杂的物流任务。云服务组合就是将云计算环境中各种云服务按照一定的规则动态地发现,并组装成为一个增值的、更大粒度的服务或系统,以满足用户的复杂需求,从而完成更加复杂的物流任务。对于复杂的物流任务,由于能力与知识的局限性,单个云服务很难独立地满足复杂物流任务的要求,需要多种不同层次的云服务通过组合协同地求解。

(4) 通过资源、能力虚拟化封装,实现了物流即服务的重大转变。物流云实现了面向服务、面向需求的形态,在物流云中一切能虚拟化、封装的能力和资源都作为物流云服务,实现了物流即服务的整体过程。

5.2 物流云公共信息平台的体系结构

当前我国物流企业数量以每年 16%~25% 的速度增长,物流企业众多,虽然这些企业在资源整合、物流组织和流程创新等方面得到了很大发展,但物流信息化方面仍然薄弱,上下游企业信息难以共享和传输,企业与政府之间信息传输不畅,即使是单一企业也存在多个信息系统数据格式不统一的现象,造成在运输和配送、中转与装卸搬运、报关和报税、配送与客户环节无法形成信息共享,从信息化发展水平来看,仍局限于简单的信息管理和基本的运营管理,这是我国建设现代化物流体系所要解决的问题。物流公共信息平台就是为了解决上述问题而提出的。在企业之间,围绕供应链管理思想,促进企业物流、信息流和商流的协调统一;在企业与政府之间,围绕信息服务和履行政府职能方面,解决政府与企业应用的接口问题,实现企业物流系统与政府各个业务系统之间的对接,如电子通关和报税等。从区域发展来看,旨在推动区域经济发展的软环境建设,对减少区域企业物流综合成本、增强区域经济竞争力有重要作用。

5.2.1 物流公共信息平台功能设计

物流云的公共信息平台主要实现数据交换功能、信息发布服务功能、物流流程操作功能、物流跟踪与查询功能、决策分析功能和电子商务功能,其平台设计如图 5-3 所示。

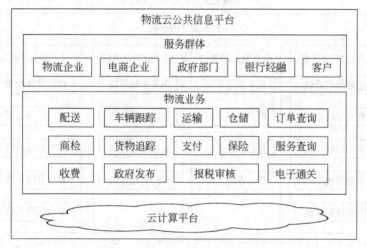

图 5-3 物流云的公共信息平台

(1) 数据交换功能。运用数据交换平台,实现不同业务系统之间、不同单位之间的信息交换,利用云计算在异构系统的数据转换能力,解决如电子单证发送、数据传输和数据接收等问题,能够实现物流企业、政府部门、银行、客户之间的信息交换。

(2) 信息发布服务功能。各种相关信息,包括政府部门的政策、税收以及报关信息,物流企业的运输、配送、仓储的可用资源信息,银行保险等部门的金融信息、保险信息等,均可以通过登录平台进行发布或者搜索获取。

(3) 物流流程操作功能。物流流程操作是信息平台最基本的功能,它提供了物流最基本的业务流程操作,如仓储管理、运输管理、配送管理等信息化操作流程,是物流企业信息化操作的最核心模块。

(4) 物流跟踪与查询功能。利用 GPS、GIS、GPRS、RFID 等技术实现对货物位置和状态的跟踪和定位,并把这些信息记录保存在云存储中,通过信息平台,客户方便地查询运输环节中货物到达情况,方便用户的管理和运作决策。具体查询方式可以通过移动终端、Web 浏览器或者短信等方式进行。

（5）决策分析功能。平台中的数据可能来自于不同环节和部门，如仓储、运输、配送等，这些数据相互独立，不利于决策者进行查询和分析。利用云计算强大的数据处理能力，对已获取的数据进行分析，根据用户自定义条件进行自动统计和归纳，为决策者提供决策所需的数据、信息，以利于各个职能管理部门做专题分析并辅助他们进行决策。

（6）电子商务功能。信息平台可以满足不同主体之间的商务交易，平台为双方提供了一个虚拟的交易市场，双方可以进行洽谈、签订合同、电子支付，实现电子商务功能。

5.2.2　物流云公共信息平台子系统设计

物流云公共信息平台系统主要由 4 个子系统组成，如图 5-4 所示。分别是物流作业管理子系统、信息发布与查询子系统、电子政务管理子系统和电子商务管理子系统。

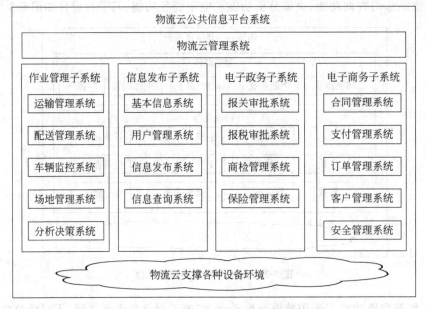

图 5-4　物流云公共信息平台子系统

（1）物流作业管理子系统包括运输管理系统、仓储管理系统、车辆监控系统、场地管理系统、分析决策系统。作业管理子系统主要承担物流运作过程中物流服务的实现，通过系统对车辆、场地、货物等进行高效管理，同时结合分析决策系统让物流管理更科学、更高效，并通过云计算平台对物流作业进行无缝隙合作，最终满足客户的需求，合理有效地利用整个物流系统资源。

（2）信息发布与查询子系统包括基本信息系统、用户管理系统、信息发布系统、信息查询系统。通过信息发布与查询子系统可以了解政府部门的报关、税收、政策法律信息，物流部门的运输、配送信息，货主企业的货物信息以及金融保险部门的外汇、保险信息等，实现各个环节上的信息共享与应用。

（3）电子政务管理子系统包括报关审批系统、报税审批系统、商检管理系统、保险管理系统。电子政务管理子系统主要提供报关申报服务、电子贸易单据的提交服务以及相应的商检申报和查询，保险业务申请服务，通过该系统实现政府服务及保险业务，为中小型企业提供网上政务服务，提高政府的服务效率。

（4）电子商务管理子系统包括合同管理系统、订单管理系统、支付管理系统、客户管理系统、安全管理系统。电子商务管理系统通过平台为各个业务主体提供了一个虚拟的交易平台，通过这个系统可以对订单、信息、支付进行安全的管理和应用，实现整个电子商务环节的交易，通过订单管理系统，准确、及时地把握客户需求，客户也可以根据自身需求，对物流及支付进行自主选择和搭配，以满足个性化的需求。

5.2.3　物流云的公共信息平台体系结构

基于云计算技术的物流公共信息平台是云计算技术在信息处理中的应用，云计算的数据管理和计算技术能够满足物流公共信息平台对分布的、种类众多的节点数据进行处理和分析。云计算把应用服务和计算设备进行分层，分离出共通的计算设备层，使物流公共应用构筑在一个共通的计算设备层上面。而这个计算设备层可以利用目前云计算服务提供商提供的服务，从而使物流公共信息系统平台提供的各种应用也成为云计算的一种应用服务。区域物流云公共信息平台采用分层式设计，主要包括以下几个部分。

云基础设施层（IaaS）：应用云计算中的物理资源虚拟化技术，实现客户在硬件资源方面的充分共享，不采用定量的固定存储空间分配方式，而是根据实际需要，动态地分配资源，以最少的资源实现用户需求的最大化。引入负载均衡技术和服务器集群技术，将区域内的服务器关联起来，形成一个巨大的虚拟服务器，提升整个信息平台的安全性和可靠性。

云平台层（PaaS）：云平台层是区域物流公共信息平台的核心部分，所有信息从采集到整理，全部过程都在这一层进行，在处理海量数据信息时，为了确保处理的实时性，通常采用分布式计算和存储。例如，应用 MapReduce 技术时，把一个单独的任务分解成为若干个子任务，然后对每个子任务进行处理，最后汇总结果。在部署公共信息平台时，要注意云平台接口的标准化问题，结合具体的计算模型，把剥离的计算功能包装成标准服务，以方便上层云应用的调用。

云应用层（SaaS）：物流行业的各类应用业务流程都是在云应用层实现的，而且第三方物流企业应用服务也可集成在这一层。当集成业界各方服务时，通过对一些虚拟化技术的应用，可实现多个付费客户共享计算能力和共享存储空间，从而大大提高了资源的使用效率，降低了企业的运营成本。

一般来说，区域性物流公共信息平台的逻辑框架如下。该平台由一个网络（即通信网络）、一个中心（数据交换中心）和 5 个子系统组成，如图 5-5 所示。其中 5 个子系统即物流企业子系统、行业管理部门子系统、货物和车辆调度跟踪支持子系统、综合信息发布子系统和宏观决策支持子系统。

（1）通信网络。通信网络是连接物流公共信息系统各组成部分的桥梁和纽带，用于实现信息共享和实时通信。在应用中，可选择物流园区网络、城市物流信息网络和无线通信网络。

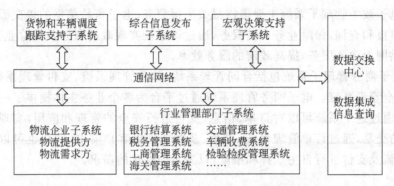

图 5-5　区域性物流云公共信息平台的逻辑框架

（2）数据交换中心。由数据集成模块和信息查询模块等组成，实现对共用信息的数据采集、组织和处理。

（3）物流企业子系统。是对物流企业相关系统的总称，包括物流服务的供需双方，主要用于企业内部的物流活动，如库存管理、订单管理、客户关系管理和财务管理等。

（4）行业管理部门子系统。是指物流活动的相关政府管理部门、行业主管部门等的电子政务系统的总称，如税务部门、海关、检验检疫、银行和工商部门等。

（5）货物和车辆调度跟踪支持子系统。由安装在货物（车辆）上的定位设备、信息采集、接收、发送设备组成，主要用于对货物和运输车辆的全程监控。

（6）综合信息发布子系统。主要用于物流活动中共用信息的实时发布。如物流服务信息、商品信息、铁路车站信息、航空信息、港口水运信息、道路设施信息等。

（7）宏观决策支持子系统。主要是为政府的宏观决策提供基础支撑信息。

基于云计算的物流公共信息平台的体系结构示意图如图 5-6 所示，可以看出物流公共信息平台具有的典型服务特征。

（1）提供公共服务是物流信息平台的重要特征。物流信息平台就是要解决物流信息分散、政府行业应用分割、物流信息数据格式多样、信息共享和传输困难以及物流服务平台运营成本高等问题，公共信息平台的建设能够降低信息系统的建设成本，并能够通过云计算的应用提供信息服务功能，如信息转换和互相调用服务、政府和行业业务对接服务、物流信息跨平台应用服务等。

（2）统一平台界面和标准化数据，方便信息共享和调用。信息平台的统一界面，使得其应用变得方便和简单，不仅降低了工作难度，还降低了物流运作的综合费用。另外，公共信息平台的使用，对物流标准化起到了推动作用，从而推动了整个行业的发展。

（3）强调资源整合，提升物流运作效率。物流公共信息平台强调在政府的主导下，实现区域物流资源整合，提高物流运营整体效率，降低物流运作成本。

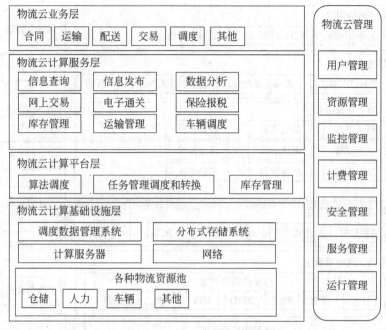

图 5-6　基于云计算的物流公共信息平台的体系结构

5.3　物流云管理平台的体系结构及关键技术

5.3.1　物流云管理平台的体系结构

为了实现物流云服务模式,需要从技术的角度构建一个面向云请求端和云提供端的物流云服务平台,协调双方共同完成物流服务任务。该平台的技术架构如图 5-7 所示。自上而下由物流云应用层、物流云接口层、物流云计算服务层、物流云虚拟资源层、物流云物理资源层等 5 个层次组成,具体如下。

(1) 物流云应用层。该层主要面向制造业产业供应链和物流服务供应链上的企业用户。它为用户提供统一的入口和访问界面,用户可以通过门户网站、用户界面访问和使用云服务平台提供的各种云服务。制造业供应链上的用户通过平台获得最适合的单个物流云服务或一套物流服务解决方案,物流服务供应链上的用户通过平台整合各类物流资源,协同为客户提供高效、优质廉价的个性化服务。

(2) 物流云计算接口层。该层主要为各类用户提供接口,包括云端的服务请求接口、技术标准接口以及服务提供接口等其他接口。

(3) 物流云计算服务层。该层是物流云服务平台的核心部分,是实现物流云服务最为重要的结构,包括库存管理、电子通关、运输管理和车辆调度等服务。

(4) 物流云虚拟资源层。该层主要是将分布式的物流资源汇聚成虚拟物流资源,并通过资源建模、统一描述、接口实现,将局部的虚拟物流资源封装成全局的各类云服务,

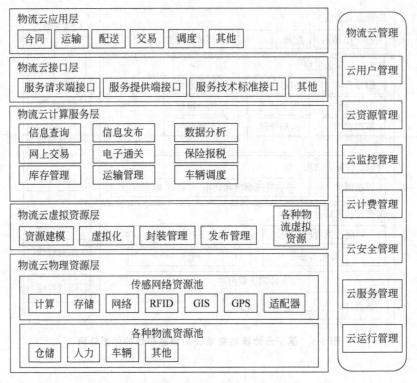

图 5-7 物流云管理平台的体系结构

发布到云服务平台中,以一致透明的方式供访问和使用。该层的主要功能包括资源建模、服务接口、虚拟化、封装管理、发布管理、资源质量管理等。

(5) 物流云物理资源层。物理资源是虚拟物流资源的载体,它主要包括基础设施、物流设备、人力资源、配送中心等分布式异构资源。该层主要通过 GPS、RFID、物联网等技术将各类物理资源接入到网络中,实现物理资源的共享和协同。

物流云管理为物流云服务的运行提供以下功能和服务。

(1) 云用户管理,面向物流云服务平台用户提供账号管理、交互管理、认证管理以及接口管理等服务。

(2) 云服务管理,主要完成物流云服务的核心功能,包括物流任务管理、物流云发布、云整合、云解决方案、云检索、云匹配、云调度、云监控、Los 管理以及云优化等核心服务。

(3) 云资源管理,面向物流云服务提供对资源的各种管理,包括数据管理、系统管理、云标准化、云存储、交易管理、技术服务、信用管理等。

(4) 云安全管理,该管理是物流云服务不可忽视的一环,它为物流云服务提供身份认证、访问授权、访问控制、综合防护、安全监控等安全服务。

5.3.2 物流云服务的关键技术

物流云服务模式是在现有物流服务模式基础上,融合现有的物流网络、服务供应链、云计算、云安全、物联网等技术发展起来的一种新型的物流服务模式,其实施过程涉及技术、管理等多方面的关键技术,主要包括物流云服务模式、机制和流程、物流云服务平台及云端化技术、物流云服务工程技术、物流云服务管理技术和云安全管理技术等。表 5-1 给出了物流云服务模式涉及的关键技术的类别,以及每个技术大类所包含的主要内容。

表 5-1　物流云服务的关键技术

技 术 类 型	具 体 内 容
物流云服务模式、机制和流程	物流云服务模式服务标准、规范定义,基于物流云服务的业务模式的构建和管理,面向客户和资源整合的物流云服务机制构造,物流云服务模式下服务流程、业务流程、操作流程的动态设计
物流云服务平台及云端化技术	物流云服务平台开发技术,云数据存储、管理技术、云提供端资源接入技术,物理资源建模与封装技术,云请求端资源接入和访问技术,基于物联网的泛在传感网络的云端实现技术
物流云服务工程技术	物流云服务的聚合、自动组合、动态调度、动态检索和匹配技术,云服务模型和服务建模技术,面向云用户需求变化的服务解决方案设计,云服务创新、服务设计、服务系统构造技术
物流云服务管理技术	物流云的服务交易和支付技术,云服务协同管理,云用户管理,云监控管理,云运维管理,云资源管理等
物流云安全管理技术	物流云的系统安全技术,网络安全技术,云端接入访问安全技术,多用户信息交互安全技术

5.4　物流园区管理平台的云服务系统结构

5.4.1　物流服务模式

物流服务是一种无形的产品,其核心要素包括人、财、物、信息等 4 个方面的内容,其从本质上来说是在一定约束条件下(如成本限制、及时响应及个性化等),以寻求和满足客户需要的服务为根本,实现客户满意度的改善和物流运作效率的提升。物流园区的现代物流服务体系包括物流服务功能(仓储、运输、配送、装卸搬运、包装、流通加工、信息处理)、物流服务主体(物流服务的提供方、接收方及第三方)及物流服务支撑环境等,其借助体系关联模式进行有机整合,在具体的物流服务运作机制下进行物流要素的组织与物流活动,为客户提供高质量、低成本、专业化及个性化的物流服务。随着网络技术及信息处理技术的快速发展,现代物流园区物流服务模式已经从过去单一的功能性服务模式逐步转变成协作型和集成型的物流服务模式,但其发展过程中仍然存在着一些瓶颈问题,需要对现有的物流服务模式进行重新的认识和探索。

5.4.2　物流园区物流云服务系统体系结构

基于物流云服务的物流园区物流服务系统的逻辑模型主要由云服务提供端、云服务管理平台及云服务接收端组成,如图 5-8 所示。云服务提供端主要提供物流园区基础物流服务内容,如车辆、配送、报关等,是云服务管理平台管理和组织各类异结构物流资源和服务资源的载体;云服务管理平台负责将园区物流服务资源抽象、整合、调度与匹配,为云服务接收端提供实时及个性化的物流服务;云服务接收端主要是云物流服务的使用者,面对的是园区作业实体及相应的客户。

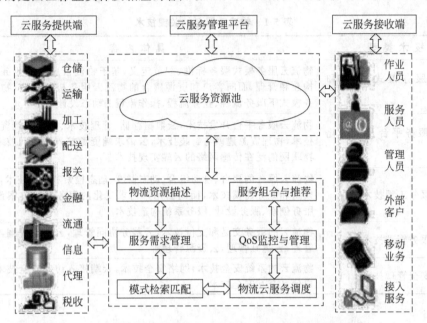

图 5-8　基于物流云服务的物流园区物流服务系统的逻辑模型

在物流园区物流云服务系统逻辑模型的基础上,进一步深入和细化系统平台的结构和应用形成了物流园区物流云服务系统平台的体系架构,如图 5-9 所示。

平台架构主要包含物流云物理资源层,物流云虚拟资源层,通信支撑中心,数据交换中心,物流园区服务,终端设备,用户角色。用户通过各种终端设备接入面向物流园区作业任务情境的云服务感知接口,提供按需定制的服务请求,最终建立起基于云物流服务的物流园区物流服务共享与资源配置平台,实现新型的云物流服务模式,优化配置相关的物流服务资源。物流园主要由以下 8 个功能区组成。

(1) 企业基地区,提供物流企业及专业加工企业的自由发展空间,有医药物流中心、机械零部件组装及配送、商品的包装加工等。

(2) 采购交易区,设立园区供应链企业的采购办事处,为企业提供生产资料及产品的虚拟展示和交易平台。

(3) 公路货运区,运输及货代企业建立货运配送中心,同时提供车辆服务和公共停车场。

(4) 专业市场区,建立农贸、小商品、茶叶等物资的批发市场。

(5) 仓储配送区,为专业市场区及开发区企业提供仓储、分拣、包装、分拨及配送等服务,与专业市场区形成"前店后库"的发展模式。

(6) 公共仓储区,由一般仓储区和专业仓储区组成,专业仓储区主要有冷链品库、化工固体库等。

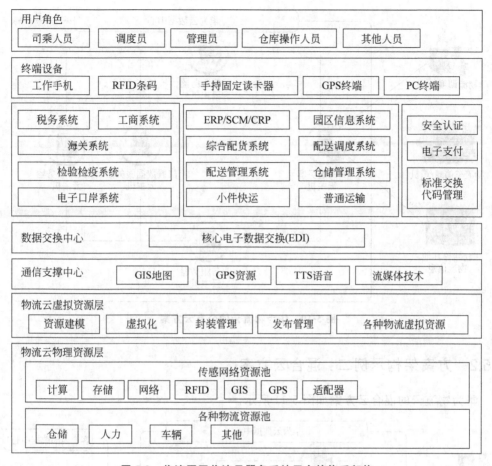

图 5-9　物流园区物流云服务系统平台的体系架构

(7) 保税物流区,设有海关及保税监管仓储区,主要为开发区出口企业办理海关和"三检"服务。

(8) 综合服务区,有行政办公、商务办公及生活配套中心等。

5.5　物流云技术方案架构示例

华为云服务作为云基础设施提供商,可为在线物流平台(物流公共信息平台、物流供应链管理系统等)提供资源充分、质优价廉的基础设施服务保障,包括云主机、云硬盘、对象存储服务等。华为将为此与物流企业、物流园区、GPS 服务商、物流系统集成商、软件提供商等展开密切合作,共同打造基于云服务的在线物流平台。

5.5.1　方案架构示例一:公有云方案

华为物流云的公有云方案如图 5-10 所示。

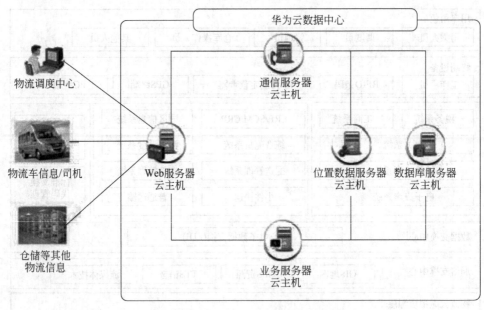

图 5-10　华为物流云的公有云方案

5.5.2　方案架构示例二：混合云方案

华为物流云的混合云方案如图 5-11 所示。

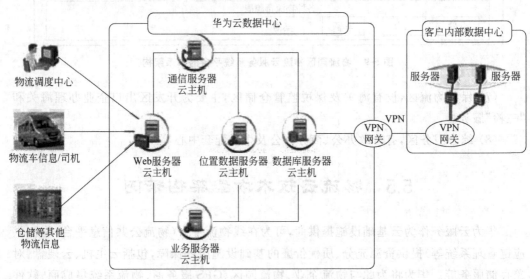

图 5-11　华为物流云的混合云方案

5.5.3　铁路"智能物流"架构

铁路"智能物流"平台聚集铁路货运，充分发挥物联网、云计算、数据中心等新技术，打造以"智能物流"为中心的物流平台，及时快速地提供相关货运信息。通过将物联网技术引入到"智能物流"平台中来，向上游拓展企业服务，为货运信息方提供"车联"服务；向下游拓展家庭感知服务，让终端用户能够准确感知货物的信息。"智能物流"架构图如图 5-12 所示。

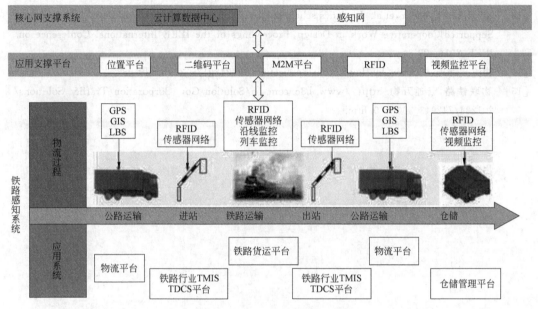

图 5-12　铁路"智能物流"架构图

参 考 文 献

［1］ 林云，田帅辉. 物流云服务——面向供应链的物流服务新模式［J］. 计算机应用研究，2012，29(1)：224-228.

［2］ 张浩，洪琼，赵钢等. 基于云服务的物流园区服务资源共享与配置模式研究［J］. 计算机应用研究，2014，31(2)：476-479.

［3］ 杨从亚，徐海峰. 云计算模式下的物流公共信息平台设计研究［J］. 物流技术：装备版，2013，32(9)：446-448.

［4］ 张惠琳，孙承志，刘铭. 云计算构架下的区域物流公共信息平台建设［J］. 吉林大学学报：信息科学版，2013，31(2)：215-218.

［5］ 胡小建，王景刚. 云物流服务及其协作机制研究［J］. 合肥工业大学学报：自然科学版，2014，(5)：631-635.

［6］ 王荇. 一种面向物流的云服务构建策略［J］. 物流技术，2014，(9)：437-439.

［7］ 杨正洪，周发武. 云计算和物联网［M］. 北京：清华大学出版社，2011.

［8］ 刘鹏. 云计算［M］. 第 2 版. 北京：电子工业出版社，2012.

［9］ Holtkamp B，Steinbuss S，Gsell H，et al. Towards a Logistics Cloud［J］. Semantics Knowledge and Grid (SKG)，2010 Sixth International Conference on，2010：305-308.

［10］ Li W，Zhong Y，Wang X，et al. Resource virtualization and service selection in cloud logistics［J］.

Journal of Network and Computer Applications,2013,36(6)：1696-1704.

[11] Hong-jun L, Cui-ying J. Construction of Logistics Information Platform Based on Cloud Computing Technology[J]. Journal of Chengde Petroleum College,2014.

[12] Xiao-jian H, Jing-gang W, Management S O. Cloud logistics service and its collaboration mechanism[J]. Journal of Hefei University of Technology(Natural Science),2014.

[13] Xu R,Liu X,Xie Y,et al. Logistics scheduling based on cloud business workflows[C]. Computer Supported Cooperative Work in Design,Proceedings of the IEEE International Conference on. IEEE,2014：29-34.

[14] 物流云. http://www.hwclouds.com/application/1372489125_27.html♯a3.

[15] 物联铁路,云通万物. http://www.h3c.com.cn/Solution/Gov_Corporation/Traffic/ Solutions/ 201204/742943_30004_0.htm.

第6章

chapter 6

云安全应用研究

6.1 云安全的体系结构及关键技术研究

　　云计算应用的大量实施给信息安全带来了前所未有的安全挑战。目前,我国在云安全标准方面,多家标准组织都在起草云安全标准,具有代表性的如中国通信标准化协会(China Communications Standards Association,CCSA),中国云计算技术与产业联盟(China Cloud Computing Technology and Industry Alliance,CCCTIA)等,但进展不一,缺乏统一协调。国外美欧等国政府在扶持云计算产业发展的同时,也广泛关注云计算安全及其风险问题。2010年11月,美国政府CIO委员会在政府机构采用云计算的政府文件中,阐述了云计算带来的挑战以及针对云计算的安全防护。越来越多的国外标准组织开始着手制定云计算及安全标准,具有代表性的如云安全联盟(Cloud Security Alliance,CSA),国际电信联盟ITU-T成立的云计算热点研究组(FG Cloud),国际互联网工程组织(IETF)成立的云计算运维工作组(Cloud OPS WG),美国电气和电子工程师协会IEEE启动的p2301和p2302云计算标准化项目组,美国国家标准技术研究院NIST,结构化信息标准促进组织(OASIS)等。云安全无论在保护基础信息网络的安全上,还是在重要信息系统的安全稳定运行上,都具有重要的意义。本节从云计算实施要点及管理平台的主要功能入手,全面分析云计算面临的安全威胁,设计了云安全参考框架,并对云安全关键技术进行了分析和研究,能够对国内安全云的服务平台的建设提供一些参考。

6.1.1 云计算实施要点及管理平台的主要功能

　　目前云计算实施主要体现在两个方面和三个维度。两个方面指云服务提供商和云服务使用者角度,三个维度则来自战略、控制和执行。战略层面维度指云服务提供商和使用者应根据企业的自身情况和现有资源,结合企业的业务流程和发展方向制定实施云计算的指导思想和组织架构。控制维度指为了实施云计算,云服务使用者应制定相应的规划、规章和制度,从而规范云计算实施过程,控制云计算实施的方向和进度。执行层维度指云服务提供商或者使用者应关注云服务实施的执行过程,即在云计算系统和业务的设计、开发、建设、运行过程中的具体步骤和操作。云计算管理平台是云服务提供商开发的,运行云计算服务的控制台,是云计算服务管理人员监控、管理、分析和优化云计算服务的重要工具,是支撑和保障云计算服务的信息化架构,如图 6-1 所示。

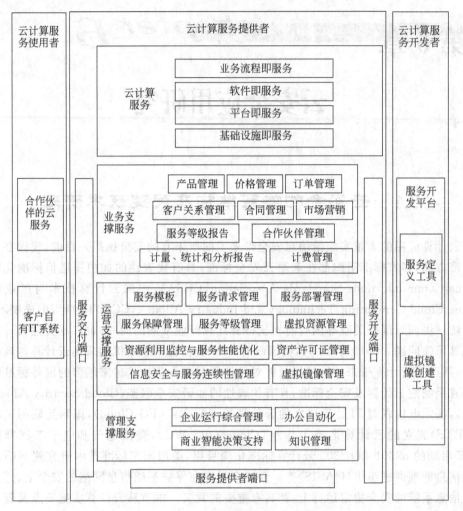

图 6-1　云计算管理平台

该平台涉及三类角色,一类是云计算服务的开发者,主要通过各种服务开发平台开发并注册市场所需的各种云服务;一类是云服务的提供商,通过云计算管理平台运营云服务,在满足客户需求的同时获得对应的收益;第三类就是云服务的使用者,通过付费获得相应的服务需求。云安全对云计算管理平台的三类人员都提出了新的安全挑战。分别如下。

(1) 云计算用户面临的安全挑战。

① 个人用户:客户端隐私风险,网络传输风险,服务器端风险(人员管理,存储安全,云服务提供商的监管和审计)。

② 企业用户:失去控制权的风险,服务中断/迁移的风险,服务业务连续性风险,安全责任风险(云计算服务中,系统的安全责任由云服务提供商和企业共同承担,在服务界面上可能存在分工不清,责任不明的风险),云服务提供商选择风险。

（2）云服务提供商存在的安全挑战。主要有技术层面上云计算服务运营存在的系列安全挑战；云计算服务跨地域提供，以及系统的庞大和复杂，也给云服务提供商现有的安全运营管理体系带来了挑战。云计算平台强大的计算能力，可能吸引攻击者利用计算资源从事非法行为，甚至是恶意攻击，给云计算的安全运营带来巨大挑战。

（3）云计算服务的开发者面临的安全挑战。如何开发出安全可靠高效的云服务系统。

6.1.2 云服务信息安全框架

目前的技术可以避免来自其他用户的安全威胁，但是对于服务提供商，想要从技术上完全杜绝安全威胁还是比较困难的，在这方面需要非技术手段作为补充。一些传统的非技术手段可以被用来约束服务提供商，以改善服务质量，确保服务的安全性。IBM 企业信息安全框架从上到下由三个主要层次组成：安全治理风险管理及合规层、安全运维层、基础安全服务和架构层。其中，安全治理风险管理及合规层是后两者的理论依据，安全运维层是对信息安全的全生命周期管理，而基础安全服务和架构层则是企业安全建设技术需求和功能的实现者。结合云计算实施要点及管理平台的主要功能，一般来说，云计算面临的安全挑战主要包括三个方面：云计算技术安全挑战，云计算管理安全挑战和云计算安全法律风险。云安全联盟 CSA 中的安全指南提到了三个维度：云的架构，云中的治理和云的运行，共涉及 13 个方面，如图 6-2 所示。云计算安全问题是云服务提供商和云服务使用者之间共同的责任。云服务的三种模式（IaaS、PaaS、SaaS）既涉及数据安全、信息加密安全、身份识别、业务连续性等云服务公共安全问题，又涉及各自的云模式安全问题，同时对云服务提供商和云服务使用者提出了相应的安全责任。IaaS 云服务提供商主要对物理安全、网络安全、环境安全和虚拟化等安全进行管控。而云服务使用者

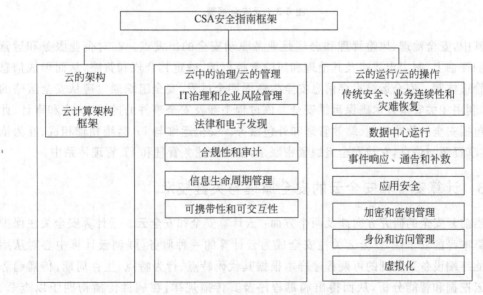

图 6-2 云安全联盟 CSA 中的安全指南

则负责与云服务系统相关的安全控制,如操作系统安全、应用程序和数据安全。PaaS 云服务提供商除了负责解决 IaaS 云服务提供商的安全问题外,还需解决操作系统、应用接口安全等问题。对 SaaS 云服务提供商的安全职责来说,是确保所提供的服务在基础设施层到应用层的全部安全。如负责物理与环境安全,应用和数据相关的安全控制等。而云服务使用者则需要维护与自身相关的信息安全,包括身份认证账号、密码和终端安全等。在此基础上,可构建下面的云安全框架,如图 6-3 所示。

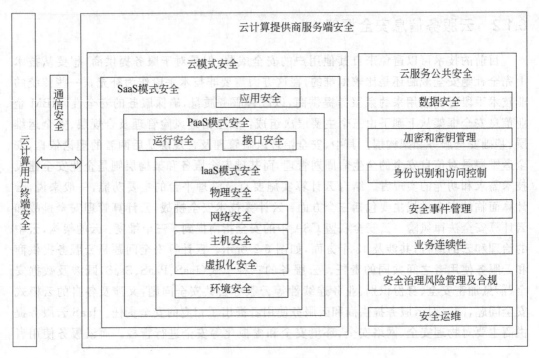

图 6-3 云安全框架

其中,安全治理、风险管理和合规是业务驱动安全的出发点。在对企业服务和运营风险的评估上,制定出战略及其治理和风险管控框架,确定其合规和策略,从而形成信息安全管理体制。安全运维贯穿信息安全生命周期全过程,安全组织通过遵从安全策略的引导,利用相关安全技术确保运维安全。该过程中涉及安全事件的监控、响应和审计,此外也包括安全的策略管理、绩效管理和外包服务。安全运维与 IT 运维相辅相成、互为依托、共享资源与信息,它与安全组织紧密联系,融合在业务管理和 IT 管理体系中。

6.1.3 计算安全和安全云的安全原理与关键技术

当前云安全的研究方向涉及两个方面:云计算安全和安全云。云计算安全关注保护云计算本身的安全性,安全云关注安全成为云计算的一种服务,强调云计算中心对从用户智能终端设备采集到的可疑程序样本根据其代码特点、行为特点、生存周期、传播趋势进行云挖掘和智能分析,从而得出病毒程序及其传播规律,在病毒传播初期予以查杀。安全云的框架结构如图 6-4 所示。

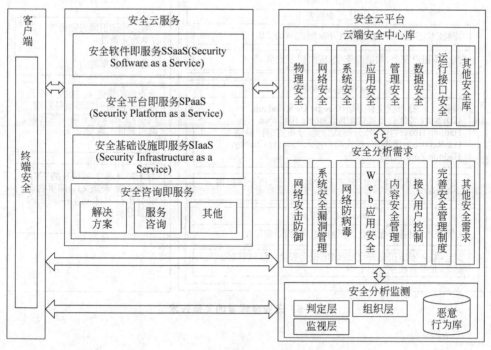

图 6-4 安全云的框架结构

安全云需要解决的三大问题：云端文件知识库的完备性；云查询的快速实时响应和对未知恶意文件/网页的实时分析处理。安全云服务的特征体现在以下几个方面。

(1) 安全云服务强调把网络安全资源池作为基础。

(2) 安全云服务以互联网络为中心提供其服务。

(3) 安全云服务满足按需的可伸缩服务。

(4) 安全云服务要求透明化。在享受相应的安全服务能力时，用户不需要了解其内部部署方式，安全云服务通过整体的安全资源池实现云服务使用者在业务中的零维护和零管理，实现云服务使用者与云服务提供商的优化交互。

(5) 安全云服务体现安全服务化。用户通过有偿租用或免费直接使用安全云中提供的各种云服务，而不需要拥有和维护安全云中所能提供相应能力的安全设备。云安全需要的关键技术如图 6-5 所示。

云安全的关键技术表现在：规模分布式并行计算技术，可信访问控制，海量数据存储技术，海量数据自动分析和挖掘技术，密文检索与处理，数据隐私保护，未知恶意软件的自动分析识别技术，虚拟安全技术，云资源访问控制，未知恶意软件的行为监控和审计技术，海量恶意网页自动检测，海量白名单采集及自动更新，高性能并发查询引擎，可信云计算等。

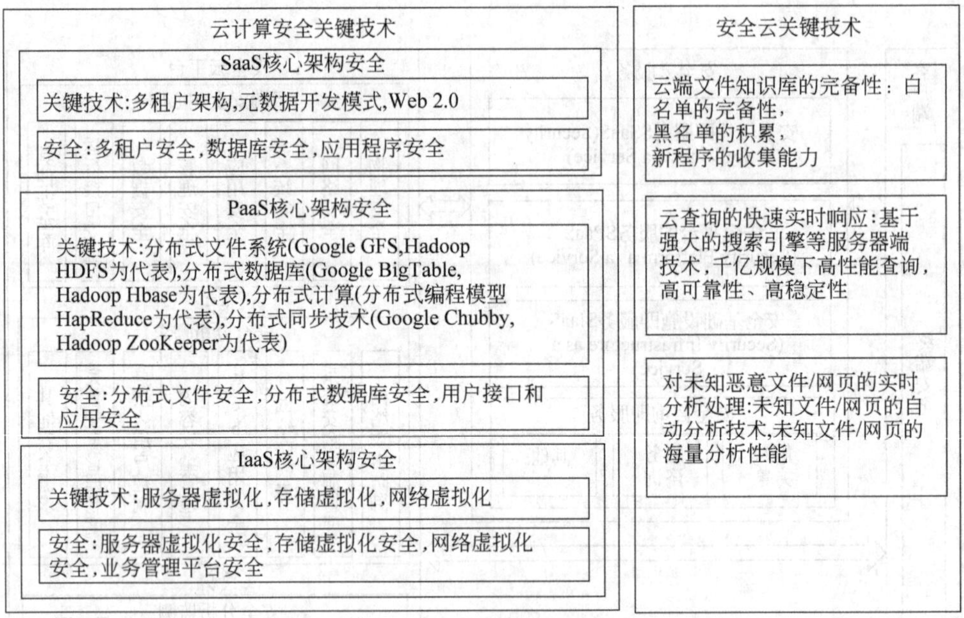

云计算安全关键技术	安全云关键技术
SaaS核心架构安全 关键技术:多租户架构,元数据开发模式,Web 2.0 安全:多租户安全,数据库安全,应用程序安全	云端文件知识库的完备性:白名单的完备性,黑名单的积累,新程序的收集能力
PaaS核心架构安全 关键技术:分布式文件系统(Google GFS,Hadoop HDFS为代表),分布式数据库(Google BigTable, Hadoop Hbase为代表),分布式计算(分布式编程模型 HapReduce为代表),分布式同步技术(Google Chubby, Hadoop ZooKeeper为代表) 安全:分布式文件安全,分布式数据库安全,用户接口和应用安全	云查询的快速实时响应:基于强大的搜索引擎等服务器端技术,千亿规模下高性能查询,高可靠性、高稳定性
IaaS核心架构安全 关键技术:服务器虚拟化,存储虚拟化,网络虚拟化 安全:服务器虚拟化安全,存储虚拟化安全,网络虚拟化安全,业务管理平台安全	对未知恶意文件/网页的实时分析处理:未知文件的自动分析技术,未知文件/网页的海量分析性能

图 6-5　云安全需要的关键技术

6.2　基于 SLA 的云安全模型研究

云计算应用的新特点给信息安全带来了前所未有的安全挑战,安全和隐私问题已经成为阻碍云计算普及和推广的主要瓶颈。目前,云计算面临的安全挑战表现在以下三个方面。

(1)云计算技术安全挑战。包括身份假冒(云计算面对的首要威胁),共享风险(云计算特有的安全风险),数据安全风险及隐私泄漏(用户最为关注的问题),云计算平台业务连续性(影响大量用户,危害巨大),不安全的接口(使云服务面临直接暴露风险)。

(2)云计算管理安全挑战。包括人员管理风险(内部人员管理风险,用户管理风险),安全责任风险(云计算服务提供商和用户安全职责的划分,与云计算的几种服务模式相关,服务层次越高,服务提供商的安全职责就越多,用户职责越少),合规风险,运营管理风险(多层服务模式风险,连续运营风险),安全监管风险。

(3)云计算安全法律风险。包括主要国家/经济体关于计算机犯罪的立法情况,跨境法律管辖权风险(使用云计算服务时,数据存放有可能遍布世界任何角落中心,损失用户或企业有可能不能直接受本国法律法规的管辖,存放在他国的数据有可能依据所在国法律被审查),信息安全监管和隐私保护风险,计算机犯罪取证风险。

本节从云计算面临的安全挑战入手,全面分析了云计算面临的安全威胁,拓展了服务水平协议,提出了云服务水平协议(Cloud Service Level Agreement,CSLA)结构,设计了云安全参考框架,给出了云安全等级保护体系结构和云服务系统的定价与收费模型。

6.2.1　云服务水平协议结构

为保证服务质量（Quality of Service，QoS），用户通常会和服务提供商签署服务水平协议（Service Level Agreement，SLA）。TMF（Tele Management Forum，电信管理论坛）对 SLA 的定义是：SLA 是两个实体经过协商形成的一份正式协议，是服务提供商和客户之间的具有法律效力的合同，它是服务提供商和客户对所提供的服务及其优先权，以及在服务的提供和使用过程中各自的责任等方面达成的共识和协议。简单地说，CSLA 就是云服务提供商和云服务消费者之间签订的有关云服务质量（Quality of Cloud Service，QoCS）的保证条款，以及违例处理。借鉴 SLA 组织结构，云服务等级协议 CSLA 包括 5 个部分：云服务部分、云技术部分、云报告部分、云安全部分、云商务部分，如图 6-6 所示。

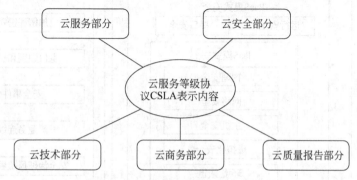

图 6-6　云服务等级协议 CSLA 结构

其中，云服务部分指描述已协商好的云服务的内容，包括云服务信息标识、云服务范围、云服务等级、云服务计费、合约变更或终止等。云技术部分指协商确定衡量业务等级的通用云技术参数、指标集和性能监测等。云报告部分指提供给消费者和提供者的分类云服务质量监测报告，包含 CSLA 中规定的云服务质量数据和统计结果。云商务部分指说明云服务提供者没有满足所承诺的云服务等级（即服务违例）时，对云服务消费者进行赔偿的内容和方式，并指出不可抗拒因素等。

云安全部分主要指云计算提供商服务端的云安全。

6.2.2　云服务信息安全框架与等级保护基本安全要求

1. 云服务信息安全框架

云计算安全问题是云服务提供商和云服务使用者之间共同的责任。云服务的三种模式（IaaS、PaaS、SaaS）既有数据安全、加密和密钥管理、身份识别和访问控制、安全事件管理、业务连续性等云服务公共安全问题，又有各自的云模式安全问题，且对云服务提供商和云服务使用者提出了不同的安全职责。IaaS 云服务提供商负责物理安全、网络安全、环境安全和虚拟化等安全控制。而云服务使用者则承担与 IT 系统相关的安全控制，如操作系统、应用程序和数据。PaaS云服务提供商除了负责解决物理、网络、环境等底层的基础设施安全问题外,还需解决操作系统、应用接口安全等问题,而云服务使用者则承担操作系统之上的应用和数据安全。SaaS云服务提供商需保障其所提供的SaaS服务从基础设施到应用层的整体安全。如负责物理与环境安全,应用和数据相关的安全控制等。而云服务使用者则需要维护与自身相关的信息安全,包括身份认证账号、密码和终端安全等。鉴于此,本节提出下面一种云安全框架,如图6-7所示。

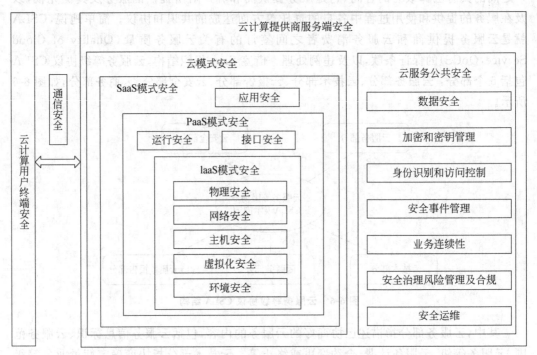

图6-7 云安全框架

其中,安全治理、风险管理和合规是业务驱动安全的出发点。通过对企业业务和运营风险进行评估,确定其战略和治理框架、风险管理框架,定义合规和策略遵从,确立信息安全文档管理体系。

2. 云安全部分等级保护基本安全要求

鉴于云计算面临的三个安全挑战,云服务系统的云安全基本要求如图6-8所示。

鉴于市场对云服务系统安全的使用需求,文中提出了云安全等级保护体系结构,划分为5个级别,分别从安全等级、对象、云服务商提供的安全能力和监管程度几个方面进行描述,如表6-1所示。

云计算中心的安全必须在等级保护的框架内进行建设,同时充分考虑虚拟化和运营等新的安全问题。

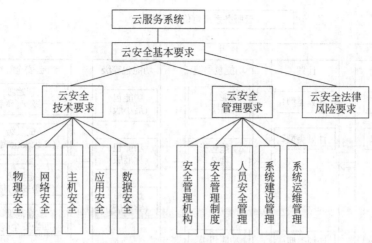

图 6-8 云服务系统的云安全基本要求

表 6-1 云安全等级保护体系结构

安全等级	对象	云服务商提供的安全能力	监管程度
初始级 (一级安全响应)	一般系统	在企业网络边界和网关上监测和控制,监测物理设备的运转状况	自主安全保护
成长级 (二级安全响应)	一般系统	引入新的监测和控制技术,及时处理相关的安全问题	部分监督检查和指导安全保护
定型级 (三级安全响应)	重要系统	在企业层面集成监测和控制技术,监测和控制自动化管理	监督检查
规范级 (四级安全响应)	重要系统	精确测量云安全的风险程度	强制监督检查
优化级 (五级安全响应)	极端重要系统	不断完善云安全策略,降低云安全风险,不断增强自动化监测和控制能力	专门监督检查

6.2.3 基于云安全作为一种服务的云服务系统的定价与收费

云服务系统在直接面对最终消费者时,服务定价策略的设计至关重要。定价策略的制定直接关系着用户体验和满意程度,同时也影响着云服务提供商的收益。云安全是云服务使用者非常关注的因素,直接决定着用户对云服务系统的可用性和可信性。将云安全作为一种服务供用户使用是云计算应用的必然趋势。为此,云服务系统的定价与收费应该体现云安全作为一种服务供用户使用的价值体现。云服务系统面向个人或企事业用户,其定价体系应做到清晰、灵活、便于理解和便于选择。

其中的清晰是指该应用能够提供怎样的功能和对应的功能安全,每项功能和功能安全如何计费应让云服务使用者一目了然;灵活是指功能和功能安全的不同组合或使用情况应如实反映在价格和费用里;便于理解是指定价策略应有科学合理清晰的框架;便于选择是指能够为不同类型、不同需求的用户提供针对各自实际情况的选项。基于此,文中提出了下面一种云服务系统的定价与收费参考模型,如图 6-9 所示。

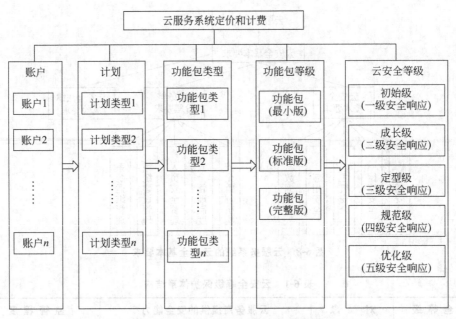

图 6-9 云服务系统的定价与收费模型

在这个定价模型中，按照账户、计划、功能包类型、功能包等级和云安全等级的顺序，前者和后者是一对多的关系，即一个账户可对应多个计划，一个计划可对应多个功能包类型，一个功能包类型可对应多个功能包，一个功能包可对应多个云安全等级。随着这种一对多关系的扩展，用户选择的灵活性越来越大，但其选择的便捷性越低，对应用的可操作性越弱。

与按功能包类型计费不同，计划中加入了时间的概念，同时也可以通过差异来细分市场，便于用户选择。按账户计费的灵活性最小，但是可为云服务使用者提供最便捷的一揽子解决方案。一个账户往往是多个计划的使用者，根据账户的不同需求而进行多种计划的组合。云服务提供商可以参考以上定价模型，选择合适的方案进行定价。

6.3 基于云计算的物联网安全研究

物联网(the Internet of Things,IOT)是通过射频识别(RFID)装置、红外感应器、全球定位系统、激光扫描器、传感器节点等信息传感设备，按约定的协议，把任何物品与互联网相连接，进行信息交换和通信，以实现智能化识别、定位、跟踪、监控和管理等功能的一种网络，其核心是完成物体信息的可感、可知、可传和可控。随着云计算的实施，物联网与云计算的结合应用势在必行。基于云计算的物联网将面临更加复杂的信息安全局面。物联网的大规模发展离不开云计算平台的支撑，而云计算平台的完善与大规模的应用需要物联网的发展为其提供最大的用户。与传统的互联网相比，物联网面临着更为严峻的安全挑战。一是传感器节点安全，二是传感网安全，三是业务安全。物联网的安全特征体现了感知信息的多样性、网络环境的多样性和应用需求的多样性，网络规模和数据量大,决策控制复杂,给安全研究提出了新的挑战。本节首先分析物联网存在的主要安全问题,总结了基于云计算的物联网系统架构,在此基础上提出了一种基于云计算的物联网的安全模型,给出了一种物联网统一的云安全管理解决方案,并对基于云计算的物联网安全关键技术进行了探讨。基于云计算的物联网安全研究将为物联网与云计算的发展提供最可靠的保障,也是物联网与云计算蓬勃发展的必要条件。

6.3.1　基于云计算的物联网系统架构

物联网建设涉及三个方面:物理世界感知,大量独立建设的单一物联网应用,众多单一物联网应用的深度互联和跨域协作。基于云计算的物联网的系统架构如图 6-10 所示,它包括 4 个层次:传感层,网络层,云服务平台层和应用层。

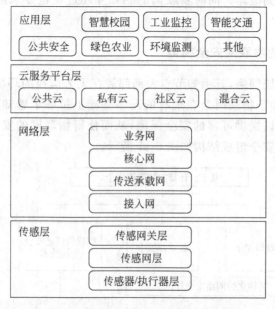

图 6-10　基于云计算的物联网的系统架构

其中,传感层强调对周围环境的准确实时感知、信息的归纳和数据传输,它是基础层的技术核心,通过 RFID 标签与读写器,传感器与传感器网络等技术设备来完成。网络层强调通过 WiMAX、GSM、3G 通信网、卫星网、互联网等实现数据的汇聚、处理和传输。云服务平台层是为上层应用服务建立起一个高效可靠的支撑技术云计算平台,通过并行数据挖掘处理等过程,为应用提供云计算服务,屏蔽底层的网络、信息的异构性。应用层是根据用户的需求,建立相应的基于云计算的业务模型,运行相应的应用系统。

6.3.2　基于云计算的物联网安全模型

1. 基于云计算的物联网安全的一般性指标

云计算安全和物联网安全都包括共性化的网络安全技术。作为一种多网络融合的网络,物联网安全涉及各个网络的不同层次,包括移动通信网、互联网和感知网络等。基于云计算的物联网安全的一般性指标如下。

(1) 可靠性:三种测度标准(抗毁、生存、有效)。

(2) 可用性:用正常服务时间和整体工作时间之比衡量。

(3) 保密性:要求信息不被泄漏给未授权的人常用的保密技术(防侦听、防辐射、加密、物理保密)。

(4) 完整性:未经授权不能改变信息,完整性要求信息不受各种原因破坏。

(5) 不可抵赖性:参与者不能抵赖已完成的操作和承诺的特性。

(6) 可控性:对信息传播和内容的控制特性。其中,物联网的信息完整性和可用性贯穿物联网数据流的全过程,网络入侵、拒绝攻击服务、Sybil 攻击、路由攻击等都使信息的完整性和可用性受到破坏。同时物联网的感知互动过程也要求网络具有高度的稳定性和可靠性。

2. 基于云计算的物联网安全模型

物联网相较于传统网络,其感知节点大都部署在无人监控的环境,具有能力脆弱、资源受限等特点,并且由于物联网是在现有的网络基础上扩展了感知网络和应用平台,传统网络安全措施不足以提供可靠的安全保障,从而使得物联网的安全问题具有特殊性。基于云计算的物联网安全组成结构如图 6-11 所示。

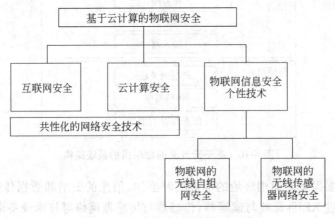

图 6-11 云计算的物联网安全组成

传感层的无线传感器网络使用的是无线信道进行组网和数据传输,而无线信道是很容易受到干扰、窃听和攻击的,攻击无线传感器网络的途径比较多。面临的威胁有针对RFID 的安全威胁、针对无线传感网安全威胁和针对移动智能终端的安全威胁。借助基于云计算的物联网的系统架构,基于云计算的物联网安全模型如图 6-12 所示,它涉及4 个安全层次:信息应用安全,云计算安全,信息传输安全和信息感知安全、感知节点安全。

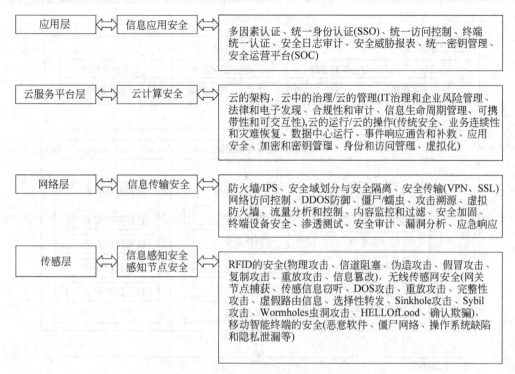

图 6-12 基于云计算的物联网安全模型

6.3.3 物联网统一的云安全管理解决方案

物联网是融几个层于一体的大系统,许多安全问题来源于系统整合。支撑物联网业务的平台有着不同的安全策略,如云计算、分布式系统、海量信息处理等,这些支撑平台要为上层服务管理和大规模行业应用建立起一个高效、可靠和可信的系统,而大规模、多平台、多业务类型使物联网业务层次的安全面临新的挑战,是针对不同的行业应用建立相应的安全策略,还是建立一个相对独立的安全架构是目前物联网安全存在的一个争论。不同物联网应用的安全敏感度不同,为其"量身定制"安全策略能有效减少配置的冗余与多余能量的消耗。本文针对用户的按需需求,给出了一种物联网统一的云安全管理解决方案,它融合了传统网络管理与安全管理的技术架构、功能模块与运维方式,如图 6-13所示,该物联网统一的云安全管理平台包括三个部分:云安全管理层,云安全功能层和云安全基础层。在云安全功能层中,云安全按需功能适配器可根据用户安全需求,选择相应的类型安全。

用户通过一个物联网统一的云安全管理平台,就能对物联网中的各类 IT 资源进行网络运行监控和安全事件管理,避免了传统模式下网络管理平台和安全管理平台各自为政、各管一块的割据局面,有效地将网络管理与安全管理的日常运维工作进行了整合。

图 6-13　物联网统一的云安全管理解决方案

6.3.4　基于云计算的物联网安全薄弱环节分析与建议

当前物联网安全的薄弱环节表现在多个方面,全面感知层的信息安全保护机制严重缺乏,需要轻量级密码算法/轻量级安全协议,且多变性强,标准化程度低。可靠传输层的信息安全保护机制比较完善,但仍需加强,需要高强度密码算法/高强度安全协议,其标准化程度高,可使用现有技术,并随物联网规模的扩大而不断加强。云服务平台层的信息安全保护机制欠缺,多为研究课题,需要工业默认的标准化。主要表现在以下几个方面。

(1) Hadoop 平台安全。

(2) 云计算环境下的身份认证服务。实现对用户身份进行鉴别、发放访问授权许可等功能。

(3) 云计算环境下的数据安全服务。提供数据加密处理、完整性数据校验及正确性检验、并对存储的海量数据进行容错管理。

(4) 云计算环境下的访问控制授权服务。根据访问控制列表,对认证通过的用户进行访问授权。

(5) 云计算环境的系统安全。云计算和云服务系统应持续为用户提供可靠服务,随时响应用户发出的请求。即使服务器出现异常或站点发生故障,也能在短时间内恢复正常状态,不至于影响用户所请求的服务。

(6) 云计算环境下的应用安全。运行在云服务中的应用要保证为用户提供持续可靠的访问,一种常用方法是采用分区和存储器分割的方法对抗病毒和有害的小程序,使得系统在发生故障时恢复最起码的所需操作,从而保证应用系统安全。

(7) 云计算环境下的传输安全。数据传输服务为系统各模块之间的数据传输与中转提供统一的传输服务和安全保障机制。

(8) 虚拟化安全为了解决虚拟化平台的安全问题,原有的安全技术必须支持虚拟化环境,并能够伴随虚拟平台进行迁移。

此外,还要完善用户信息的数据加密与密钥管理与分发机制,实现对用户信息的高效安全管理与维护。综合应用层的不同应用之间的安全需求、安全机制差异较大,隐私保护方面的研究和产业化是最大的技术短板,安全管理作为安全隐患的非技术因素也需要加强。

6.4　基于多层次模糊集的云安全评估模型

当前虽然云计算应用已十分广泛,但很多安全问题却一直伴随云计算产业的发展。截至目前还没有一个被业界广泛认可和普遍遵从的国际性云安全标准。一个国际权威云安全组织云安全联盟 CSA 成立于 2009 年的 RSA 大会,旨在推广云计算环境下的最佳安全实践,以及通过云计算技术为其他计算提供安全防护的手段,该成员涉及一百五十多家国际领袖企业,已获得业界的广泛认可。2013 年,云安全联盟的 Top Threats Working Group 和联盟的领域专家进行了一项云威胁的调研,该调查揭露了云安全的 9 个重要威胁,顺序分别是:数据泄漏、数据丢失、账户或服务流量劫持、不安全的接口和 API、拒绝服务、恶意的内部人员、云服务的滥用、不够充分的审查、共享技术漏洞。目前,国内外学者对云安全的研究大都集中在影响云安全的因素分析及防范上,而缺少对云安全的整体量化评估。如何建立云安全标准和与之对应的测评体系已经成为云安全的挑战。本节提出了一种基于模糊集的云安全评价模型,该模型融合层次分析法与模糊评价法,按照云安全联盟和云平台服务模式,分别建立起两种云安全评价指标体系,运用多层次模糊综合评价理论对云安全情况进行评价。期望能为云服务商的安全建设提供重要参考,也能为从事云安全评估的第三方机构的量化评估带来帮助,同时也为云用户对云安全平台的选择提供依据。

6.4.1　模糊综合评判法

模糊综合评判方法是在模糊环境下,考虑多种因素的影响,为了某种目的对一事物做出综合决策的方法。在进行模糊综合评判时,关键步骤是求出模糊综合评价集,即根据因素重要程度模糊集 A 和综合评判矩阵 R,选择适当的广义模糊合成运算 $*$,得到模糊综合评价集: $B = A * R = (b_1, b_2, \cdots, b_n)$。选择不同的运算 $*$,会得到不同的评价结果。常用的 * 运算模型有：$M(\wedge,\vee),M(\cdot,\vee),M(\cdot,+),M(\wedge,\oplus),M(\wedge,+)$，$M(乘幂,\wedge)$。权重 A 的确定方法有很多，在实际运用中常用的方法有：Delphi 法、专家估测法、层次分析法、加权统计法和频数统计方法等。模糊综合评价法没有提供求因素重要性程度模糊集（权重）的方法，而 AHP 不适宜解决最底层元素（方案）较多的问题，因此将模糊综合评价与 AHP 进行融合成为综合评价的一种有效方法。多层次模糊综合评价模型数学方法的基本步骤如下。

(1) 将因素集 $U=\{u_1,u_2,\cdots,u_n\}$ 按某种属性分成 s 个子因素集 $U_1,U_2,\cdots,U_s$，其中，$U_i=\{u_{i1},u_{i2},\cdots,u_{in}\}$，$i=1,2,\cdots,s$，且满足：① $n_1+n_2+\cdots+n_s=n$；② $U_1\bigcup U_2\bigcup\cdots\bigcup U_s=U$；③ 对任意的 $i\neq j,U_i\bigcap U_j=\varnothing$。

(2) 将每一个因素集 U_i 分别做出综合评判。设评语集为 $V=\{v_1,v_2,\cdots,v_m\}$，U_i 中各因素相对于 V 的权重分配为 $A_i=(a_{i1},a_{i2},\cdots,a_{in})$，如果 R_i 是单因素评判矩阵，可得出一级评判向量：$B_i=A_i\circ R_i=(b_{i1},b_{i2},\cdots,b_{im})$，$i=1,2,\cdots,s$。

(3) 将每个 U_i 看作一个因素，有 $K=\{u_1,u_2,\cdots,u_s\}$，则 K 作为一个因素集，其单因素评判矩阵为：

$$R=\begin{bmatrix}B_1\\B_2\\\vdots\\B_s\end{bmatrix}=\begin{bmatrix}b_{11}&b_{12}&\cdots&b_{1m}\\b_{21}&b_{22}&\cdots&b_{2m}\\\vdots&\vdots&\ddots&\vdots\\b_{s1}&b_{s2}&\cdots&b_{sm}\end{bmatrix}$$

每个 U_i 作为 U 的部分，反映了 U 的某种属性，根据它们的重要性罗列出权重分配 $A=(a_1,a_2,\cdots,a_s)$，从而可得出二级评判向量：$B=A\circ R=(b_1,b_2,\cdots,b_m)$，若每个子因素集 $U_i,i=1,2,\cdots,s$，包含较多的因素，可将 U_i 再进行划分，从而可得出三级评判模型，甚至四级、五级评判模型等。

6.4.2 云安全评价指标选取与指标权重确定

1. 云安全评价指标选取

云安全评价指标的选取直接决定着评价的可靠性与实用性。因此，在选取云安全评价指标时要遵循可操作性、独立性、科学性的原则，力争选取全面、合理、客观反映影响云安全的各个因素。目前对云安全指标的划分主要有两种，一种是云安全联盟 CSA 指标体系，一种是云平台服务模式的指标体系。根据上述影响云安全因素的分析可知，建立基于云安全联盟的云安全层次结构模型如图 6-14 所示。

建立基于云平台服务模式的云安全层次结构模型如图 6-15 所示。

2. 云安全指标权重确定

在层次分析法中，为了使决策判断定量化，形成数值判断矩阵，常根据一定的比率标度将判断定量化，具体实施时以上一层指标因素为目的，两两比较下一层指标间的重要度而得出的标度，即可以构成判断矩阵。一般可以构造 s 个 $m\times m$ 矩阵（s 为上层指标的个数，m 为与上层指标相连的本层指标个数）。标度采用 9 级标度法，如表 6-2 所示。

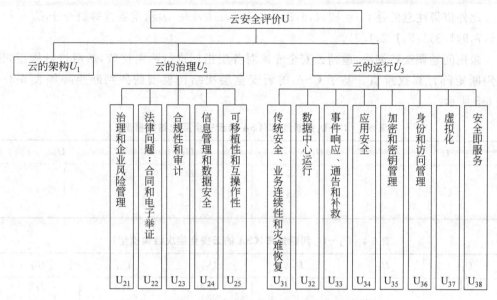

图 6-14 基于云安全联盟的云安全层次结构模型

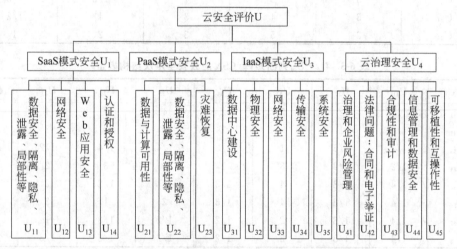

图 6-15 基于云平台服务模式的云安全层次结构模型

表 6-2 判断矩阵标度及其含义

序 号	重要性等级	判断矩阵 C 元素 C_{ij} 取值
1	i,j 两元素同等重要	1
2	i 元素比 j 元素稍重要	3
3	i 元素比 j 元素明显重要	5
4	i 元素比 j 元素强烈重要	7
5	i 元素比 j 元素极端重要	9
6	i 元素比 j 元素稍不重要	1/3
7	i 元素比 j 元素明显不重要	1/5
8	i 元素比 j 元素强烈不重要	1/7
9	i 元素比 j 元素极端不重要	1/9

此外值得注意的是 $C_{ij}=\{2,4,6,8,1/2,1/4,1/6,1/8\}$ 表示重要性等级介于 $C_{ij}=\{1,3,5,7,9,1/3,1/5,1/7,1/9\}$。

采用问卷调查咨询法,邀请云安全专家对各层指标进行两两比较,然后进行修正,建立判断矩阵计算权重值。基于 CSA 的云安全层次结构模型的各判断矩阵如表 6-3~表 6-5 所示。

表 6-3　$U-U_i$ 判断矩阵(CSA 的云安全层次结构模型)

U	U_1	U_2	U_3
U_1	1	1/3	1/7
U_2	3	1	1/5
U_3	7	5	1

表 6-4　U_2-U_{2i} 判断矩阵(CSA 的云安全层次结构模型)

U_2	U_{21}	U_{22}	U_{23}	U_{24}	U_{25}
U_{21}	1	3	1/3	1/3	1/3
U_{22}	1/3	1	1/3	1/4	1/5
U_{23}	3	3	1	1/3	1/3
U_{24}	3	4	3	1	1/2
U_{25}	3	5	3	2	1

表 6-5　U_3-U_{3i} 判断矩阵(CSA 的云安全层次结构模型)

U_3	U_{31}	U_{32}	U_{33}	U_{34}	U_{35}	U_{36}	U_{37}	U_{38}
U_{31}	1	2	7	2	4	4	4	4
U_{32}	1/2	1	5	2	3	3	3	3
U_{33}	1/7	1/5	1	1/3	1/4	1/4	1/2	1/2
U_{34}	1/2	1/2	3	1	3	3	2	2
U_{35}	1/4	1/3	4	1/3	1	1/2	2	2
U_{36}	1/4	1/3	4	1/3	2	1	2	3
U_{37}	1/4	1/3	2	1/2	1/2	1/3	1	3
U_{38}	1/4	1/3	2	1/2	1/2	1/3	1/3	1

经检验,上述判断矩阵具有满意一致性,应用 AHP 求得基于 CSA 的云安全层次结构模型的相关判断矩阵的权值如下。

$AU_i=(U_1,U_2,U_3)=(0.0810,0.1884,0.7306)$

$AU_{2i}=(U_{21},U_{22},U_{23},U_{24},U_{25})=(0.1046,0.0559,0.1650,0.2865,0.3881)$

$AU_{3i}=(U_{31},U_{32},U_{33},U_{34},U_{35},U_{36},U_{37},U_{38})$

$=(0.2924,0.2068,0.0323,0.1549,0.0820,0.1121,0.0684,0.0511)$

基于云平台服务模式的云安全层次结构模型的各判断矩阵如表 6-6~表 6-10 所示。

表 6-6 **$U-U_i$判断矩阵（云平台服务模式的云安全层次结构模型）**

U	U_1	U_2	U_3	U_4
U_1	1	1/5	1/7	3
U_2	5	1	1/5	5
U_3	7	5	1	8
U_4	1/3	1/5	1/8	1

表 6-7 **U_1-U_{1i}判断矩阵（云平台服务模式的云安全层次结构模型）**

U_1	U_{11}	U_{12}	U_{13}	U_{14}
U_{11}	1	2	1/2	1/3
U_{12}	1/2	1	1/3	1/5
U_{13}	2	3	1	1/2
U_{14}	3	5	2	1

表 6-8 **U_2-U_{2i}判断矩阵（云平台服务模式的云安全层次结构模型）**

U_2	U_{21}	U_{22}	U_{23}
U_{21}	1	3	5
U_{22}	1/3	1	3
U_{23}	1/5	1/3	1

表 6-9 **U_3-U_{3i}判断矩阵（云平台服务模式的云安全层次结构模型）**

U_3	U_{31}	U_{32}	U_{33}	U_{34}	U_{35}
U_{31}	1	7	5	4	3
U_{32}	1/7	1	1/4	1/3	1/5
U_{33}	1/5	4	1	3	1/4
U_{34}	1/4	3	1/3	1	1/3
U_{35}	1/3	5	4	3	1

表 6-10 **U_4-U_{4i}判断矩阵（云平台服务模式的云安全层次结构模型）**

U_4	U_{41}	U_{42}	U_{43}	U_{44}	U_{45}
U_{41}	1	3	1/3	1/3	1/3
U_{42}	1/3	1	1/3	1/4	1/5
U_{43}	3	3	1	1/3	1/3
U_{44}	3	4	3	1	1/2
U_{45}	3	5	3	2	1

经检验，上述判断矩阵具有满意一致性，应用 AHP 求得云平台服务模式的云安全层次结构模型的相关判断矩阵的权值如下。

$AU'_i = (U_1, U_2, U_3, U_4) = (0.0832, 0.2332, 0.6373, 0.0463)$

$AU'_{1i} = (U_{11}, U_{12}, U_{13}, U_{14}) = (0.1570, 0.0882, 0.2720, 0.4829)$

$AU'_{2i} = (U_{21}, U_{22}, U_{23}) = (0.6370, 0.2583, 0.1047)$

$AU'_{3i} = (U_{31}, U_{32}, U_{33}, U_{34}, U_{35}) = (0.4761, 0.0416, 0.1332, 0.0857, 0.2643)$

$$AU'_{4i} = (U_{41}, U_{42}, U_{43}, U_{44}, U_{45}) = (0.1046, 0.0559, 0.1650, 0.2865, 0.3881)$$

6.4.3 云安全模糊综合评价

1. 确定云安全模糊对象评判集

确定模糊对象评判集 $V = \{v_i\}$，其中，$v_i (i = 1, 2, \cdots, n)$ 是评判等级的标准，规定了评判结果所能选择的范围。根据易判别原则，云安全状况评判集 $V = \{$优秀，良好，一般，较差，很差$\}$，则评价集可表示为 $V = \{V_1, V_2, V_3, V_4, V_5\}$。

2. 确定云安全模糊综合评价矩阵

采用专家打分法获得单因素评价矩阵。邀请 8 名专家根据两种云安全层次结构模型的指标对实施了教育云的某高校进行评价，调研结果如表 6-11 和表 6-12 所示。

表 6-11 统计基于 CSA 的云安全层次结构模型的评价等级频数分布表

	U_1	U_{21}	U_{22}	U_{23}	U_{24}	U_{25}	U_{31}	U_{32}	U_{33}	U_{34}	U_{35}	U_{36}	U_{37}	U_{38}
V_1	0	0	0	0	0	1	1	0	0	2	0	0	1	0
V_2	0	0	1	1	2	2	3	3	2	2	2	3	2	0
V_3	4	3	4	5	3	3	3	3	3	3	3	3	3	2
V_4	2	4	2	1	2	2	1	2	2	1	3	2	2	4
V_5	2	1	1	1	1	0	0	0	1	0	0	0	0	2

表 6-12 统计云平台服务模式的云安全层次结构模型的评价等级频数分布表

	U_{11}	U_{12}	U_{13}	U_{14}	U_{21}	U_{22}	U_{23}	U_{31}	U_{32}	U_{33}	U_{34}	U_{35}	U_{41}	U_{42}	U_{43}	U_{44}	U_{45}
V_1	1	1	2	0	0	0	0	0	1	1	0	0	0	0	0	0	1
V_2	2	2	2	3	3	1	1	3	3	2	3	2	0	1	1	2	2
V_3	3	4	3	3	4	3	4	3	3	4	3	3	4	5	3	2	2
V_4	2	1	1	2	1	3	2	1	1	2	2	4	2	1	2	2	2
V_5	0	0	0	0	0	1	1	0	0	0	0	0	1	1	1	1	1

3. 基于 CSA 的云安全层次结构模型的综合评价

对基于 CSA 的云安全层次结构模型的评价等级频数分布表的调研数据进行归一化处理，可分别得到云的架构、云的治理和云的运行指标的单因素评价矩阵。

$$R_1 = \begin{bmatrix} 0 & 0 & 0.5000 & 0.2500 & 0.2500 \end{bmatrix}$$

$$R_2 = \begin{bmatrix} 0 & 0 & 0.3750 & 0.5000 & 0.1250 \\ 0 & 0.1250 & 0.5000 & 0.2500 & 0.1250 \\ 0 & 0.1250 & 0.6250 & 0.1250 & 0.1250 \\ 0 & 0.2500 & 0.3750 & 0.2500 & 0.1250 \\ 0.1250 & 0.2500 & 0.2500 & 0.2500 & 0.1250 \end{bmatrix}$$

$$R_3 = \begin{bmatrix} 0.1250 & 0.3750 & 0.3750 & 0.1250 & 0 \\ 0 & 0.3750 & 0.3750 & 0.2500 & 0 \\ 0 & 0.2500 & 0.3750 & 0.2500 & 0.1250 \\ 0.2500 & 0.2500 & 0.3750 & 0.1250 & 0 \\ 0 & 0.2500 & 0.3750 & 0.3750 & 0 \\ 0 & 0.3750 & 0.3750 & 0.2500 & 0 \\ 0.1250 & 0.2500 & 0.3750 & 0.2500 & 0 \\ 0 & 0 & 0.2500 & 0.5000 & 0.2500 \end{bmatrix}$$

分别采用模型 $M(\wedge,\vee)$ 进行一级综合评判得模糊综合评价集：

$B_1 = AU_1 \circ R_1 = (0,0,0.5000,0.2500,0.2500)$

$B_2 = AU_{2i} \circ R_2 = (0.1250,0.2500,0.2865,0.2500,0.1250)$,

归一化为 $(0.1206,0.2412,0.2764,0.2412,0.1206)$

$B_3 = AU_{3i} \circ R_3 = (0.1549,0.2924,0.2924,0.2068,0.0511)$

归一化为 $(0.1553,0.2931,0.2931,0.2073,0.0512)$

由上述一级模糊综合评价集 B_1,B_2,B_3 得二级综合评判矩阵为：

$$R = \begin{bmatrix} B_1 \\ B_2 \\ B_3 \end{bmatrix} = \begin{bmatrix} 0 & 0 & 0.5000 & 0.2500 & 0.2500 \\ 0.1206 & 0.2412 & 0.2764 & 0.2412 & 0.1206 \\ 0.1553 & 0.2931 & 0.2931 & 0.2073 & 0.0512 \end{bmatrix}$$

然后进行二级模糊综合评价得 $B = AU_i \circ R = (0.1553,0.2931,0.2931,0.2073,0.1206)$，归一化为 $(0.1452,0.2471,0.2471,0.1938,0.1128)$。根据最大隶属度原则，考虑到结果中的最大评判值相同，为相邻且连续的两个，综合评价结果不应定位是其中的一个，而应该是两者之间，故该校的云安全状况为一般到良好之间。

4. 基于云平台服务模式的云安全层次结构模型的综合评价

对基于云平台服务模式的云安全层次结构模型的评价等级频数分布表的调研数据进行归一化处理，可分别得到 SaaS 模式安全、PaaS 模式安全、IaaS 模式安全和云治理安全指标的单因素评价矩阵。

$$R_1' = \begin{bmatrix} 0.1250 & 0.2500 & 0.3750 & 0.2500 & 0 \\ 0.1250 & 0.2500 & 0.5000 & 0.1250 & 0 \\ 0.2500 & 0.2500 & 0.3750 & 0.1250 & 0 \\ 0 & 0.3750 & 0.3750 & 0.2500 & 0 \end{bmatrix}$$

$$R_2' = \begin{bmatrix} 0 & 0.3750 & 0.5000 & 0.1250 & 0 \\ 0 & 0.1250 & 0.3750 & 0.3750 & 0.1250 \\ 0 & 0.1250 & 0.5000 & 0.2500 & 0.1250 \end{bmatrix}$$

$$R'_3 = \begin{bmatrix} 0 & 0.3750 & 0.3750 & 0.2500 & 0 \\ 0.1250 & 0.3750 & 0.3750 & 0.1250 & 0 \\ 0.1250 & 0.2500 & 0.5000 & 0.1250 & 0 \\ 0 & 0.3750 & 0.3750 & 0.2500 & 0 \\ 0.1250 & 0.2500 & 0.2500 & 0.2500 & 0 \end{bmatrix}$$

$$R'_4 = \begin{bmatrix} 0 & 0 & 0.3750 & 0.5000 & 0.1250 \\ 0 & 0.1250 & 0.5000 & 0.2500 & 0.1250 \\ 0 & 0.1250 & 0.6250 & 0.1250 & 0.1250 \\ 0 & 0.2500 & 0.3750 & 0.2500 & 0.1250 \\ 0.1250 & 0.2500 & 0.2500 & 0.2500 & 0.1250 \end{bmatrix}$$

同理,采用模型 $M(\wedge,\vee)$ 进行一级综合评判得模糊综合评价集:

$B'_1 = AU'_{1i} \circ R'_1 = (0.2500, 0.3750, 0.3750, 0.2500, 0)$,

　　归一化为 $(0.2000, 0.3000, 0.3000, 0.2000, 0)$

$B'_2 = AU'_{2i} \circ R'_2 = (0, 0.3750, 0.5000, 0.2583, 0.1250)$,

　　归一化为 $(0, 0.2980, 0.3974, 0.2053, 0.0993)$

$B'_3 = AU'_{3i} \circ R'_3 = (0.1250, 0.3750, 0.3750, 0.2500, 0)$,

　　归一化为 $(0.1112, 0.3333, 0.3333, 0.2222, 0)$

$B'_4 = AU'_{4i} \circ R'_4 = (0.1250, 0.2500, 0.2865, 0.2500, 0.1250)$,

　　归一化为 $(0.1206, 0.2412, 0.2764, 0.2412, 0.1206)$

由上述一级模糊综合评价集 B_1, B_2, B_3, B_4 得二级综合评判矩阵为:

$$R' = \begin{bmatrix} B'_1 \\ B'_2 \\ B'_3 \\ B'_4 \end{bmatrix} = \begin{bmatrix} 0.2000 & 0.3000 & 0.3000 & 0.2000 & 0 \\ 0 & 0.2980 & 0.3974 & 0.2053 & 0.0993 \\ 0.1112 & 0.3333 & 0.3333 & 0.2222 & 0 \\ 0.1206 & 0.2412 & 0.2764 & 0.2412 & 0.1206 \end{bmatrix}$$

然后进行二级模糊综合评价得 $B' = AU'_i \circ R' = (0.1112, 0.3333, 0.3333, 0.2222, 0.0993)$,归一化为 $(0.1012, 0.3032, 0.3032, 0.2021, 0.0903)$。根据最大隶属度原则,该校的云安全状况为一般到良好之间。

计算与分析显示,基于云安全联盟 CSA 和平台服务模式分别建立起两种评价指标体系的评估模型都完成了对云安全水平量化,两种评价指标体系的评价结果相同,评估结果符合实际,表明使用的评估方法是有效的。

6.5　基于粗糙集理论的云安全评估模型研究

随着云计算技术的发展,人类社会对云服务的依赖程度越来越高,云安全问题也变得日益突出。对云计算服务的安全性进行先期评估是防范各种云安全问题的一种有效手段。不少专家学者对云安全进行了研究,对于加强云计算服务的安全性起到了一定的作用,但是这些云安全评估理论大都局限于对云计算安全漏洞的探测与分析方面,缺乏对云安全评估数据的深层分析,没有形成对云安全性的整体认识。粗糙集理论是解决具有不确定、不完整信息的系统决策问题的有效工具。因此在本节中将可以应用该理论来构建云计算安全决策推理系统。基本思想是将云安全评估指标集作为决策系统 $S=(U,C\bigcup D,V,f)$ 的条件属性集 C,将评估结果作为决策属性集 D,通过对其决策表的约简产生决策规则集,然后以决策规则集为基础建立云安全评估的决策模型。

6.5.1 粗糙集理论的基本概念与综合评价流程

1. 粗糙集理论的相关定义

粗糙集(Rough Set)理论是 Pawlak 教授于 1982 年提出的一种能够定量分析处理不精确、不一致、不完整信息与知识的数学工具。

定义 1 设 R 是论域 U 上的等价关系,称 (U,R) 为近似空间,又设 $X\subseteq U$,如果 X 能表示成若干个 R-基本知识的并集,则称 X 是 R 可定义的,为 R 的精确集。否则称 X 是 R 不可定义的,为 R 的粗糙集。

定义 2 设 (U,R) 为近似空间,$X\subseteq U$,集合
$$\underline{R}X = \bigcup \{Y \notin U/R \mid Y \subseteq X\},$$
$$\overline{R}X = \bigcup \{Y \in U/R \mid Y \cap X \neq \varnothing\}$$
分别称为 X 的 R 下近似集和上近似集。

定义 3 设 (U,R) 为近似空间,$\varnothing \neq X\subseteq U$。

集合 X 的近似精度定义为 $\alpha_R(X)=\dfrac{\underline{R}X}{\overline{R}X}$,其中 $|X|$ 表示集合 X 的基数,规定:$\alpha_R(\varnothing)=1$。集合 X 的粗糙度定义为 $\rho_R(X)=1-\alpha_R(X)$。

定义 4 设 $K=(U,R)$ 为知识库,$Q\subseteq P\subseteq R,R\in P$。

(1) 如果 $\text{IND}(P)=\text{IND}(P\backslash\{R\})$,则称 R 在 P 中是不必要的,或者冗余的;否则称 R 在 P 中是必要的。P 中所有必要的等价关系组成的集合称为 P 的核(Core),记作 $\text{CORE}(P)$。

(2) 进一步,如果 P 中的每个等价关系在 P 中都是必要的,则称 P 是独立的;否则称 P 是不独立的。

(3) 如果 Q 是独立的,并且 $\text{IND}(Q)=\text{IND}(P)$,则称 Q 为 P 的一个约简。P 的所有约简组成的集合记作 $\text{RED}(P)$。

2. 基于粗糙集的综合评价流程

将粗糙集应用于综合评价的优势体现在以下几个方面。

(1) 粗糙集方法通过将评估体系中的指标进行约简来减少了数据的收集工作量,从而提高评价效率。

(2) 粗糙集既能处理定量指标和主观定性指标,又能处理完备信息和不完备信息的指标体系,使得处理范围更加宽广。

(3) 粗糙集理论能生成评价指标与评价结果之前的规律性知识,为实现智能化评价

提供依据和知识储备。基于粗糙集的综合评价流程的各步骤如图 6-16 所示。

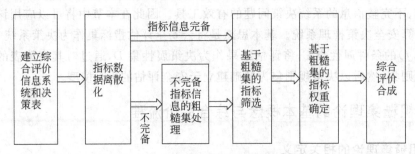

图 6-16 基于粗糙集的综合评价流程

上述流程图中各步骤的具体信息如下。

（1）建立综合评价信息系统和决策表强调构建综合评价的关系数据模型。它把各指标看作决策表的条件属性，而评价结果看作决策表的决策属性。即有 n 个指标和 m 个评价对象的情况下，可构建一个由 m 个评价对象的 n 个指标值组成的综合评价关系数据模型。

（2）指标数据离散化强调粗糙集方法只能处理离散化的数据，在处理连续型指标数据时，要用适当的方法对数据进行离散化处理。常见的处理方法如等分法、频分法和基于信息熵的离散化方法等。

（3）不完备指标信息的粗糙集处理强调如果存在不完备指标信息时，要利用粗糙集改进限制容差关系来处理指标空值。

（4）基于粗糙集的指标筛选强调指标体系的复杂性程度不同，筛选方法可以不同。当指标个数较少时，可以利用最朴素的、基于粗糙集等价关系进行处理。

（5）基于粗糙集的指标权重确定一般有两种方法：一种是基于信息量和属性重要度的权重确定模型，另一种是基于知识粒度和属性重要度的权重确定模型。如果要取得主客观综合权重，应通过设定经验因子把主客观权重合成。

（6）综合评价合成是指依据指标权重和指标值，可以采用各种方法（线性加权法、模糊集方法、TOPSIS 法、投影法、灰色关联度评价法等）对各个指标进行加权计算，从而对各评价对象得出综合评价结果。

6.5.2 云安全评估的粗糙集模型

1. 云安全评估的粗糙集描述

云安全评估系统的原始信息系统可以看作是一个属性值连续的决策系统，在粗糙集理论中可用一个四元组来表示和处理知识，即 $S=(U, C \cup D, V, f)$。其中，$U=\{x_1, x_2, \cdots, x_n\}$ 为论域，是非空有限集合，表示云安全评估样本集；$C=\{a_1, a_2, \cdots, a_m\}$ 是非空有限条件属性集，即云安全评估指标集；d 表示结果属性，即云安全的评估结果；$V=V_c \cup V_d$ 是属性值集合，$V_c=\{V_a | a \in C\}$ 是条件属性值集，V_d 是决策属性值集，第 i 个对象在第 j 个条件属性上的取值 $V_{ij}(i=1, 2, \cdots, n; j=1, 2, \cdots, m)$ 是连续变化的；$f: U \times C \cup \{d\} \rightarrow$

V 是一个信息函数,表示对 $\forall a \in C, x \in U, \exists f(x,a) \in V_a$。一个决策表中的决策属性如果只有一个,称为单一决策表;如果不唯一,则称为多决策表。

2. 云安全评价指标选取

云安全评价指标的选取直接决定着评价的可靠性与实用性。因此,在选取云安全评价指标时要遵循可操作性、独立性、科学性的原则,力争选取全面、合理、客观反映影响云安全的各个因素。目前对云安全指标的划分主要有两种,一种是云安全联盟 CSA 指标体系,一种是云平台服务模式的指标体系。这里采用云平台服务模式的指标体系,云平台服务模式的云安全层次结构如图 6-17 所示。

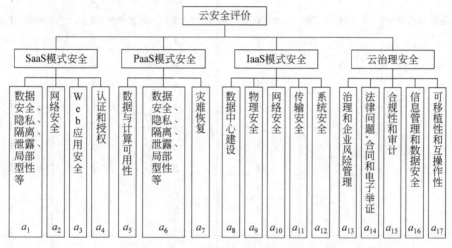

图 6-17 云平台服务模式的云安全层次结构

在本节中采取如下方法进行样本数据离散化预处理:①对于云安全的评估结果直接映射到一个评语集合 $V = \{V_1, V_2, \cdots, V_9\}$,用表示云安全的评估结果状况,其中 V_1 表示极差,V_2 代表很差,V_3 为差,V_4 表示较差,V_5 为一般,V_6 表示较好,V_7 为好,V_8 代表很好,V_9 指极好。②对于云安全评估指标的数据,应该考虑归一化后的情况,即把评估指标看作成 $[0,1]$ 区间上连续变化的数值,评估中采用专家打分法获得单因素评价矩阵。

6.5.3 决策表的属性约简

在粗糙集理论中,论域中的对象是应用决策表来描述的。决策表是一张二维表格,每一行表示一个对象,每一列表示对象的一种属性。属性又分为条件属性和决策属性两种,论域中的对象根据条件属性的不同,被划分到具有不同决策属性的决策类中。决策表的简约有属性简约和属性值简约两部分。属性简约指在保持信息系统分类能力不变的条件下,删除其中不相关或不重要的属性;其目的是从条件属性集合中发现部分必要的条件属性,使得根据这部分条件属性形成的相对于决策属性的分类和所有条件属性所形成的相对于决策属性的分类一致,即属性约简还可表述为保证分类效果且不包含不必要属性的最小条件属性集。属性值简约强调在属性简约的基础上进一步对决策表进行简化,通过删掉决策表中的冗余信息形成简化的决策表。对一个决策表而言,根据情况可以进行多种方式的约简,所有形成的约简结果的交集就是决策表的核。可见核中的属性是影响分类的重要属性。采集云安全的评估数据集样本,在粗糙集理论中对应的就是建立云安全评估论域U,即抽取有代表性,能够完整描述系统特征的样本集,然后将这些数据抽象成云安全评估空间。权重评分因子如表 6-13 所示。

表 6-13　权重评分因子

因子	评 分 等 级				
	好	较好	一般	较差	差
a_1	5	4	3	2	1
a_2	5	4	3	2	1
a_3	5	4	3	2	1
a_4	5	4	3	2	1
a_5	5	4	3	2	1
a_6	5	4	3	2	1
a_7	5	4	3	2	1
a_8	5	4	3	2	1
a_9	5	4	3	2	1
a_{10}	5	4	3	2	1
a_{11}	5	4	3	2	1
a_{12}	5	4	3	2	1
a_{13}	5	4	3	2	1
a_{14}	5	4	3	2	1
a_{15}	5	4	3	2	1
a_{16}	5	4	3	2	1
a_{17}	5	4	3	2	1

粗糙集理论权重确定避免了主观随意性,计算量较大和大量的训练样本等问题。它将权重确定问题转化为粗糙集的属性重要性评价问题,经过关系数据模型的建立与属性值特征化建立知识系统。在数据驱动下通过对参评对象的支持度和重要性分析,计算出综合评价模型的权重值。如果把一个评价问题表达成决策表,就能够从属性表中去掉一个属性后分析系统分类情况发生的变化,从而确定该属性的重要程度。即如果去掉该属性后,产生的分类变化越大,该属性的重要程度越高;产生的分类变化越小,属性的重要程度越低。下面依据信息完备性标准和专家经验,在云安全调查数据中抽取 8 个样本,如表 6-14 所示。

经计算,利用 SAVReduce 来进行数据的约简,云安全评估决策表的属性约简,如图 6-18 所示。

表 6-14 云安全评估决策表

论域 U	条件属性																	决策属性 d
	a_1	a_2	a_3	a_4	a_5	a_6	a_7	a_8	a_9	a_{10}	a_{11}	a_{12}	a_{13}	a_{14}	a_{15}	a_{16}	a_{17}	
x_1	5	2	3	4	4	5	2	5	2	4	2	3	1	3	2	2	3	7
x_2	4	2	3	4	4	4	2	4	2	3	2	3	1	3	2	2	3	6
x_3	2	2	1	2	2	4	2	3	2	3	2	2	1	3	2	2	2	3
x_4	3	2	1	3	2	4	2	3	2	3	2	2	1	3	2	2	3	4
x_5	5	2	4	5	4	5	2	5	2	4	2	4	1	3	2	2	4	8
x_6	2	2	1	3	2	4	2	2	2	3	2	2	1	2	2	2	2	2
x_7	3	2	2	3	2	4	2	3	2	3	2	2	1	3	2	2	3	5
x_8	1	2	1	3	2	1	2	1	2	2	2	2	1	2	2	2	1	1

	Reduct	Support	Length
1	$\{a_3,a_8,a_{17}\}$	100	3
2	$\{a_1,a_3,a_4\}$	100	3
3	$\{a_1,a_3,a_{14}\}$	100	3
4	$\{a_3,a_4,a_8\}$	100	3
5	$\{a_1,a_3,a_8\}$	100	3
6	$\{a_3,a_4,a_6,a_{14}\}$	100	4
7	$\{a_3,a_4,a_{10},a_{14}\}$	100	4
8	$\{a_3,a_4,a_6,a_{17}\}$	100	4
9	$\{a_3,a_4,a_{10},a_{17}\}$	100	4
10	$\{a_3,a_5,a_6,a_{14},a_{17}\}$	100	5
11	$\{a_3,a_5,a_{10},a_{14},a_{17}\}$	100	5
12	$\{a_3,a_{10},a_{12},a_{14},a_{17}\}$	100	5

图 6-18 云安全评估决策表的属性约简

与专家凭经验得出权重比较,通过粗糙集得出的权重强调以测量和实验数据为基础,进行数据本身挖掘后得出事物间的本质规律。所以与一般的主观赋权法相比,粗糙集得出的权重更具客观性,评价结果更加真实。由于粗糙集权重确定完全取决于数据,同时粗糙集权重确定也有其局限性,粗糙集权重获取所选取的样本数据一定要有普遍性和代表性,否则通过数据挖掘得到的权重具有很大的片面性。为了解决这种问题,实际中可融入定性分析。即设定经验因子,将粗糙集方法所得到的客观定量权重结果与评价者的先验知识相结合,得到主客观综合权重。这样一来,综合评价模型所得的最终权重结果包含两部分权重:一是采用粗糙集方式从大量历史数据中挖掘得出的客观权重 P;二是采用专家经验和知识得出的主观权重 Q。根据客观权重 P 和主观权重 Q,假设经验因子为 α,可以得到综合权重 $I=\alpha Q+(1-\alpha)P$,$0\leqslant\alpha\leqslant1$。$\alpha$ 反映了评价过程中主观权重和客观权重的偏好程度;α 越大说明评价者偏好专家的经验知识;α 越小说明评价者偏好客观权重。基于粗糙集属性重要度和经验因子的权重确定方法,可克服以往决策者过分依赖专家经验和知识的不足的情况,同时又能方便决策者根据偏好和不同的决策背景,选取合适的经验因子来调整客观权重和主观权重所占的比率,确保权重结果更符合实际决策要求。

参 考 文 献

[1] Guo-Chun T, Yan-Ping W. Research on the Model for Cloud Security Based on SLA[C]. 1st International Workshop on Cloud Computing and Information Security. Atlantis Press,2013.

[2] Cao P, Tang G, Zhang Y, et al. Qualitative Evaluation of Software Reliability Considering Many Uncertain Factors [M]. Ecosystem Assessment and Fuzzy Systems Management. Springer International Publishing,2014:199-205.

[3] The Cloud Security Alliance Board of Directors. Security Guidance for Critical Areas of Focus in Cloud Computing. https://downloads. cloudsecurityalliance. org/initiatives/guidance/csaguide. v3. 0. pdf.

[4] 冯登国,张敏,张妍等.云计算安全研究[J].软件学报,2011,22(1):71-83.

[5] 王林松,刘德山,郭瑾等.公共云安全体系结构设计[J].吉林大学学报(信息科学版),2013,31(2):166-169.

[6] 傅颖勋,罗圣美,舒继武.安全云存储系统与关键技术综述[J].计算机研究与发展,2013,50(1):136-145.

[7] 吴吉义,沈千里,章剑林等.云计算:从云安全到可信云[J].计算机研究与发展,2011,48(Suppl.):229-233.

[8] 俞能海,郝卓,徐甲甲等.云安全研究进展综述[J].电子学报,2013,41(2):371-377.

[9] 徐迎迎,高飞,尚锋影等.新的云安全解决方案及其关键技术[J].华中科技大学学报(自然科学版),2012,40(Z1):74-78.

[10] 中国电信网络安全实验室.云计算安全:技术与应用[M].北京:电子工业出版社,2012.

[11] 虚拟化与云计算小组.云计算宝典技术与实践[M].北京:电子工业出版社,2012.

[12] Azlan Ismail, Jun Yan, Jun Shen. An offer generation approach to SLA negotiation support in service oriented computing. Computer Science Service Oriented Computing and Applications,2010,4(4):277-289.

[13] Guochun Tang, Peng Cao, Chunrong Huang. Assessment Model for Cloud Security Based on rough set. [C]. 2015 World Conference on Control, Electronics and Electrical Engineering (WCEE 2015).

[14] Marco Comuzzia, Constantinos Kotsokalisb, George Spanoudakisa, Ramin Yahyapour. Establishing and Monitoring SLAs in complex Service Based Systems. IEEE International Conference on Web Services,2009:783-790.

[15] FENG Deng-guo, ZHANG Min, ZHANG Yan, et al. Study on Cloud Computing Security[J]. Journal of Software,2011,22(1):71-83.

[16] WANG Lin-song, LIU De-shan, GUO Jin. Design of Public Cloud Security Architecture [J]. Journal of Jilin University(Information Science Edition),2013,31(2):166-169.

[17] Fu Yingxun, Luo Shengmei, Shu Jiwu. Survey of Secure Cloud Storage System and Key Technologies [J]. Journal of Computer Research and Development,2013,50(1):136-145.

[18] Xu Yingying,GaoFei,Shang Fengying. New Cloud Security solutions and its key technologies [J]. Huazhong Univ. of Sci. & Tech. (Natural Science Edition),2012,40(Z1):74-78.

[19] Jing X,Jian-Jun Z. A brief survey on the security model of cloud computing[C]. Distributed Computing and Applications to Business Engineering and Science (DCABES). 2010 Ninth International Symposium on. IEEE,2010:475-478.

[20] 李志清. 物联网安全架构与关键技术[J]. 微型机与应用,2011,30(9):54-56.

[21] 刘宴兵,胡文平. 物联网安全模型及关键技术[J]. 数字通信,2010,(004):28-33.

[22] 杨庚,许建,陈伟等. 物联网安全特征与关键技术[J]. 南京邮电大学学报:自然科学版,2010,30 (004):20-29.

[23] 杨光,耿贵宁,都婧等. 物联网安全威胁与措施[J]. 清华大学学报:自然科学版,2011,51(10): 1335-1340.

[24] 李维,冯钢,刘冬等. 物联网系统安全与可靠性测评技术研究[J]. 计算机技术与发展,2013,23 (4):139-143.

[25] 任伟,宋军,叶敏等. 物联网自治安全适配层模型以及 T2ToI 中 T2T 匿名认证协议[J]. 计算机 研究与发展,2011,2.

[26] 孙知信,骆冰清,罗圣美等. 一种基于等级划分的物联网安全模型[J]. 计算机工程,2011,37 (10):1-7.

[27] Alliance C S. Security guidance for critical areas of focus in cloud computing v3. 0[J]. Cloud Security Alliance,2011.

[28] 林闯,苏文博,孟坤等.云计算安全:架构,机制与模型评价[J].计算机学报,2013,36(9): 1765-1784.

[29] 鲁颖欣,王健,齐宏卓.模糊判断在网络安全风险评估中的应用研究[J].哈尔滨理工大学学报, 2014,19(1):36-39.

[30] X Zhou,A Kuijper,R N J Veldhuis,and et al. Quantifying privacy and security of biometric fuzzy commitment[C]. IEEE International Joint Conference on Biometrics-IJCB2011, 2011. [doi:10. 1109/IJCB. 2011. 6117543].

[31] Lijian,Wang,Wang Bin,and et al. A new risk assessment quantitative method based on fuzzy AHP[C]. Information and Financial Engineering (ICIFE), 2010 2nd IEEE International Conference on. IEEE,2010:822-825.

[32] Jansen,Wayne,and Timothy Grance. Guidelines on security and privacy in public cloud computing [R]. NIST special publication 800-144,2011,14-35.

[33] Li,Bao Zhu, Ran Bi. The Application of Fuzzy-ANP in Evaluation Index System of Computer Security. Key Engineering Materials 439 (2010):754-759.

[34] Fu,Sha, Hangjun Zhou. The information security risk assessment based on AHP and fuzzy comprehensive evaluation[C].Communication Software and Networks (ICCSN),2011 IEEE 3rd International Conference on IEEE,2011,2027-2030.[doi:10. 1109/ICCSN. 2011. 6014018].

[35] 张悦今,张玲玲,刘莹等.软件可信性属性及其度量研究.第四届(2009)中国管理学年会——管 理科学与工程分会场论文集,2009:126-132.

[36] 陈志杰,王永杰,鲜明. 一种基于粗糙集的网络安全评估模型[J]. 计算机科学 2007,34(8):

98-100.

[37] 李远远.基于粗糙集的指标体系构建及综合评价方法研究[D].武汉：武汉理工大学,2009.

[38] 王国胤,姚一豫,于洪.粗糙集理论与应用研究综述[J].计算机学报,2009,(7):1229-1246.

[39] 唐国纯.云安全的体系结构及关键技术研究[J].信息技术,2015.

[40] 唐国纯.基于粗糙集理论的云安全评估模型研究[J].信息技术,2015.

第7章

chapter **7**

移动云计算开发技术

云计算和移动互联网,无疑是当今软件与信息服务业最热门的话题。移动互联网是指以宽带 IP 为技术核心,可同时提供语音、数据、多媒体等业务服务的开放式基础电信网络。从用户行为角度来看,移动互联网广义上是指用户可以使用手机、笔记本等移动终端,通过无线移动网络和 HTTP 接入互联网;狭义上是指用户使用手机终端,通过无线通信方式,访问采用 WAP 协议的网站。移动互联网领域,移动终端在消费者的日常生活中扮演着重要的角色,随着 3G 技术的普及,中国手机上网用户已经突破 3 亿,而且仍将不断上升。同时,在企业级的商务应用中,随着信息化应用场景的持续完善,ERP 的不断延伸,移动应用通过广泛的产业链为用户提供整体解决方案,将带来商业模式的创新变革。当移动互联网产业与云计算技术结合,移动云计算成为 IT 行业炙手可热的新业务发展模式。

7.1　移动云计算的发展概况

7.1.1　移动云计算的概念

云计算将为移动互联网的发展注入强大的动力。移动终端设备一般说来存储容量较小、计算能力不强,云计算将应用的"计算"与大规模的数据存储从终端转移到服务器端,从而降低了对移动终端设备的处理需求。这样移动终端主要承担与用户交互的功能,复杂的计算交由云端(服务器端)处理,终端不需要强大的运算能力即可响应用户操作,保证用户的良好使用体验,从而实现云计算支持下的 SaaS。云计算降低了对网络的要求,比如,用户需要查看某个文件时,不需要将整个文件传送给用户,而只需根据需求发送用户需要查看的部分的内容。由于终端不感知应用的具体实现,扩展应用变得更加容易,应用在强大的服务器端实现和部署,并以统一的方式(例如通过浏览器)在终端实现与用户的交互,因此为用户扩展更多的应用形式变得更为容易。基于云计算的定义,移动云计算是云计算技术在移动互联网中的应用。主要是指移动终端(如智能手机、平板电脑、笔记本等)通过 3G,WiFi,4G 等无线上网的方式使用云计算的服务模式。移动终端可以通过移动云计算实现云端的数据存储、处理和分析,这样一来就大大降低了对终端设备性能的依赖,在获得良好的可靠性的同时也延长了终端电池的使用时间。

移动云医疗：移动云医疗正是在移动云计算这个背景下发展起来的。得益于云计算的特点，移动终端设备低存储容量、安全隐私问题和医疗错误问题，可以得到一定程度的解决。移动云医疗实质是通过使用移动通信和云计算技术——例如 PDA、移动电话和卫星通信来提供医疗云服务和信息，具体到移动互联网领域，则以基于安卓和 iOS 等移动终端系统的医疗健康类 App 应用为主。比如移动"云医疗"健康平台如图 7-1 所示，将医患两端用"云医疗"平台连接，帮助医患交流、问诊、预约、管理等，从而为双方节省时间，同时该平台也从医患双方的互动中收集有价值的健康数据。而增进医疗透明度，海量病例的比对与查询，明确清晰的诊疗流程管理等，也都是其附加值。随着物联网和云计算技术的快速发展，以全面感知、互通互连为基础的物联网技术和以虚拟化、动态资源、并行计算为基础的云计算成为健康医疗信息化和智慧化的创新发展动力。基于云的物联网健康医疗是一个以医疗物联网为核心，信息高度移动和高度共享的健康医疗信息化生态系统。在云服务和物联网的支撑下，使健康医疗档案终生搜集、自由分享成为可能。个人一生的健康档案数据，都保存在一个云网络中，在经过相应的允许或是授权后，医生或者当事人都可以通过手机、计算机及时查阅，这将是一场健康领域的革命，其影响力极其深远：健康科技的飞速发展，人类寿命的显著延长，生活质量的大幅度提升，健康医疗成本大大降低。

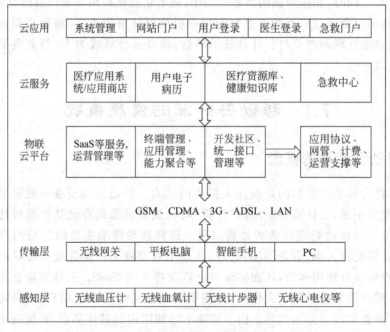

图 7-1 移动"云医疗"健康平台结构

该平台通过感知层的各种传感仪器获取居民的健康信息，并传输到传输层的设备。传输层可通过无线通信方式将数据信息传送到云平台并在门户网站上展示出来，从而实现居民健康和医疗信息的记录、整合、提取和挖掘，提供基于健康和医疗服务的云服务，从而实现在社区医院、家庭、医疗机构、干休所等的物联网健康医疗的云应用。本平台同时还实现了从感知、传输、云平台、云服务等所有层的包括安全技术和安全管理的创新安全机制,保证了系统的良好安全性。21 世纪以来,以美国为首的医疗信息化领域已经烧掉了至少百亿美元,在以 Google Health 为代表的无数次尝试与失败之后,目前最炙手可热的项目莫过于估值已超过 10 亿美元的"云平台"ZocDoc,它为全美医师提供检索、咨询与预约服务。用户完全可以把它想象为一个医生做卖家的"淘宝网"。医生会针对消费者做营销,鼓励消费者选择提前预约就诊的方式,这就形成了良性循环。

移动电子商务云:受体积等因素影响,移动终端在 CPU、内存方面存在性能瓶颈,不能像计算机那样进行高效处理,因此一些大型游戏或办公软件无法在移动终端上运行。即使部分中型软件能够在移动终端上运行,其引起的电量损耗和 CPU 损耗也是相当大的。传统的解决问题的方法是不断增加 CPU、增加内存。从最初的单核,到双核、四核,再到现在的八核,CPU 数量不断扩充;内存也从最初的几十 MB 扩充到现在的几十 GB,当然设备价格也在逐步上升。价格的上涨会影响用户的购买和使用行为,而且随着性能要求的不断提升,单纯增加 CPU、增加内存的方法不能从根本上解决问题。因此,在移动电子商务上引入云计算的模式是一个比较好的解决方案。移动电子商务云就是利用手机、PDA 及掌上电脑等无线终端进行的 B2B、B2C、C2C 或 O2O 的电子商务云。它将因特网、移动通信技术、短距离通信技术、云计算技术及其他信息处理技术完美结合,使人们可以在任何时间、任何地点进行各种商贸活动,实现随时随地、线上线下的购物与交易、在线电子支付以及各种交易活动、商务活动、金融活动和相关的综合服务活动等。很多传统的电子商务公司如淘宝、亚马逊、京东等都在 iOS 或者 Android 平台上开发了自己的移动应用。用户只需要使用这些应用就可以进行网上交易了。

这些应用程序一般具有移动性的特点,如移动交易支付,移动消息和移动订票等。根据应用面向的用户群,可以将移动电子商务云分成三类:金融、广告和消费,但是目前移动电子商务云需要面对许多的问题,诸如较低的网络带宽,较高的网络延迟,异构性的移动网络,安全性等问题。云计算的出现为移动终端的发展提供了新的解决思路,可以说云计算将引领移动终端、移动电子商务的未来。用户不再需要在移动终端上安装和运行复杂的软件。这些软件全部放在云端,用户只需通过浏览器或客户端接口发布指令,指令通过网络传送到云端,由云中的软件完成相关计算,将计算结果再通过网络传送给用户,用户即可得到和在移动终端上运行软件相同的效果。云还可根据需要个性化定制,更好地满足用户的需要。在基于云计算的移动电子商务系统中,电子商务平台与后台处理是分开的。企业只需要进行简单的平台设计、建设、管理与维护,而复杂的后台处理过程则交由云进行处理。京东电商云架构如图 7-2 所示。

京东云峰负责人、京东研发部云平台移动云研发总监曾科认为:云鼎、云擎、云峰、云汇等所有子平台相互关联,组成了京东云为电商服务的一体化云平台。对用户而言,这些平台之间,只需要一个账户来登录。而云峰,依托云鼎、云擎、云汇,通过大量的计算与存储的资源与互动社区,是免费对移动应用开发者开放的子平台。

目前,云峰中已经推出以下 4 种服务。

云推送:通过服务器与客户端通信,实现实时的广播通知、应用消息的送达,包括广播、组播和点播模式,发送文字、图片以及声音等多媒体内容;支持 Android,低电量、低流

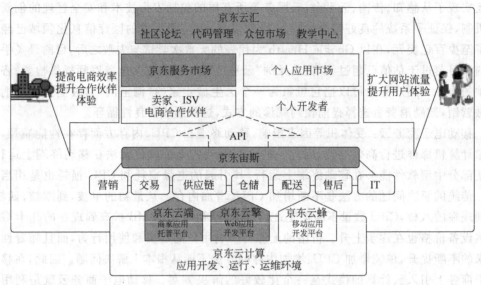

图 7-2　京东电商云架构

量消耗,消息通知及时送达;支持推送工具推送和 API 接口调用。

短地址:采用签名算法,提供长域名到短域名的双向转换,方便移动设备、微博、邮件中使用;关键是更短的域名,比如 3. cn,更短的跳转时间。

云分析:通过客户端对用户操作的记录,实现对用户行为数据、路径与终端数据的上报和分析,提供实时的移动应用统计分析服务,帮助开发商调整运营策略,提高用户体验。包括活跃用户数、区域分布、渠道、版本、终端设备、启动次数、使用频率与时长、页面访问数据等。

云测试:摆脱人工测试,实现真机自动化测试,免去测试终端的购买、租赁等诸费用开销。

移动云社交网络:社交网络(Social Network),是随着 E-mail、BBS、博客、微博等 Internet 的应用而自然发展起来的反映社会交往群体的一种形态,其本质是提供一个在人群中分享兴趣、爱好、状态和活动等信息的在线平台。随着互联网发展起来的社交网络对人类社会活动的方式、效率等产生了深远影响。移动云社交网络(Mobile Cloud Social Network)主要表现在:①为研究社会群体在某方面的活动规律,通过对移动终端设备的位置信息进行采集并聚类而形成的云社交网络。例如,通过对人们出行数据和出租车移动轨迹的挖掘,为出租车司机如何更快寻找到乘客提供帮助。②人们使用手持移动终端设备使用 E-mail、BBS、微博等应用而形成的社会交往群体。随着社交网络的兴起,在移动云平台上分享图片和视频文件也越来越成为一种趋势。目前,国外的 Facebook、Twitter,国内的新浪微博和腾讯微博也都推出了相关的社交应用软件。以云计算的方式来支持这些移动社交网络显然具有很强的优势。目前,MeLog 就已经实现了在移动云平台下导航、购物、微博、图片等社交网络的功能。

移动云地理信息服务:移动云 GIS (Mobile Cloud GIS)是建立在移动计算和云计算环境、有限处理能力的移动云终端条件下,提供移动中的、分布式的、随遇性的移动云地理信息服务,是一个集 GIS、GPS、移动通信(GSM/GPRS/CD2MA)和云计算技术于一体的系统。它通过 GIS 完成空间数据管理和分析,GPS 进行定位和跟踪,利用 PDA 完成数据获取功能,借助移动通信和云计算技术完成图形、文字、声音等数据的传输。移动云地理信息系统(Mobile Cloud Geospatial Information System)的出现使人们在旅游中享受自主旅游的愿望得以实现。通过综合运用 GPS 的精确定位技术、便携移动设备(如 PocketPC、手机)、无线 Internet 接入和 GIS 的空间信息处理能力,使得系统能够实时地获取、存储、更新、处理、分析和显示地理信息,在现在乃至未来将发挥出巨大的潜力。以移动云的方式向移动设备提供地理位置信息,道路选择,面积测算等智能化的应用服务具有很强的优势,对于优化移动互联网的服务提供了技术支持。

移动云多媒体服务:在移动云计算模型中,资源服务在云端,移动终端设备通过无线的方式如 3G,4G 等方式接入到移动云中。但受限于终端设备有限的计算性能,不稳定的延迟抖动,以及耗能方面的要求,注定了移动云计算中的多媒体服务的策略要做出一定的调整。目前,中国市场中推出的云视听产品就是移动云媒体服务的应用,企业仅有海信、康佳、TCL、创维、海尔及乐视 TV 等几家国内品牌,大多数外资品牌尚未推出相关产品。

7.1.2　移动云计算的案例

(1) 黑莓公司初具"云"形的移动互联网应用。

加拿大 RIM 公司面向众多商业用户提供的黑莓企业应用服务器方案,可以说是一种具有云计算特征的移动互联网应用。黑莓企业方案面向众多商业用户,让用户通过应用黑莓推送(Push)技术的黑莓终端远程接入服务器访问自己的邮件账户。黑莓的邮件服务器将企业应用、无线网络和移动终端连接在一起。通过它,用户可以轻松地远程同步他们的邮件和日历,查看自己的附件和地址本。除黑莓终端外,RIM 同时也授权其他移动设备平台接入黑莓服务器,享用黑莓服务。以云计算模式提供给用户的应用成为 RIM 商业模式的核心。目前,黑莓正通过它的无线平台扩展自己的应用,如在线 CRM 等。

(2) 苹果公司的"MobileMe"应用。

苹果公司推出的"MobileMe"服务是一种基于云存储和计算的解决方案。按照苹果公司的整体设想,该方案可以处理电子邮件、记事本项目、通信簿、相片以及其他档案,用户所做的一切都会自动地更新至 Mac、iPod、iPhone 等由苹果公司生产的各式终端界面。

(3) 微软公司的"LiveMesh"应用。

微软公司推出的"LiveMesh"能够将安装有 Windows 操作系统的计算机、安装有 Windows Mobile 系统的智能手机、Xbox,甚至还能通过公开的接口将使用 Mac 系统的苹果计算机以及其他系统的手机等终端整合在一起,通过互联网进行相互连接,从而让用户跨越不同设备完成个人终端和网络内容的同步化,并将数据存储在"云"中。随着 Azure 云平台的推出,微软将进一步增强云端服务的能力,并依靠在操作系统和软件领域的成功为用户和开发人员提供更为完善的云计算解决方案。

(4) 作为云计算的先行者,Google 公司积极开发面向移动环境的 Android 系统平台和终端,不断推出基于移动终端和云计算的新应用。

① 整合移动搜索:实现传统互联网和移动互联网信息的有机整合,特别是为了契合手机浏览的特点,强化了搜索结果的第一页,在云计算的支撑下只需要零点几秒的时间。

② 语音搜索服务:关键在于虚拟数据,虚拟数据越大,把不同口音、搜索词汇搜集进来,搜索结果就越准。云计算实际上提供了很好的平台,不单可以搜集大量的数据,还可以做大量复杂的运算,在美国刚一推出就受到了好评。

③ 定点搜索以及 Google 手机地图:可以识别用户的位置信息并根据地点的变化提供不同的搜索结果,实现精确定位,并且可以找到驾车路线等服务。

④ Android 上的 Google 街景:一种基于云计算平台的新的有趣应用。

无论是苹果公司的 MobileMe、微软公司的 LiveMesh 服务,还是 Google 公司的移动搜索,以云计算为基础的移动互联网应用和服务都具有信息存储的同步性和应用的一致性,进而保证了用户业务体验的无缝衔接。未来的云生态系统将从"端"、"管"、"云"三个层面展开。"端"指的是接入终端设备,"管"指的是信息传输管道,"云"指的是服务提供网络。具体到移动互联网而言,"端"指的是手机、MID 等移动接入终端设备,"管"指的是(宽带)无线网络,"云"指的是提供各种服务和应用的内容网络。从用户的角度来看,复杂的技术名词难以理解,需求被满足才是最实在的东西。用户只关心应用的功能,而不关心应用的实现方式,因此,以"云"+"端"的方式向用户提供移动互联网服务既可以满足用户的随需而选,又可以实现处理器和存储设备的共享利用,对用户和应用提供商来说都是经济的。

7.1.3 移动应用面临的问题

目前,移动应用开发中关注的问题主要体现在以下几个方面。
(1) 安装包体积。
(2) 内存占用情况。
(3) 耗电情况。
(4) 兼容性问题。
(5) 流量问题。
(6) 升级异常困难。
(7) 安全软件的特有问题。
体系架构上的挑战与应对主要体现在以下几个方面。
(1) 多进程化。主要是按需加载降低内存占用,业务隔离提高稳定性。
(2) 插件化。主要是降低内存占用,利于团队和模块解耦。
(3) 云化。降低安装包大小,解决不同网络环境下的产品策略。
(4) 公用库、SDK 化。主要是减少重复劳动,降低多产品集成成本,提升代码质量,保证多产品 UI 风格一致。
(5) 强大灵活的升级。主要是提供多种升级控制变量,充分考虑不同网络类型下的升级策略,足够对抗常见的网络劫持,增量升级、断点续传和足够的安全机制。

7.1.4　Android 系统概述

Android 系统架构由 5 部分组成,如图 7-3 所示,分别是：Linux Kernel、Android Runtime、Libraries、Application Framework、Applications。

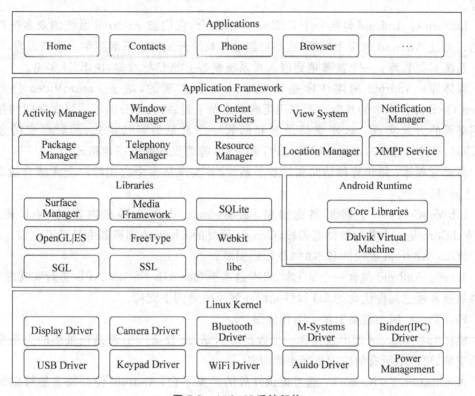

图 7-3　Android 系统架构

Linux Kernel：Android 是建立在一个坚实的经过实践验证的基础上的,这个基础就是 Linux 内核。Android 基于 Linux 2.6 提供核心系统服务,例如：安全、内存管理、进程管理、网络堆栈、驱动模型。Linux Kernel 也作为硬件和软件之间的抽象层,它隐藏具体硬件细节而为上层提供统一的服务。如果学过计算机网络知道 OSI/RM,就会知道分层的好处就是使用下层提供的服务而为上层提供统一的服务,屏蔽本层及以下层的差异,当本层及以下层发生变化时不会影响到上层。也就是说各层各尽其职,各层提供固定的 SAP(Service Access Point),专业点儿可以说是高内聚、低耦合。如果只是做应用开发,就不需要深入了解 Linux Kernel 层。

Android Runtime：Android 包含一个核心库的集合,提供大部分在 Java 编程语言核心类库中可用的功能。每一个 Android 应用程序是 Dalvik 虚拟机中的实例,运行在它们自己的进程中。Dalvik 虚拟机设计成在一个设备可以高效地运行多个虚拟机。Dalvik 虚拟机可执行文件格式是.dex,dex 格式是专为 Dalvik 设计的一种压缩格式,适合内存和处理器速度有限的系统。大多数虚拟机包括 JVM 都是基于栈的,而 Dalvik 虚拟机则是基于寄存器的。两种架构各有优劣,一般而言,基于栈的机器需要更多指令,而基于寄存器的机器指令更大。dx 是一套工具,可以将 Java .class 转换成 .dex 格式。一个 dex 文件通常会有多个 .class。由于 dex 有时必须进行最佳化,会使文件大小增加 1~4 倍,以 ODEX 结尾。Dalvik 虚拟机依赖于 Linux 内核提供基本功能,如线程和底层内存管理。

Libraries:Android 包括一个 C/C++ 库的集合,它们被 Android 系统的众多组件所使用。通过 Android 的应用框架,这些功能被开放给开发者。下面列举一些核心库。

系统 C 语言库:一个被移植到嵌入式系统设备上的 C 标准库,由 BSD 实现。

媒体库:Android 的媒体库是用 C/C++ 语言实现的,基于 PacketVideo 公司的 OpenCORE 库。库中的基础功能都用类的概念做了封装,大部分的不同层次之间的接口使用继承的方式实现。该库支持录制和回放一些常见的影音格式,同时也支持包含 MPEG4,H.264,MP3,AAC,AMR,JPG 和 PNG 等常见的静态图片格式。

界面管理器:用于管理访问和显示子系统,并实现从多个应用程序上无缝合成 2D, 3D 图形层。

LibWebCore:一个网页浏览引擎,驱动 Android 浏览器和内嵌的 Web 视图。 LibWebCore 是一个常用的浏览器核,Google 研发的 Chrome 浏览器也是基于此核。

SGL:Android 底层的基本的 2D 图形引擎。

3D 库:Android 包含一个 3D 库,该库是基于 OpenGL ES 1.0 APIs 进行实现的,3D 硬件加速和经过高度优化的 3D 软件光栅在该库中得到了支持。

FreeType:用于渲染矢量字图和位图。

SQLite:Android 库中还包含一个数据库引擎,此数据库引擎是轻量级的关系型数据库引擎,可以给所有的应用程序提供服务。

Application Framework:通过提供开放的开发平台,Android 使开发者能够编制极其丰富和新颖的应用程序。开发者可以自由地利用设备硬件优势、访问位置信息、运行后台服务、设置闹钟、向状态栏添加通知等。开发者可以完全使用核心应用程序所使用的框架 APIs。应用程序的体系结构旨在简化组件的重用,任何应用程序都能发布它的功能且任何其他应用程序可以使用这些功能(需要服从框架执行的安全限制)。应用程序框架为应用程序开发者提供了创建 Android 应用程序的 API 接口,除了 API 接口外,应用程序框架还包含一系列存在于应用程序背后的服务。

活动管理器:用来统一管理各个应用程序的 Activity,同时具有一定的内存管理和进程管理功能。

窗口管理器:用于管理所有窗口的图形用户接口的引擎。

内容提供器:使得其他应用程序可以访问自己应用程序中共享的数据,或者自己的应用程序可以访问其他应用程序共享的数据。

视图系统:用来在屏幕上绘制应用程序的各种控件(包括列表、网格、文本框、按钮等)和控件的消息处理的过程。

通知管理器:用于在状态栏中显示应用程序的通知来告知用户一些提示信息。

包管理器:提供对应用程序的管理,包括根据 Intent 匹配 Activity、检查应用程序的权限和提供安装删除应用程序的接口。

资源管理器：用户自定义资源与系统资源的管理，包括资源的定义、存储和调用。

Applications：Android 装配一个核心应用程序集合，包括电子邮件客户端、SMS 程序、日历、地图、浏览器、联系人和其他设置。所有应用程序都是用 Java 编程语言写的。Android 应用程序使用 Java 语言编写，还包括 XML 文件定义的用户界面和 res 目录下包含的各种资源文件，Java 类和资源文件经过 Android 编译工具编译后，生成后缀名为 apk 的程序文件。在系统应用层里，可以通过 Android 提供的组件和 API 进行开发，从而编写出形形色色、丰富多彩的移动软件和游戏。

7.2 Android 系统下 HTML 5 的应用开发

移动云计算开发技术主要涉及移动云计算导论、移动云计算服务端技术、移动云计算客户端开发方法、云计算与虚拟化技术、开源云计算实践、基于云端的跨平台应用设计与开发、基于 Android、iPhone、Symbian 等多手机操作系统的移动云计算开发、面向对象编程及手机逻辑开发、J2ME 手机高级编程、Cocoa 及 Xcode 手机高级教程、移动云安全与隐私、基于云端的交互应用设计等。本节主要围绕移动云计算客户端开发方法，介绍 Android 系统下 HTML 5 的应用开发。HTML 5 如同一场革命，正在 Web 2.0 后时代轰轰烈烈地进行着。HTML 5 新标签相比 HTML 能够搭建语义化更明确的页面结构。通过使用新的结构元素，HTML 5 的文档结构比大量使用 div 元素的 HTML 4 的文档结构清晰、明确了很多。如果再规划文档结构的大纲，就可以创建出对于阅读者或屏幕阅读程序来说，都很清晰易读的文档结构。

7.2.1 HTML 结构与 CSS

HTML 5 的语法是为了保证与之前的 HTML 语法达到最大程度的兼容而设计的。在学习 HTML 5 的结构之前，先来学习一下 HTML 结构。HTML 的英文全称是 Hyper Text Markup Language，即网页超文本标记语言，是 Internet 上用于编写网页的主要语言。HTML 中每个用来作为标记的符号都可以看作是一条命令，它告诉浏览器应该如何显示文件的内容。

1. 语言结构

一个完整的 HTML 文件由标题、段落、表格和文本等各种嵌入的对象组成，这些对象统称为元素，HTML 使用标记来分隔并描述这些元素。实际上整个 HTML 文件就是由元素与标记组成的。

1) <!Doctype…>

用于定义 HTML 文件的类型。

例如：<!DOCTYPE HTML PUBLIC "-//W3C//DTD HTML 4.0 Transitional//EN">表明 DTD(Document Type Definition)由 W3C 制定，HTML 版本为 4.0，使用的

语言为英语。

2）<html>…</html>

定义 HTML 文件的开始和结束。其中包括<head>和<body>标记。HTML 文档中所有的内容都应该在这两个标记之间，一个 HTML 文档总是以<html>开始，以</html>结束。

3）<head>…</head>

出现在 HTML 文件的起始部分，用来表明文件的标题等有关信息，通常将这两个标签之间的内容统称为 HTML 的头部。

4）<body>…</body>

body 元素用来指明文档的主体区域，网页所要显示的内容都放在这个标记内，其结束标记</body>指明主体区域的结束。

<body>标记可以包含的属性有以下几个。bodyground：指定一个图像资源作为网页的背景图案。TEXT：取颜色值，设置文本文字的颜色。link：取颜色值，设置未被访问过的链接指示文字的颜色。vlink：取颜色值，设置已被访问过的链接指示文字的颜色。alink：取颜色值，设置被用户选中的链接指示文字的颜色。bgcolor：取颜色值，设置网页的背景颜色。onload：事件处理，当打开网页时，事件 onload 发生。on unload：当当前网页移去到另一个网页时，事件 onunload 发生。基本用法如下：

```
<body aLink=#cc0000 bgColor=#ffffff link=#0000ff text=#0f0000 topMargin=5
vLink=#0000aa marginheight="5">
```

2. 文件头部

HTML 文件头部位于<html>和</html>之间，内容包括标题名、创作信息等。

1）<base>

这是一个单标记，为网页中出现的 URL 设定相对引用的基路径，必须出现在任何引用外部资源的元素之前，用法如下：

```
<base href="http://www.baidu.com">
```

2）<isindex>

用于在浏览器上建立一个交互索引框。如：

```
<isindex prompt="搜索输入">
```

3）<link>

定义当前文件和另一文件或资源间的链接关系。如：

```
<link rel="stylesheet" href="style.css" type="text/css">
```

4）<meta>

用于指明 HTML 文件自身的一些信息，如文件制作工具、文件作者等。

使用的属性有以下几个。Name：指定特性名。Content：指定特性值。http-equiv：

定义标记的特性。用法如下：

```
<meta name="keywords" content="云计算,物联网,大数据">
```

5）＜style＞

用于定义网页中文档的显示样式，用法如下：

```
<style type="text/css">.black {font-size: 12px; color: #000000}</style>
```

6）＜title＞…＜/title＞

页面标题元素＜title＞用来定义页面的标题。在＜title＞和＜/title＞标签之间的文字内容是 HTML 文档的标题信息，出现在浏览器的标题栏。用法如下：

```
<TITLE>标题名</TITLE>
```

7）＜script＞

用来在网页中插入 Script 脚本。用法如下：

```
<script language="JavaScript">JavaScript 脚本</script>
```

3. CSS

CSS 是网页设计的一个突破，它解决了网页界面排版的难题。可以说，HTML 的标记主要是定义网页的内容（Content），而 CSS 决定这些网页内容如何显示（Layout）。网页设计通常需要统一网页的整体风格，统一的风格大部分涉及网页文字属性、网页背景色以及链接文字属性等，如果应用 CSS 来控制这些属性，会大大提高网页设计速度，更加统一网页总体效果。CSS 的语句是内嵌在 HTML 文档内的。所以，编写 CSS 的方法和编写 HTML 文档的方法是一样的。可以用任何一种文本编辑工具来编写 CSS。如 Windows 的记事本和写字板、专门的 HTML 编辑工具（FrontPage、Dreamweaver 等），都可以用来编辑 CSS 文档。引入层叠样式表的方法包括：外联样式表、内嵌样式表、元素内定和导入样式表。

1）外联样式表

例：

```
<head>
<link rel="stylesheet" href="/css/style.css">
</head>
<body>
...
</body>
</html>
```

属性：rel 用来说明＜link＞元素在这里要完成的任务是连接一个独立的 CSS 文件。而 href 属性给出了所要连接 CSS 文件的 URL 地址。

2）内嵌样式表

例：

```
<html>
<head>
<style type="text/css">
<!--
td{font:9pt;color:red}    color:blue}
-->
</style>
</head>
<body>...</body>
</html>
```

3）元素内定

格式：

```
<p style="font-size:10.5pt">
```

4）导入样式表

例：

```
<html>
<head>
<style type="text/css">
<!--
@import url(css/style.css);
-->
</style>
<body>
...
</body>
</html>
```

7.2.2　HTML 5 编写规范

考虑到向前兼容性，主要是为了兼顾目前大量存在的 HTML 4.0 文档和 XHTML 1.0 文档，HTML 5 规范规定可以使用两种语法格式来编写网页，即 HTML 语法格式和 XML 语法格式。众所周知，XHTML 1.0 其实是在 XML 语法格式要求下重写的 HTML 文档。

1. 使用 XML 语法编写 HTML 5 文档

可以使用 XML 语法来编写 HTML 5 文档，这是一种兼容于 XHTML 1.0 和 XML 1.0 的语法格式，并且这种语法格式不像 XHTML 1.0 那样指定文档类型。XHTML 1.0 通常会在网页的起始位置使用下面的一行代码来指定文档类型。

```
<!DOCTYPE html PUBLIC "-//W3C//DTD XHTML 1.0 Strict//EN" "http://www.w3.org/TR/
xhtml1/DTD/xhtml1-strict.dtd">
```

HTML 5 文档不需要这样做,但是所有的元素必须位于 XHTML 命名空间内,最简单的做法是在根元素定义默认命名空间,这样根元素下的所有子节点默认都定义在该命名空间内。XML 对大小写是敏感的,所以,XHTML 也是大小写有区别的。所有 XHTML 元素和属性的名字都必须使用小写。否则文档将被 W3C 校验认为是无效的。

例如,下面的代码是最简单的一个使用 XML 语法编写的 HTML 5 文档,将文档扩展名保存为 .xml 或者 .xhtml(推荐使用 .xhtml 扩展名)。

```
<?xml version="1.0" encoding="UTF-8"?>
<html xmlns="http://www.w3.org/1999/xhtml">
  <head>
    <title>文档标题</title>
  </head>
  <body>
    <p>正文部分</p>
  </body>
</html>
```

2. 使用 HTML 语法编写 HTML 5 文档

HTML 语法是一种兼容 HTML 4.0 和 XHTML 1.0 的语法格式,也就是说可以使用 HTML 4.0 或 XHTML 1.0 语法来编写 HTML 5 网页。MIME 类型必须是 text/html 或 text/html-sandboxed,这可以使用 Web 服务器指定,或者使用一些动态网页自定义 HTTP 报头,也可以动态指定。

下面是最简单的一个使用 HTML 语法格式编写的 HTML 5 文档,保存为扩展名为 .html 或 .htm 的文档。

```
<!doctype html>
<html>
  <head>
    <meta charset="UTF-8">
    <title>文档标题</title>
  </head>
  <body>
    <p>正文部分</p>
  </body>
</html>
```

3. HTML 5 文档的构成

不管是 XML 格式语法还是 HTML 格式语法,除了 XML 声明或 HTML 文档类型声明，一个 HTML 5 文档由下面的三部分构成。

1）＜html＞＜/html＞标签对

＜html＞标签用于 HTML 文档的最前边，用来标识 HTML 文档的开始。而 ＜/html＞标签恰恰相反，它放在 HTML 文档的最后边，用来标识 HTML 文档的结束。

2）＜head＞＜/head＞标签对

＜head＞和＜/head＞构成 HTML 文档的开头部分，在此标签对之间可以使用 ＜title＞＜/title＞、＜script＞＜/script＞等标签对，这些标签对都是描述 HTML 文档 相关信息的标签对，＜head＞＜/head＞标签对之间的内容不会在浏览器的框内显示 出来。

3）＜body＞＜/body＞标签对

＜body＞＜/body＞是 HTML 文档的主体部分，在此标签对之间可包含＜p＞、 ＜/p＞、＜h1＞、＜/h1＞、＜br＞、＜hr＞等众多标签。对于可视化浏览器，可以将 ＜body＞＜/body＞之间的内容作为一个画布，文本、图片、颜色等都在该画布中呈现 出来。

7.2.3　新增的主体结构元素

在 HTML 5 中，为了使文档的结构更加清晰明确，追加了几个与页眉、页脚、内容区 块等文档结构相关联的结构元素。主要包括 article 元素、section 元素、nav 元素、aside 元素、time 元素和 pubdate 属性等。

1．article 元素

＜article＞标签定义外部的内容，比如来自一个外部的新闻提供者的一篇新的文 章，或者来自 Blog 的文本，或者是来自论坛的文本，或者是来自其他外部源内容。除了 内容部分，一个 article 元素通常有它自己的标题（一般放在一个 header 元素里面），有时 还有自己的脚注。此外，article 元素还可以嵌套使用，内层的内容在原则上需要与外层 的内容相关联。article 元素代码示例如下。

```
<body>
<h1>网页的标题</h1>
<article>
<header>
<hgroup>
<h1>文章标题</h1>
<h2>文章子标题</h2>
</hgroup>
<p>文章内容</p>
</header>
<footer>
        <p><small>著作权归***公司所有。</small></p>
    </footer>
```

```
</article>
</body>
```

有时 article 元素也可以用来表示插件,它的作用是使插件看起来好像内嵌在页面中一样。代码示例如下。

```
<article>
    <h1>article元素表示插件</h1>
    <object>
        <param name="allowFullScreen" value="true">
        <embed src="#" width="600" height="395"></embed>
    </object>
</article>
```

2. section 元素

＜section＞ 标签定义文档中的节(Section),比如章节、页眉、页脚或文档中的其他部分,用于成节的内容,对网站或应用程序中页面上的内容进行分块。一个 section 元素通常由内容及其标题组成。但 section 元素并非一个普通的容器元素,当一个容器需要被直接定义样式或通过脚本定义行为时,推荐使用 div 而非 section 元素。通常不推荐为那些没有标题的内容使用 section 元素,section 元素的作用是对页面上的内容进行分块,或者说对文章进行分段,请不要与"有着自己的完整的、独立的内容"的 article 元素混淆。在 HTML 5 中,article 元素可以看成是一种特殊种类的 section 元素,它比 section 元素更强调独立性。即 section 元素强调分段或分块,而 article 强调独立性。具体来说,如果一块内容相对来说比较独立、完整的时候,应该使用 article 元素,但是如果想将一块内容分成几段的时候,应该使用 section 元素。另外,在 HTML 5 中,div 元素变成了一种容器,当使用 CSS 样式的时候,可以对这个容器进行一个总体的 CSS 样式的套用。

section 元素代码示例如下。

```
<body>
<h1>网页级内容区块标题</h1>
<p>网页级内容区块的正文</p>
<section>
<h2>section级内容区块的标题</h2>
<p>section级内容区块的正文
</p>
</section>
</body>
```

下面来看 article 元素与 section 元素结合使用的两个示例,希望能够帮助读者更好地理解 article 元素与 section 元素的区别。

带有 section 元素的 article 元素示例如下。

```
<article>
```

```
<h1>软件技术专业</h1>
<p><b>软件技术专业</b>,软件技术专业主要培养...</p>
<section>
    <h2>web 开发方向</h2>
    <p>课程设置:网页制作技术,动态网页编程...</p>
</section>
<section>
    <h2>移动开发方向</h2>
    <p>课程设置:android 应用,HTML5...</p>
</section>
</article>
```

包含 article 元素的 section 元素示例如下。

```
<section>
    <h1>信息系专业</h1>
    <article>
        <h2>软件技术</h2>
        <p>软件技术主要培养...</p>
    </article>
    <article>
        <h2>计算机网络技术</h2>
        <p>计算机网络技术主要培养...</p>
    </article>
    <article>
        <h2>计算机应用技术</h2>
        <p>计算机应用技术主要培养...</p>
    </article>
</section>
```

最后,关于 section 元素的使用禁忌总结如下。

(1) 不要将 section 元素用作设置样式的页面容器,那是 div 元素的工作。

(2) 如果 article 元素、aside 元素或 nav 元素更符合使用条件,不要使用 section 元素。

(3) 不要为没有标题的内容区块使用 section 元素。

3. nav 元素

<nav> 标签定义导航链接的部分,即用于定义页面的导航部分。并不是所有的链接组都要被放进 nav 元素,只需要将主要的、基本的链接组放进 nav 元素即可。例如,在页脚中通常会有一组链接,包括服务条款、首页、版权声明等,这时使用 footer 元素是最恰当的。一个页面中可以拥有多个 nav 元素,作为页面整体或不同部分的导航。nav 元素代码示例如下。

```
<nav>
```

```
<ul>
<li>HTML 5</li>
<li>CSS</li>
<li>JavaScript</li>
</ul>
</nav>
```

具体来说,nav 元素可以用于以下这些场合。

(1) 传统导航条。现在主流网站上都有不同层级的导航条,其作用是将当前画面跳转到网站的其他主要页面上去。

(2) 侧边栏导航。现在主流博客网站及商品网站上都有侧边栏导航,其作用是将页面从当前文章或当前商品跳转到其他文章或其他商品页面上去。

(3) 页内导航。页内导航的作用是在本页面几个主要的组成部分之间进行跳转。

(4) 翻页操作。翻页操作是指在多个页面的前后页或博客网站的前后篇文章滚动。

除此之外,nav 元素也可以用于其他所有重要的、基本的导航链接组中。请注意:在 HTML 5 中不要用 menu 元素代替 nav 元素。过去有很多 Web 应用程序的开发员喜欢用 menu 元素进行导航,因此有必要再次强调,menu 元素是用在一系列发出命令的菜单上的,是一种交互性的元素,或者更确切地说是使用在 Web 应用程序中的。

4. aside 元素

<aside> 标签定义 article 以外的内容,aside 的内容应该与 article 的内容相关。用于成节的内容,会在文档流中开始一个新的节,一般用于与文章内容相关的边栏。

aside 元素主要有以下两种使用方法。

(1) 被包含在 article 元素中作为主要内容的附属信息部分,其中的内容可以是与当前文章有关的参考资料、名词解释,等等。

(2) 在 article 元素之外使用,作为页面或站点全局的附属信息部分。最典型的形式是侧边栏,其中的内容可以是友情链接、博客中其他文章列表、广告单元等。

aside 元素代码示例如下。

```
<aside>
<h1>作者简介</h1>
<p>Mr.Think,专注 Web 前端技术的凡夫俗子。</p>
</aside>
```

5. time 元素

<time> 标签定义日期或时间,或者两者。time 元素代码示例如下。

```
我们在每天早上 <time>9:00</time>开始营业
我在 <time datetime="2008-02-14">情人节</time>有个约会
```

其中,属性 datetime 定义元素的日期和时间,如果未定义该属性,则必须在元素的内容中规定日期或时间。

6. pubdate 属性

pubdate 属性是一个可选的、boolean 值的属性，它可以用到 article 元素中的 time 元素上，意思是 time 元素代表了文章（article 元素的内容）或整个网页的发布日期。

pubdate 与 time 结合使用的代码示例如下。

```
<article>
 <header>
<h1>软件技术专业培养方案</h1>
  <p>发布日期
    <time datetime="2010-10-29" pubdate>2010 年 10 月 29 日</time>
    </p>
</header>
  <p>软件技术专业主要培养...("方案"文章正文)</p>
...
</article>
```

你也许会疑惑为什么需要用到 pubdate 属性，为什么不能认为 time 元素就直接表示了文章或网页的发布日期呢？

```
<article>
  <header>
  <h1>关于<time datetime=2013-10-29>11 月 20 日</time>的讲座通知</h1>
  <p>发布日期：
<time datetime=2013-11-2 pubdate>2013 年 11 月 2 日</time>
  </p>
</header>
  <p>大家好：我是软件技术专业辅导员，......(关于讲座的通知)</p>
</article>
```

在这个例子中，有两个 time 元素，分别定义了两个日期——一个是讲座日期，另一个是通知发布日期。由于都使用了 time 元素，所以需要使用 pubdate 属性表明哪个 time 元素代表了通知的发布日期。

7.2.4 新增的非主体结构元素

除了上面的几个主要的结构元素之外，HTML 5 内也增加了一些表示逻辑结构或附加信息的非主体结构元素。主要包括 header 元素、hgroup 元素、footer 元素和 address 元素等。

1. header 元素

<header> 标签定义 section 或 document 的页眉，一般用来包含页面头部，也可用于其他区域头部，比如 article 头部。通常用来放置整个页面或页面内的一个内容区块的标题，但也可以包含其他内容，例如数据表格、搜索表单或相关的 logo 图片。

```
<header>
<hgroup>
<h1>网站标题</h1>
<h1>网站副标题</h1>
</hgroup>
</header>
```

需要强调的一点是：一个网页内并未限制 header 元素的个数，可以拥有多个，可以为每个内容区块加一个 header 元素，如下面代码所示。

```
<header>
    <h1>网页标题</h1>
</header>
<article>
    <header>
        <h1>文章标题</h1>
    </header>
    <p>文章正文</p>
</article>
```

2. hgroup 元素

＜hgroup＞ 标签用于对网页或区段(Section)的标题进行组合，用于标题类的组合，比如文章的标题与副标题。hgroup 元素通常会将 h1～h6 元素进行分组，譬如一个内容区块的标题及其子标题算作一组。

hgroup 元素代码示例如下。

```
<hgroup>
<h1>这是一篇介绍 HTML 5 结构标签的文章</h1>
<h2>HTML 5 的革新</h2>
</hgroup>
```

3. footer 元素

＜footer＞ 标签定义 section 或 document 的页脚。典型地，它会包含创作者的姓名、文档的创作日期以及/或者联系信息。一般用来包裹整个页面通用底部，也可用于其他区域底部，比如 article 底部。

```
<footer>
<small>版权所有:xxx</small>
</footer>
```

与 header 元素一样，一个页面中也未限制 footer 元素的个数。同时，可以为 article 元素或 section 元素添加 footer 元素，请看下面两个示例。

在 article 元素中添加 footer 元素：

```
<article>
    文章内容
    <footer>
        文章的脚注
    </footer>
</article>
```

在 section 元素中添加 footer 元素：

```
<section>
    分段内容
    <footer>
        分段内容的脚注
    </footer>
</section>
```

4. address 元素

＜address＞ 标签为文档或 section 定义联系信息。address 通常被呈现为斜体。大多数浏览器会在 address 元素的前后添加一个换行符，不过如果有必要，需要在地址文本的内容中添加额外的换行符。包括文档作者或文档维护者的名字、他们的网站链接、电子邮箱、真实地址、电话号码等。address 应该不只是用来呈现电子邮箱或真实地址，还应用来展示与文档相关的联系人的所有联系信息。

address 元素代码示例如下。

```
<address>
此文档的作者:<a href="mailto:tangguochun2@126.com">tangguochun</a>
</address>
```

7.2.5　网页编排示例

基于以上讲解的知识点，下面看一下应该怎样编排网页的内容。因为很多浏览器尚未对 HTML 5 中新增的结构元素提供支持，我们无法知道客户端使用的浏览器是否支持这些元素，所以需要使用 CSS 追加如下声明，目的是通知浏览器页面中使用的 HTML 5 中新增元素都是以块方式显示的。

编写 style. css 样式文件，内容如图 7-4 所示。

编写 index. html 文件，内容如图 7-5 所示。

用 Google Chrome 浏览器运行，效果如图 7-6 所示。

在这个示例中，使用了嵌套 article 元素的方式，将关于评论的 article 元素嵌套在了主 article 元素中。在 HTML 5 中，推荐使用这种方式。

7.2.6　Android 网页编排示例

adt bundle for windows 是一款方便实用的安卓应用开发软件。adt bundle for

```
1   @charset "utf-8";
2   body {
3       background-color: #CCC;}
4   //追加block声明
5   article, aside, dialog, figure, footer, header, legend, nav, section { display: block; }
6   header{
7       float:left;width: 100%;background-color:#FFCC00 }
8   nav{float;left;
9       width:auto;
10      background-color: #CCC; }
11  nav ul li{
12      float:left;margin-right: 20px;}
13  article {
14      float:left;width: 100%;background-color: #C30;}
15  article .a1 {
16      float:left;width: 100%;background-color: #0F0;}
17  section{
18      float:left;width: 100%;background-color: #C93;}
19  footer {
20      float:left;width: 100%;background-color: #60F;
21      text-align: center;}
```

图 7-4   style.css 样式文件

```
1   <!DOCTYPE html>
2   <head>
3     <title>网页编排示例</title>
4     <meta charset="UTF-8">
5   <link href="style.css" rel="stylesheet" type="text/css">
6   </head>
7   <body>
8   <header>
9       <h1>网页标题</h1>
10      <!-- 网站导航链接 -->
11      <nav>  <ul>
12          <li><a href="#">首页</a></li>
13          <li><a href="#">导航1</a></li>
14          <li><a href="#">导航2</a></li>
15          <li><a href="#">导航3</a></li>
16          <li><a href="#">导航4</a></li>
17          <li><a href="#">导航5</a></li>
18          <li><a href="#">帮助</a></li>
19          </ul> </nav>
20  </header>
21  <!-- 文章正文 -->
22  <article >
23      <hgroup>
24          <h1>文章主标题</h1>
25          <h2>文章子标题</h2>
26      </hgroup>
27      <p>文章正文</p>
28      <!--文章评论 -->
29      <section >  <article class="a1" >
30          <h1>评论标题</h1>
31          <p>评论正文</p>
32          </article>  </section>
33  </article>
34  <!-- 版权信息 -->
35  <footer> <small>版权所有: </small> </footer>
36  </body>
```

图 7-5   index.html 文件

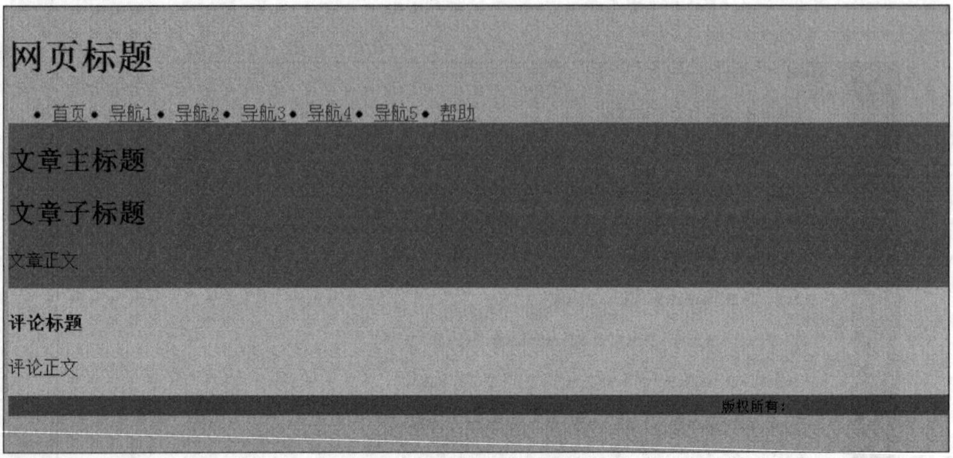

网页标题

· 首页 · 导航1 · 导航2 · 导航3 · 导航4 · 导航5 · 帮助

文章主标题

文章子标题

文章正文

评论标题

评论正文

版权所有:

图 7-6   网页编排示例效果

windows 是由 Google Android 官方提供的集成式 IDE,已经包含 Eclipse,无须再去下载 Eclipse,并且里面已集成了插件,它解决了大部分新手通过 Eclipse 来配置 Android 开发环境的复杂问题。下载 Android SDK 工具包 adt-bundle-windows-x86 的地址为 http://developer. android. com/sdk/index. html。

(1) 创建 Android Virtual Device(AVD)。

启动集成开发环境,创建 Android Virtual Device(AVD)进行如下设置,如图 7-7 所示。

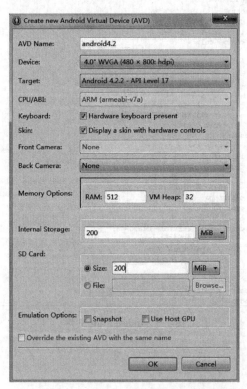

图 7-7   Android Virtual Device(AVD)设置

单击 OK 按钮,出现如图 7-8 所示窗口。

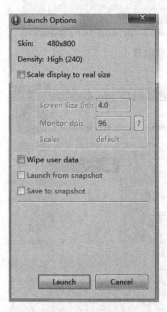

图 7-8 **Android Virtual Device Manager 窗口**

单击 Start 按钮,出现如图 7-9 所示对话框。

单击 Launch 按钮,启动 AVD。出现如图 7-10 所示模拟器窗口。

图 7-9 **Launch 选项**   图 7-10 **模拟器窗口**

(2) 建立 Android 应用项目,名称为 Webedit。

在建立过程中进行如图 7-11 和图 7-12 所示设置。

(3) 将 7.2.4 节中的 style.css 文件和 index.html 文件复制粘贴到项目的 assets 文件夹下,如图 7-13 所示。

(4) 在 AndroidManifest.xml 中添加权限。

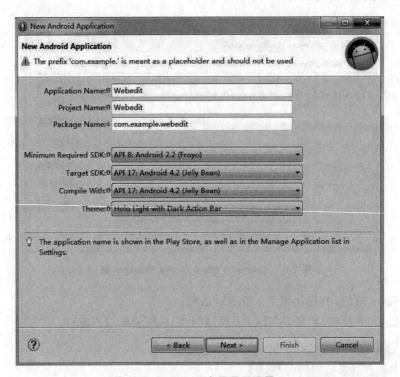

图 7-11　Android 应用项目设置 1

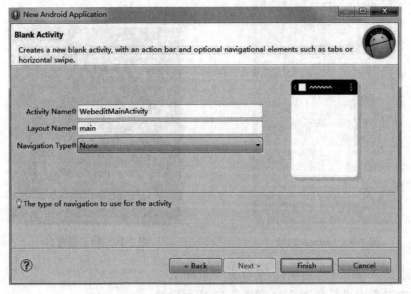

图 7-12　Android 应用项目设置 2

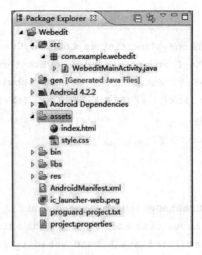

图7-13 项目包窗口

```
<uses-permission android:name="android.permission.CHANGE_NETWORK_STATE" />
<uses-permission android:name="android.permission.CHANGE_WIFI_STATE" />
<uses-permission android:name="android.permission.ACCESS_NETWORK_STATE" />
<uses-permission android:name="android.permission.ACCESS_WIFI_STATE" />
<uses-permission android:name="android.permission.INTERNET" />
<uses-permission android:name="android.permission.WAKE_LOCK" />
```

（5）编辑 WebeditMainActivity.java 文件如下。

```java
package com.example.webedit;
import android.os.Bundle;
import android.app.Activity;
import android.view.KeyEvent;
import android.view.Menu;
import android.webkit.WebView;
public class WebeditMainActivity extends Activity {
    private WebView webview;
    @Override
    public void onCreate(Bundle savedInstanceState){
        super.onCreate(savedInstanceState);
        //实例化 WebView 对象
        webview=new WebView(this);
        //设置 WebView 属性,能够执行 JavaScript 脚本
        webview.getSettings().setJavaScriptEnabled(true);
        //加载需要显示的网页
        webview.loadUrl("file:///android_asset/index.html");
        //设置 Web 视图
        setContentView(webview);
    }
```

```
@Override
    //设置回退
    //覆盖 Activity 类的 onKeyDown(int keyCode,KeyEvent event)方法
    public boolean onKeyDown(int keyCode, KeyEvent event){
        if((keyCode==KeyEvent.KEYCODE_BACK)&& webview.canGoBack()){
            webview.goBack(); //goBack()表示返回 WebView 的上一页面
            return true;
        }
        return false;
    }
@Override
    public boolean onCreateOptionsMenu(Menu menu){
        //Inflate the menu; this adds items to the action bar if it is present.
        getMenuInflater().inflate(R.menu.webedit_main, menu);
        return true;
    }
}
```

（6）在模拟器上运行效果如图 7-14 所示。

图 7-14　模拟器上运行效果

本书不再对 HTML 5 中的表单、HTML 5 中的文件与拖放、多媒体播放、绘制图形、数据存储、离线应用程序、使用 Web Worker 处理线程、通信 API、获取地理位置信息、旅游信息网前台页面等知识进行详细介绍。在 Android 移动应用开发中,这些知识可在前

面基础上引入运用即可完成相关的业务操作。

7.3 云视野下电子书包的开发应用

7.3.1 电子书包的现状

里夫兰市场咨询公司调查表明,到目前为止有超过 50 个国家(地区)正在或计划推广电子课本、电子书包,因此电子书包未来市场潜力巨大,有业内人士估计,其潜在市场规模达 500 亿美元。微软、谷歌、苹果、索尼、英特尔等全球信息产业巨头均已涉足电子书包领域,抢占市场先机。微软公司公开表明,已将电子书包列入当前重点发展项目之中。2010 年 11 月,美国教育部发表 2010 版国家教育技术计划《改革美国教育:技术支持的学习》,提出了"技术支持的学习模型"如图 7-15 所示。这个模型描述了美国人心中的"技术支持的教育系统结构性变革":学生位于中心,粗实线连接的是支持学生学习的人(教师、家长、同伴、指导者),细实线是与学生手持学习终端相连接的技术和资源(长细线为信息管理和传播工具、知识建构工具、信息数据资源、在线辅导课程;短细线为学习社区、个人学习网络、共同志趣的伙伴、专家权威资源)。仔细看看学生面对的计算机屏幕和相关连线,可以说,这就是美国人心中的"电子书包"的定义。

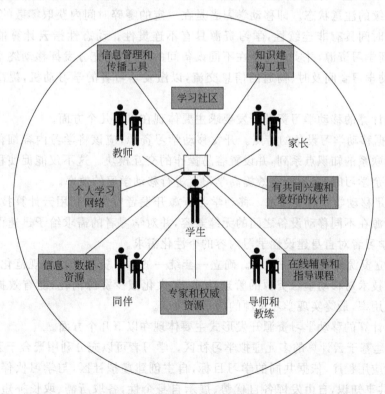

图 7-15 技术支持的学习模型(引自美国国家教育技术计划 2010 版)

《国家中长期教育改革和发展规划纲要(2010—2020 年)》提出"加快信息化进程",电子书包的开发、应用无疑是教育信息化的重要环节,并将有力推进我国教育信息化的进程。新闻出版总署提出"将大力扶植电子书包项目"。2010 年 12 月 18 日,教育部设立全国信息技术标准化技术委员会电子书标准工作组、教育部教育信息化技术标准委员会电子课本与电子书包标准专题组。2010 年 6 月 7 日,新民晚报报道:上海市教委领导回应市政协委员提案时透露,上海将在 5 年内在全市推广电子课本。上海市教委将电子课本、电子书包纳入"十二五"教育信息化发展规划。《上海中长期教育改革和发展规划纲要(2010—2020 年)》提出"推动'电子书包'和'云计算'辅助教学的发展,促进学生运用信息技术丰富课内外学习和研究。"

7.3.2　云学习资源的特征与开发要求

移动学习资源是移动学习系统的重要组成部分,包括各种多媒体信息、教育软件以及支持移动学习的硬件平台。基于云计算的移动学习资源具有实用性、零碎性、动态性等特征。实用性指移动学习资源的呈现方式应切合移动学习工具的呈现及操作特点。由于移动设备的显示屏一般较小,要求学习内容的呈现页面要与显示屏的大小对称,导航和菜单的设置应该简单、明了,正文字体和背景颜色的选择要符合人的视觉特点。零碎性指移动学习是一种随时随地的"碎片"式学习。移动学习者基本处于一种边缘性的投入与非连续的注意状态。即移动学习者是在一定的零碎时间内获取零散的知识,移动学习的摄入时间具有非连续性,学习资源具有不连贯性。动态性指云计算能够动态分配、自动更新学习资源,并实现资源在不同设备间的兼容,能充分发挥移动终端的交互功能,保证移动学习者间及时、畅通的信息交流,以激发学习者的学习动机,提高移动学习的有效性。

基于云计算的移动学习资源开发要求主要体现在以下几个方面。

(1) 依据移动学习设备的特点。开发移动学习资源,应该将学习内容细化为相对独立却又有所联系的知识点系列,并设置容易操作的交互模块。这不仅能促使移动学习者充分利用业余学习时间,还能有效提高学习者进行移动学习的效率。

(2) 满足移动学习者的需求。移动学习资源开发者应充分利用云计算技术的优势,实现学习资源在不同移动设备之间的无缝兼容,并对学习者的需求给予迅速而准确的反馈,以满足学习者对自身建设性学习内容的个性化需求。

(3) 确立资源开发的统一标准。确立一套统一的学习资源开发的规范化标准,充分发挥云计算技术对移动学习资源的管理功能,最大化减少资源消耗,能有效提高移动学习资源的利用率,最终实现学习资源的跨平台共享。

基于云计算的移动学习资源开发形式主要体现在以下几个方面。

(1) 创建基于云计算的多元虚拟学习社区。学习者可以充分利用聚合于云端的所有学习资源和应用程序,依据共同的学习目标,自主创建虚拟社区,与学习伙伴互动交流、协作学习、共享知识,自由发挥各自优势、展示自身个性,各取所需、取长补短,实现共同进步。

(2) 开发基于云计算的移动学习网络平台,连接于云端,将大幅度提高移动设备访问的速度,彻底打破学习的时空限制,实现学习者之间的相互协作、共建知识,真正做到随时随地地学习,这将成为学习模式的又一创新。

(3) 搭建基于云计算的移动网络协作平台,为众多网络用户提供实时的互动交流,及时响应客户的需求,使用户随时随地地享受流畅的网络会议、课件视频点播等服务,能极大地提高移动学习的效率。

7.3.3　云学习视角下的电子书包系统架构

1. 云学习视角下的电子书包系统架构

云计算技术及其思想在教育和学习领域的应用促进了云学习时代的到来。作为促进教育信息化重要手段的电子书包不仅要满足针对正式学习的数字化课堂的基本需求,同时也能够满足学习者间的协作探究学习、个人学习等非正式学习的需要。利用移动终端设备与网络环境的支持进行云学习,学习者与教学者都可围绕基于学习型电子书平台,开展双向互动,根据不同学习活动的适应情境,选择具体的适合情境的学习方式,或是自主学习,或是集体学习,或是碎片化学习,或是系统化学习,或是正式学习,或是非正式学习等,最终目的都是为了获得最佳的学习体验以达到相应的学习效果。基于学习型电子书的移动学习概念框架如图 7-16 所示。

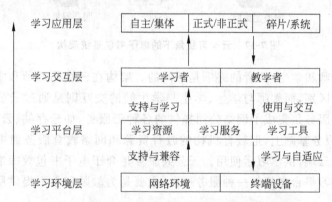

图 7-16　基于学习型电子书的移动学习概念框架

云学习视角下开发的电子书包,是把电子书包预置的服务系统、教与学平台、应用软件、学习资源、硬盘存储、虚拟工具等全部内容架构到云端,使学生、教师、家长、管理者只要在有计算机、能上网的地方,就能"拿出"电子书包里的资源开展教学或学习,包括同伴互动、师生互动、与专家互动等内化学习资源的方式,进一步突出了电子书包的移动学习终端的特性。因此,用户无论是使用 PC 上网,或是用笔记本、平板电脑、PDA,3G、4G 智能手机等移动终端设备上网,只需通过 Web 浏览器登录到电子书包云系统服务平台便可随时随地获取电子教材、辅助资料、学习工具等学习资源,进而顺利开展教学活动或学习活动。云电子书包借助移动终端开展学习活动将更为理想。教育云要将电子书包的服务系统放到云端,所构建出的云学习视角下的电子书系统功能架构如图 7-17 所示。

其中,服务系统层是电子书包的核心,是向学习者提供服务的中枢。电子书包的最

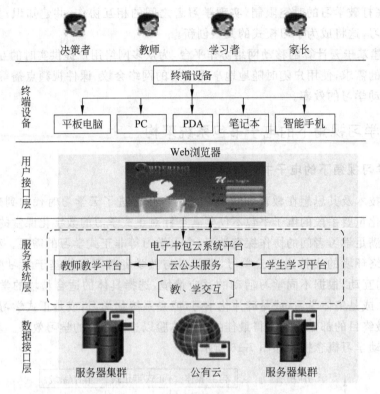

图 7-17   云学习视角下的电子书包系统架构

终用户主要是教师和学生,两者的终端是不同的。架构在云端的教师和学生的电子书包系统也应该有所区别,而教师与学生、学生与学生间的交互则是通过云公共服务平台来实现的。云公共服务是集成了网络公司提供的各种云服务,如云存储、云操作系统、云应用程序等,在此服务基础上,把教育机构的教育资源和网络教育服务商提供的学习服务及学习工具放于云端,供学习者使用。云公共服务是介于电子书包教师端教学平台和电子书包学生端学习平台之间的一种服务平台,主要是为教师和学生提供所需要的各种教与学服务的。

云公共服务平台主要有云计算操作系统、云资源库、云工具集、协同交互电子白板、智能推送等模块组成。云计算操作系统负责管理基础软硬件、虚拟计算、分布式文件系统、资源调度等,用户通过云操作系统可以运行各种基于 Web 的在线应用,从而实现类似于计算机操作系统的功能。在云操作系统的统一调度下实现电子书包的教师端与学生端的无缝结合。云资源库是教学与学习的巨大知识库,融合了教师和学生所需要的所有教育资源。云工具集通过云操作系统整合了教师和学生工作学习所需要的各种教学、学习工具及办公用具。协同交互电子白板主要是用来实现教师端与学生端的电子白板的同步交互问题,帮助教师与学生、学生与学生协作完成同一学习任务,并将过程和结果同步呈现出来。智能推送是通过分析学习者学习特点,然后智能推送符合学习者需求的学习资源。基于学习型电子书的移动学习模型内部层次结构如图 7-18 所示。

图 7-18 已清晰直观地展示了基于学习型电子书的移动学习模型的内部细节,不再赘

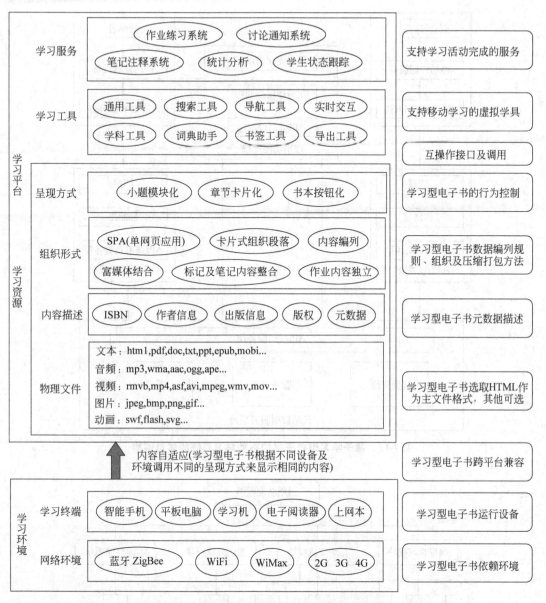

图 7-18 基于学习型电子书的移动学习模型内部层次结构

述。同时这也为移动学习系统的开发实现绘制了设计蓝图。基于学习型电子书的移动学习系统的体系架构一般采用 B/S 架构为主,主要由学生端应用、教师端应用及云端数据服务平台三个部分构成。系统的详细体系架构如图 7-19 所示。

2. 移动学习系统通用模组的功能设计

通用功能模组是学生端应用及教师端应用的基础构件,集成了学习型电子书系统的大部分功能,主要包括课程学习模块,互动交流模块,以及知识分享模块,如图 7-20 所示。

互动交流模块及知识分享模块的功能直观明了,主要是为课程学习提供辅助及服

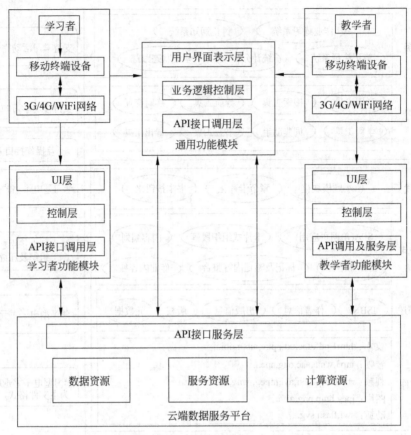

图 7-19　基于学习型电子书的移动学习系统的体系架构

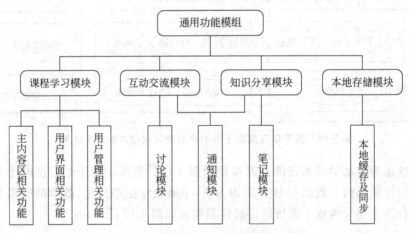

图 7-20　移动学习系统通用模组的功能

务,可归为学习服务类功能;本地存储模块主要是提供本地客户端(包括学生端和教师端)对远程服务器(云端平台)的数据进行备份并缓存在本地,这些数据主要包括教材数据及一些学习者的作业、学习状态等数据,这个模块应归为学习支持类功能;而课程学习模块又分为三个部分,每个部分又囊括多个子功能点,主要归属学习服务类及学习工具类性质的功能,具体如下。

(1) 主内容区功能:包括自动分页、流式排版、图文混排及交互体验。

(2) 界面功能:包括导航、书签、搜索、设置、词典、文本操作、题型展示。

(3) 用户管理相关功能:包括用户账号管理、注册、信息修改及登入等功能。

3. 教师端电子书包教学平台系统功能

一个完整的教师端电子书包的功能一般包括我的教本,网络交互电子白板,教学助理,学生电子档案管理和家校论坛 5 部分。"我的教本"模块包括个人教学资源库、教学资源共享区、电子备课本;"网络交互电子白板"模块是教师端和学生端同步的基本工具,里面包含教师上课所需要的基本教具,同时允许教师通过云公共服务平台的教/学具集来定制个性化的教具,创设适合本学科的特殊教学环境,从而构建虚拟的课堂环境进行课堂交互;"教学助理模块"主要包含课堂空间、即时通信、E-mail 客户端、视频会议、文件传输等功能,用来与学生进行课前或课后的沟通交流及学习辅导的;"学生电子档案管理"模块主要有学生作业、学生学习记录,用来存储学生作业和学生的学习信息;"家校论坛"模块是学校和家长相互沟通的版块,家长利用电子书包服务平台不仅可以查看学生的学习情况、与教师或学校管理人员进行交流,同时,还可以将优质的家庭教育资源与学校教育资源整合,供学生课堂内使用。

4. 学生端电子书包学习平台系统功能

目前,现有的教学平台都是从教师"教"的角度出发,主要满足教师的教,因此对学生学的支持相对较弱。而云学习时代强调以学生为中心,鼓励学生根据自身需要获取学习内容,开展自主协作学习活动。因此电子书包系统的重心应从支持教师的"教"转移到支持学生"学"上面,把电子书包打造为学生学习的利器,构建属于自己的个人学习环境。个人学习环境是一个能够帮助学习者方便地获取学习资源,使处于不同虚拟学习环境的学生和教师之间能够无缝地进行交流沟通的个人电子学习系统。而架构于云端的电子书包系统,其实就是一个特殊的个人学习环境,与传统的个人学习环境不同,它允许学生根据学习需求从云端定制学习内容、学习工具进而开展学习活动。基于云学习理念我们所构建的学生端电子书包系统功能模块如图 7-21 所示。

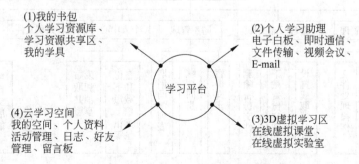

(1)我的书包
个人学习资源库、
学习资源共享区、
我的学具

(2)个人学习助理
电子白板、即时通信、
文件传输、视频会议、
E-mail

学习平台

(4)云学习空间
我的空间、个人资料
活动管理、日志、好友
管理、留言板

(3)3D虚拟学习区
在线虚拟课堂、
在线虚拟实验室

图 7-21 学生端电子书包系统功能模块图

　　云学习时代知识托管于云端,存储在世界各地的服务器上,是一个庞大的知识库。"我的书包"主要是用来存储和管理学生个人学习内容和学习工具的,包含个人学习资源库、学习资源共享区和我的学具三个部分。个人学习资源库通过个人云存储保存学习者通过公共服务平台获得的学习资源或个人的学习成果;对于一些优秀的资源,学生可以通过云公共服务平台传到学习资源共享区,从而分享给其他学习者;学生在线学习时所需的学习工具全部是从云公共服务平台获得,在线直接使用,不需安装;由学生自己"量身"定制属于自己的书包内容。

　　个人学习助理:主要帮助分布在不同地区的学习者开展协作学习和专题学习讨论,使学习者之间的协作、互动和分享变得更加便捷。该模块包括电子白板、即时通信、文件传输、视频会议、E-mail 等功能。通过即时通信和文件传输实现学习同伴间的讨论、交流与成果共享;通过电子白板和视频会议创建类似真实课堂的学习场景,激发学生参与积极性,积极参与主题讨论;E-mail 主要用来发送讨论,通知和接收其他学习者的学习成果。

　　3D 虚拟学习社区:为学习者的非正式学习提供一种具有真实感的三维交互式虚拟空间,帮助学习者克服在线学习的孤独感,以此提升网络学习的趣味性与真实性。主要包含在线虚拟课堂和在线虚拟实验室两部分。在线虚拟课堂主要是为学生营造一种类似真实课堂的环境,虚拟的教师和学生可以在虚拟课堂里进行上课、讨论和来回走动。而在线虚拟实验室营造一种 3D 虚拟实验环境,学生可以在虚拟实验室里完成常规实验和一些现实条件不允许的实验。

　　云学习空间:是学习者展现学习成果、自我反思、积累知识、发布活动信息的重要平台,主要包括我的空间、个人资料、活动管理、好友管理、日志、留言板。我的空间用来让学生利用云公共服务完成对个人数据库的管理和账号管理;个人资料用来展示学习者的基本信息;活动管理和好友管理分别用来记录学习者在电子书包中的学习活动、参与情况和管理学习者的学习团队;日志主要用来记录学习者在参与活动过程中的学习反思、心得体验、活动趣闻等;留言板用来实现学习者之间观点的相互评价、交流。基于Android 的个人云安全存储如图 7-22 所示。

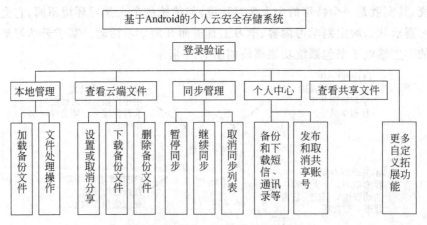

图 7-22　基于 Android 的个人云安全存储

数据接口层：由服务器集群和公有云组成，是电子书包系统的底层数据服务集，其主要用来保证云端电子书包系统的可用性和安全性，并支持系统的扩展性。

7.4 Android 系统下电子书包开发常用技术

目前，Android 系统下电子书包的开发主要有：基于 HTML 5 的 APP 应用、基于本体 Java 的 APP 应用、基于 HTML 5 和本体 Java 的混合 APP 应用。

7.4.1 Web 程序与 Android 应用程序的交互

在 Android 中，Web Apps 有两种形式供用户访问。一种就是用手机上的浏览器直接访问的网络应用程序，这种情况用户不需要额外安装其他应用，只要有浏览器就行；而另一种则是在用户的手机上安装客户端应用程序（.apk），并在此客户端程序中嵌入 WebView 来显示从服务器端下载的网页数据，比如新浪微博和人人网的客户端。对于前者来说，主要的工作是根据手机客户端的屏幕来调整网页的显示尺寸、比例等；而后者需要单独开发基于 WebView 的 Web App。

1. Web 程序与 Android 应用程序的交互方式

目前在 Android 中与 Web 程序进行数据交互有两种方式：①使用 Android 提供的控件 WebView，可以在 Android 程序中调用 JavaScript 的方法对表单进行赋值，也可以在 JavaScript 中调用 Android 中的方法执行相关操作。②通过 SOAP 调用 Web Service 服务，将 Android 的数据传递到 Web 服务，再由 Web 服务做相关处理，其结构如图 7-23 所示。

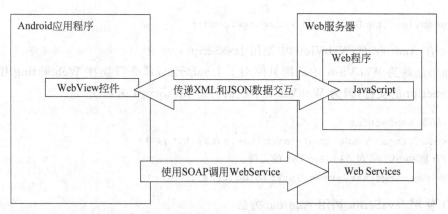

图 7-23 Android 中与 Web 程序进行数据交互结构

建议在服务端实现 Web Service，供客户端调用，可以简化客户端（Android 应用）实现相关功能。若是如此，在 Android 应用程序中便可以非常简单地实现登录注册等功能，然后将数据传递到服务器，由服务器处理。

2. Android 与 JavaScript 交互

在 Android 中通过 WebView 控件,可以实现要加载的页面与 Android 方法相互调用。一般来说,Android(Java)与 JavaScript(HTML)交互有以下 4 种情况。

(1) Android(Java)调用 HTML 中 js 代码。

(2) Android(Java)调用 HTML 中 js 代码(带参数)。

(3) HTML 中 js 调用 Android(Java)代码。

(4) HTML 中 js 调用 Android(Java)代码(带参数)。

1) 在 Android 应用程序中加入 WebView

步骤如下。

(1) 先在 layout 文件中加入<WebView>元素。

```
<WebView xmlns:android="http://schemas.android.com/apk/res/android"
    android:id="@+id/webview"
    android:layout_width="fill_parent"
    android:layout_height="fill_parent"/>
```

(2) 由于应用程序需要访问网络,所以需要在 AndroidManifest.xml 中请求网络权限:

```
<uses-permissionandroid:name="android.permission.INTERNET"/>
```

(3) 使用 Web View:

```
WebView myWebView= (WebView)findViewById(R.id.webview);
```

(4) 加载一个页面,可以用 loadUrl()方法,例如:

```
myWebView.loadUrl("http://www.xxx.com");
```

2) 在 Android 的 WebView 中使用 JavaScript

如果加载到 WebView 中的网页使用了 JavaScript,那么需要在 WebSetting 中开启对 JavaScript 的支持,因为 WebView 中默认的是 JavaScript 未启用。

```
//获取 WebSetting
WebSettings mWebSettings=mWebView.getSettings();
//开启 WebView 对 JavaScript 的支持
mWebSettings.setJavaScriptEnabled(true);
```

3) 使用 JavaScript 调用 Android 方法

具体步骤如下。

(1) 创建 Android 代码和 JavaScript 代码的接口,即创建一个类,类中所写的方法将被 JavaScript 调用。

```
Public class JavaScriptInterface {
  Context mContext;
```

```
    /**
初始化 context,供 makeText 方法中的参数来使用 */
    JavaScriptInterface(Context c){
        mContext=c;
    }
    /**
创建一个方法,实现显示对话框的功能,供 JavaScript 中的代码来调用 */
    Public void showToast(String toast){
        Toast.makeText(mContext, toast, Toast.LENGTH_SHORT).show();
    }
}
```

（2）通过调用 addJavascriptInterface 方法,把上面创建的接口类与运行在 WebView 上的 JavaScript 进行绑定。

```
//第二个参数是为这个接口对象取的名字,以方便 JavaScript 调用
webView.addJavascriptInterface(newJavaScriptInterface(this),"Android");
```

（3）在 HTML 中的 JavaScript 部分调用 showToast()方法。

```
<scripttype="text/javascript">
    function showAndroidToast(toast){
        Android.showToast(toast);
    }
</script>
<input type="button" value="Sayhello" onClick="showAndroidToast('Hello Android!')" />
```

4）处理页面导航

当用户在 WebView 中单击页面上的超链接时,Android 的默认行为是启动一个能处理 URL 的应用程序,通常情况下是启动默认的浏览器。而如果想用当前的 WebView 打开页面,则需要重载这个行为。这样就可以通过操作 WebView 的历史记录来向前和向后导航。

（1）为 WebView 提供一个 WebViewClient,从而在 WebView 中打开用户的链接。如果想对加载页面有更多的控制,可以继承并实现一个复杂的 WebViewClient。

```
myWebView.setWebViewClient(newWebViewClient());
private class
MyWebViewClient extends WebViewClient {
    @Override
    Public boolean shouldOverrideUrlLoading(WebView view, String url){
        if(Uri.parse(url).getHost().equals("www.example.com"))
    {

        //这是一个站点,不需重载;WebView 可载入这个页面
        return  false;
```

```
        }
        //这个链接不是一个站点页面，让另外一个 Activity 处理 URLs
        Intent  intent=newIntent(Intent.ACTION_VIEW, Uri.parse(url));
        startActivity(intent);
        return true;
    }
}
```

（2）利用 WebView 的历史记录来实现页面导航回退。重载 Activity 中的 onKeyDown
方法,实现此功能。

```
@Override
Public boolean onKeyDown(intkeyCode,
 KeyEvent event)
 {
    //实现页面导航回退
    if((keyCode==KeyEvent.KEYCODE_BACK)&&myWebView.canGoBack(){
        myWebView.goBack();
        return true;
    }
    //响应默认系统行为
     return super.onKeyDown(keyCode,event);
}
```

3. Android 与 JavaScript 方法相互调用实例

具体步骤如下。

（1）新建一个 Android 工程,命名为 WebViewDemo。

（2）修改 main. xml 布局文件,增加了一个 WebView 控件还有 Button 控件,代码
如下。

```
<?xml version="1.0" encoding="utf-8"?>
<LinearLayout xmlns:android="http://schemas.android.com/apk/res/android"
    android:orientation="vertical"
    android:layout_width="fill_parent"
    android:layout_height="fill_parent"
    >
    <TextView
        android:layout_width="fill_parent"
        android:layout_height="wrap_content"
        android:text="Welcome to Mr Wei's Blog."
        />
    <WebView
        android:id="@+id/webview"
        android:layout_width="fill_parent"
```

```
        android:layout_height="wrap_content"
    />
    <Button
        android:id="@+id/button"
        android:layout_width="fill_parent"
        android:layout_height="wrap_content"
        android:text="Change the webview content"
    />
</LinearLayout>
```

（3）在 Android 项目文件下的 assets 目录下创建一个名为 first. html 的页面作为首页。

```
<html>
    <body>
        <!--调用 Android 代码中的方法-->
    <aonClick="window.myJS.LoadContentPage()"style="text-decoration:
    underline">
        调用 Android 代码中的方法
        </a>
    </body>
</html>
```

（4）在 Android 项目文件下的 assets 目录下创建一个名为 second. html 的页面作为内容页。

```
<!DOCTYPE
html PUBLIC "-//W3C//DTD HTML 4.01 Transitional//EN" "http://www.w3.org/TR/
html4/loose.dtd">
<html>
<head>
<metahttp-equiv="Content-Type"content="text/html;charset=ISO-8859-1">
<title>调用 Android 代码中的方法</title>
</head>
<body>
second.html 的页面内容
</body>
</html>
```

修改主核心程序 WebViewDemo. java,代码如下。

```
package com.tutor.webwiewdemo;
import android.app.Activity;
import android.content.ComponentName;
import android.content.Intent;
import android.os.Bundle;
```

```
import android.view.View;
import android.webkit.WebSettings;
import android.webkit.WebView;
import android.widget.Button;
public class WebViewDemo extends Activity {

//定义 WebView
    Private WebView myWebView;
    @Override
    public void onCreate(Bundle icicle){
        super.onCreate(icicle);
        setContentView(R.layout.main);
        //初始化 WebView
        myWebView= (WebView)findViewById(R.id.webview);
        /* 开启 WebView 对 JavaScript 的支持 */
        WebSettings webSettings=myWebView.getSettings();
        webSettings.setJavaScriptEnabled(true);
        //bind the Android code to JavaScript code
        myWebView.addJavascriptInterface(newmyJavaScriptInterface(),"myJS");
                //载入 first.html
        myWebView.loadUrl("file:///android_asset/first.html");
    }
    /* 创建一个方法,供 JavaScript 中的代码来调用 */
    final class myJavaScriptInterface {
        myJavaScriptInterface(){
        }
//载入 second.html 页
        public void LoadContentPage(){
            myWebView.loadUrl("file:///android_asset/second.html");
        }
    }
    Public boolean onKeyDown(intkeyCode, KeyEvent event)
{
    if((keyCode==KeyEvent.KEYCODE_BACK)&& myWebView.canGoBack()){
        myWebView.goBack();
        return true;
    }
    returnsuper.onKeyDown(keyCode,event);

    }
}
```

(5) 运行上述工程,查看效果。

7.4.2 使用 Android 应用调用 WebService

1. Web 服务描述语言

根据 W3C 的定义,Web Services(Web 服务)是一个用于支持网络间不同机器互操作的软件系统,它是一种自包含、自描述和模块化的应用程序,它可以在网络中被描述、发布和调用,可以将它看作是基于网络的、分布式的模块化组件。Web Services 是建立在通用协议的基础之上,如 HTTP、SOAP、UDDI、WSDL 等,这些协议在操作系统、编程语言和对象模型的选择上没有任何倾向,因此有着很强的生命力。通过 WebService 可以将不同操作系统平台、不同语言、不同技术整合到一起。PC 版本的 WebService 客户端类库非常丰富,例如,Axis2、CXF 等,但这些类库对于 Android 系统过于庞大,也未必很容易移植到 Android 系统上。因此,这些开发包并不在我们考虑的范围内。

Web 服务描述语言(Web Services Description Language,WSDL)是一种用来描述 Web 服务的 XML,它描述了 Web 服务的功能、接口、参数、返回值等,便于用户绑定和调用服务。它以一种和具体语言无关的方式定义了给定 Web 服务调用和应答的相关操作和消息。

WSDL 是能够实实在在看到的东西,它是一份 XML 文档,用于描述某个 WebService 的方方面面。比如 www.webxml.com.cn 网站提供了手机号码归属地查询的 WebService,怎么使用这个 WebService 呢? 它是基于哪个版本的 SOAP? 调用它需要传入什么参数? 它会返回什么值? 是一个字符串还是 XML 文档? 这一系列的问题都能在 WSDL 中找到答案。上面这个服务的 WSDL 地址是:http://webservice.webxml.com.cn/WebServices/MobileCodeWS.asmx? wsdl,在浏览器上访问它,将会看到如图 7-24 所示的 XML 文档。

看到 WSDL 后,能从中得到哪些信息呢?

(1) 从标记 2 可以看出,该 WebService 所基于的 SOAP 版本是 SOAP1.2;该 WebService 的命名空间(NameSpace)是 http://WebXml.com.cn/。

(2) 从标记 6 可以看出,查询手机号码归属地时要调用的方法名称为:getMobileCodeInfo。

(3) 从标记 9、10 可以看出,调用 getMobileCodeInfo 方法时需要传入两个参数:mobileCode 和 userID。

(4) 从标记 17 可以看出,调用 getMobileCodeInfo 方法后,将返回一个名为 getMobileCodeInfoResult 的结果字符串。

到这里,已经初步认识了 WebService,以及 SOAP 和 WSDL。这些知识具备后,就可以开始 WebService 相关的开发工作了。

2. KSoap2 Android 介绍

适合手机的 WebService 客户端类库也有一些。在 Android SDK 中并没有提供调用 WebService 的库,因此,需要使用第三方类库 KSOAP2 来调用 WebService。它是一个

```
1  <?xml version="1.0" encoding="utf-8"?>
2  <wsdl:definitions xmlns:soap="http://schemas.xmlsoap.org/wsdl/soap/"
   xmlns:tm="http://microsoft.com/wsdl/mime/textMatching/" xmlns:soapenc="http://schemas.xmlsoap.org/soap/encoding/"
   xmlns:mime="http://schemas.xmlsoap.org/wsdl/mime/" xmlns:tns="http://WebXml.com.cn/"
   xmlns:s="http://www.w3.org/2001/XMLSchema" xmlns:soap12="http://schemas.xmlsoap.org/wsdl/soap12/"
   xmlns:http="http://schemas.xmlsoap.org/wsdl/http/" targetNamespace="http://WebXml.com.cn/"
   xmlns:wsdl="http://schemas.xmlsoap.org/wsdl/">
3  <wsdl:documentation xmlns:wsdl="http://schemas.xmlsoap.org/wsdl/">&lt;a href="http://www.webxml.com.cn/"
   target="_blank"&gt;WebXml.com.cn&lt;/a&gt; &lt;strong&gt;国内手机号码归属地查询WEB服务&lt;/strong&gt;，提供最新的国内手机号
   码段归属地数据，每月更新。&lt;br /&gt;使用本站 WEB 服务请注明或链接本站: &lt;a href="http://www.webxml.com.cn/"
   target="_blank"&gt;http://www.webxml.com.cn/&lt;/a&gt; 感谢大家的支持! &lt;br /&gt; </wsdl:documentation>
4  <wsdl:types>
5    <s:schema elementFormDefault="qualified" targetNamespace="http://WebXml.com.cn/">
6      <s:element name="getMobileCodeInfo">
7        <s:complexType>
8          <s:sequence>
9            <s:element minOccurs="0" maxOccurs="1" name="mobileCode" type="s:string" />
10           <s:element minOccurs="0" maxOccurs="1" name="userID" type="s:string" />
11         </s:sequence>
12       </s:complexType>
13     </s:element>
14     <s:element name="getMobileCodeInfoResponse">
15       <s:complexType>
16         <s:sequence>
17           <s:element minOccurs="0" maxOccurs="1" name="getMobileCodeInfoResult" type="s:string" />
18         </s:sequence>
19       </s:complexType>
20     </s:element>
21     <s:element name="getDatabaseInfo">
22       <s:complexType />
23     </s:element>
24     <s:element name="getDatabaseInfoResponse">
25       <s:complexType>
26         <s:sequence>
27           <s:element minOccurs="0" maxOccurs="1" name="getDatabaseInfoResult" type="tns:ArrayOfString" />
28         </s:sequence>
29       </s:complexType>
30     </s:element>
```

图 7-24　WebService 的 WSDL 描述

SOAP Web Service 客户端开发包，主要用于资源受限制的 Java 环境，如 Applets 或 J2ME 应用程序(CLDC/CDC/MIDP)。KSoap2 Android 是 Android 平台上一个高效、轻量级的 SOAP 开发包，等同于 Android 平台上的 KSoap2 的移植版本。KSoap2 Android 当前的最新版本为 2.5.4，名为 ksoap2-android-assembly-2.5.4-jar-with-dependencies.jar，它的下载地址是 http://code.google.com/p /ksoap2-android/，使用 KSoap2 调用 WebService 一般可按如下步骤来进行。

(1) 指定 WebService 的命名空间和调用的方法名，代码如下。

```
SoapObject request=new SoapObject("http://service", "getName");
```

SoapObject 类的第一个参数表示 WebService 的命名空间，可以从 WSDL 文档中找到 WebService 的命名空间。第二个参数表示要调用的 WebService 方法名。

(2) 设置调用方法的参数值，这一步是可选的，如果方法没有参数，可以省略这一步。设置方法的参数值的代码如下。

```
request.addProperty("param1", "value1");
request.addProperty("param2", "value2");
```

要注意的是，addProperty 方法的第一个参数虽然表示调用方法的参数名，但该参数值并不一定与服务端的 WebService 类中的方法参数名一致，只要设置参数的顺序一致即可。

(3) 生成调用 WebService 方法的 SOAP 请求信息。该信息由 SoapSerializationEnvelope

对象描述,代码如下。

```
SoapSerializationEnvelope envelope=new SoapSerializationEnvelope
(SoapEnvelope.VER11);
envelope.bodyOut=request;
```

创建 SoapSerializationEnvelope 对象时需要通过 SoapSerializationEnvelope 类的构造方法设置 SOAP 的版本号。该版本号需要根据服务端 WebService 的版本号设置。SoapEnvelope. VER11 表示使用的 SOAP 的版本号是 1.1 或者是 1.2。在创建 SoapSerializationEnvelope 对象后,不要忘了设置 SoapSerializationEnvelope 类的 bodyOut 属性,该属性的值就是在第(1)步创建的 SoapObject 对象。

(4) 创建 HttpTransportSE 对象。通过 HttpTransportSE 类的构造方法可以指定 WebService 的 WSDL 文档的 URL,代码如下。

```
HttpTransportSE ht=new HttpTransportSE("http://192.168.17.156:8080/axis2/
services/SearchProductService?wsdl");
```

(5) 使用 call 方法调用 WebService 方法,代码如下。

```
ht.call(null, envelope);
```

(6) 两种方式获取服务器返回的信息:

```
envelope.getResponse();
envelope.bodyIn;
```

两者的区别:WebService 开发的时候一般情况下接受 WebService 服务器返回值的时候都是使用 SoapObject soapObject=(SoapObject)envelope. getResponse();这个来接受返回来的值,但这种方法往往会产生 java. lang. ClassCastException: org. ksoap2. serialization. SoapPrimitive 这样的错误。

在服务器端返回值是 String 类型的数值的时候使用 SoapObject soapObject=(SoapObject) envelope. getResponse() 会产生 java. lang. ClassCastException: org. ksoap2. serialization. SoapPrimitive 这样的错误。

使用 SoapObject result=(SoapObject)envelope. bodyIn 和 Object object=envelope. getResponse();就可以解决这种错误。如果服务器返回值的类型是 byte[] 的时候,使用 Object object=envelope. getResponse();和 SoapObject result=(SoapObject)envelope. bodyIn;都不会发生错误现象,但是在使用 Object object=envelope. getResponse();取回来的值在使用 base64 进行解码和编码的时候会报出错误。如果使用 SoapObject result=(SoapObject)envelope. bodyIn;就可以完整地将 byte[]进行解码和编码。

```
byte[] ops=Base64.decode(result.getProperty(0).toString());
                SoapObject result=(SoapObject)envelope.bodyIn;
                String str=result.getProperty(0).toString();
```

或者是

```
Object result=(Object)reqVo.envelope.getResponse();
String str=result.toString();
```

3. 示例：查询手机号码归属地的 WebService

查询手机号码归属地的 WebService 具体步骤如下。

（1）新建 Android 工程，引入上面下载的 ksoap2-android 类库。选择项目，右击选择菜单中的 Build Path→Add External Archives 命令增加这个下载的包 ksoap2-android-assembly-2.5.4-jar-with-dependencies.jar。或者在工程名上单击右键，新建一个 Folder（目录或文件夹），名为 libs，然后将 ksoap2-android 类库复制到 libs 目录中，接着在 jar 包 ksoap2-android-assembly-2.4-jar-with-dependencies.jar 上单击右键，依次选择 Build Path→Add to Build Path 命令。再在工程名上单击右键，依次选择 Build Path→Config Build Path 命令，将看到如图 7-25 所示界面。

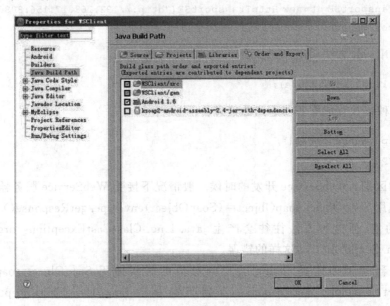

图 7-25　添加 ksoap2-android 类库

选中 ksoap2 jar 包前面的选项框，单击 OK 按钮，则完成了 ksoap2 jar 包的添加。

（2）编写布局文件 res/layout/main.xml。

```
<?xml version="1.0" encoding="utf-8"?>
<LinearLayout xmlns:android="http://schemas.android.com/apk/res/android"
    android:orientation="vertical"
    android:layout_width="fill_parent"
    android:layout_height="fill_parent"
    android:paddingTop="5dip"
    android:paddingLeft="5dip"
    android:paddingRight="5dip"
    >
```

```xml
<TextView
    android:layout_width="fill_parent"
    android:layout_height="wrap_content"
    android:text="手机号码(段):"
/>
<EditText android:id="@+id/phone_sec"
    android:layout_width="fill_parent"
    android:layout_height="wrap_content"
    android:inputType="textPhonetic"
    android:singleLine="true"
    android:hint="例如:1398547"
/>
<Button android:id="@+id/query_btn"
    android:layout_width="wrap_content"
    android:layout_height="wrap_content"
    android:layout_gravity="right"
    android:text="查询"
    />
<TextView android:id="@+id/result_text"
    android:layout_width="wrap_content"
    android:layout_height="wrap_content"
    android:layout_gravity="center_horizontal|center_vertical"
/>
</LinearLayout>
```

(3) 编写 MainActivity 类。

```java
package com.qt.ws.activity;
import org.ksoap2.SoapEnvelope;
import org.ksoap2.serialization.SoapObject;
import org.ksoap2.serialization.SoapSerializationEnvelope;
import org.ksoap2.transport.HttpTransportSE;
import android.app.Activity;
import android.os.Bundle;
import android.view.View;
import android.view.View.OnClickListener;
import android.widget.Button;
import android.widget.EditText;
import android.widget.TextView;
//Android平台调用WebService(手机号码归属地查询)
public class MainActivity extends Activity {
    private EditText phoneSecEditText;
    private TextView resultView;
    private Button queryButton;
    @Override
```

```
public void onCreate(Bundle savedInstanceState){
    super.onCreate(savedInstanceState);
    setContentView(R.layout.main);
    phoneSecEditText=(EditText)findViewById(R.id.phone_sec);
    resultView=(TextView)findViewById(R.id.result_text);
    queryButton=(Button)findViewById(R.id.query_btn);
    queryButton.setOnClickListener(new OnClickListener(){
        @Override
        public void onClick(View v){
            //手机号码(段)
            String phoneSec=phoneSecEditText.getText().toString().trim();
            //简单判断用户输入的手机号码(段)是否合法
            if("".equals(phoneSec)||phoneSec.length()<7){
                //给出错误提示
                phoneSecEditText.setError("您输入的手机号码(段)有误!");
                phoneSecEditText.requestFocus();
                //将显示查询结果的 TextView 清空
                resultView.setText("");
                return;
            }
            //查询手机号码(段)信息
            getRemoteInfo(phoneSec);
        }
    });
}
//手机号段归属地查询,@param phoneSec 手机号段
public void getRemoteInfo(String phoneSec){
    //命名空间
    String nameSpace="http://WebXml.com.cn/";
    //调用的方法名称
    String methodName="getMobileCodeInfo";
    //EndPoint
    String endPoint=" http://webservice. webxml. com. cn/WebServices/
    MobileCodeWS.asmx";
    //SOAP Action
    String soapAction="http://WebXml.com.cn/getMobileCodeInfo";
    //指定 WebService 的命名空间和调用的方法名
    SoapObject rpc=new SoapObject(nameSpace, methodName);
    //设置需调用 WebService 接口需要传入的两个参数 mobileCode、userId
    rpc.addProperty("mobileCode", phoneSec);
    rpc.addProperty("userId", "");
    //生成调用 WebService 方法的 SOAP 请求信息,并指定 SOAP 的版本
    SoapSerializationEnvelope envelope = new SoapSerializationEnvelope
    (SoapEnvelope.VER10);
```

```
        envelope.bodyOut=rpc;
        //设置是否调用的是 dotNet 开发的 WebService
        envelope.dotNet=true;
        //等价于 envelope.bodyOut=rpc;
        envelope.setOutputSoapObject(rpc);
        HttpTransportSE transport=new HttpTransportSE(endPoint);
        try {
            //调用 WebService
            transport.call(soapAction, envelope);
        } catch(Exception e){
            e.printStackTrace();
        }
        //获取返回的数据
        SoapObject object=(SoapObject)envelope.bodyIn;
        //获取返回的结果
        String result=object.getProperty(0).toString();
        //将 WebService 返回的结果显示在 TextView 中
        resultView.setText(result);
    }
}
```

（4）在 AndroidManifest.xml 中配置添加访问网络的权限。

```
<?xml version="1.0" encoding="utf-8"?>
<manifest xmlns:android="http://schemas.android.com/apk/res/android"
    package="com.qt.ws.activity"
    android:versionCode="1"
    android:versionName="1.0">
    <application android:icon="@drawable/icon" android:label="@string/app_
    name">
        <activity android:name=".MainActivity" android:label="@string/app_
        name">
            <intent-filter>
                <action android:name="android.intent.action.MAIN" />
                <category android:name="android.intent.category.LAUNCHER" />
            </intent-filter>
        </activity>
    </application>

    <uses-sdk android:minSdkVersion="4" />
    <!--访问网络的权限-->
    <uses-permission android:name="android.permission.INTERNET" />
</manifest>
```

（5）运行上述工程，查看效果。

7.4.3　Android 平台下的数据分享

Android 程序中很炫的一个功能是程序之间可以互相通信。在数据内容分享过程中,已经有一些优秀的工具,比如新浪微博、微信好友、微信朋友圈、腾迅微博、QQ 空间、人人网、开心网、豆瓣、搜狐微博、网易微博、印象笔记、有道笔记、Facebook、Twitter、Google＋、LinkedIn、Foursquare、短信、邮件等。没必要重新发明一个已经存在于另外一个程序中的功能,并且这个功能并非自己程序的核心部分。

1. 发送需要分享的内容到其他 App

构建一个 Intent 时,必须指定这个 Intent 需要触发的 Actions。Android 定义了一些 Actions,包括 ACTION_SEND,这个 Action 表明这个 Intent 是用来从一个 Activity 发送数据到另外一个 Activity 的,甚至是跨进程之间的。为了发送数据到另外一个 Activity,需要做的是指定数据与数据的类型,系统会识别出能够兼容接受这些数据的 Activity 并且把这些 Activity 显示给用户进行选择(如果有多个选择),或者是立即启动 Activity(只有一个兼容的选择)。同样,可以在 manifest 文件的 Activity 描述中添加接受哪些数据类型。在不同的程序之间使用 Intent 来发送与接收数据是在社交分享内容的时候最常用的方法。Intent 使得用户使用最常用的程序进行快速简单的分享信息。

1) 分享文本内容

ACTION_SEND 的最直接与最常用的功能是从一个 Activity 发送文本内容到另外一个 Activity。例如,Android 内置的浏览器可以把当前显示页面的 URL 作为文本内容分享到其他程序。这是非常有用的,如通过邮件或者社交网络来分享文章或者网址给好友。下面是一段示例代码。

```
Intent sendIntent=new Intent();
sendIntent.setAction(Intent.ACTION_SEND);
sendIntent.putExtra(Intent.EXTRA_TEXT, "This is my text to send.");
sendIntent.setType("text/plain");
startActivity(Intent.createChooser(sendIntent, getResources().getText(R.
string.send_to));
```

如果设备上有安装某个能够匹配 ACTION_SEND 与 MIME 类型为 text/plain 程序,那么 Android 系统会自动把它们都给筛选出来,并呈现 Dialog 给用户进行选择。如果为 Intent 调用了 Intent.createChooser( ),那么 Android 总是会显示可供选择。这样有一些好处:即使用户之前为这个 Intent 设置了默认的 Action,选择界面还是会被显示。如果没有匹配的程序,Android 会显示系统信息。此外,可以指定选择界面的标题。另外,可以为 Intent 设置一些标准的附加值,如 EXTRA_EMAIL,EXTRA_CC,EXTRA_BCC,EXTRA_SUBJECT。然而,如果接收程序没有针对那些做特殊的处理,则不会有对应的反应。也可以使用自定义的附加值,但是除非接收的程序能够识别出来,不然没有任何效果。典型的做法是,使用被接受程序定义的附加值。

注意:一些 E-mail 程序,例如 Gmail,对应接收的是 EXTRA_EMAIL 与 EXTRA_

CC,它们都是 String 类型的,可以使用 putExtra(string,string[])方法来添加到 Intent 里面。

2) 分享二进制内容

分享二进制的数据需要结合设置特定的 MIME Type,需要在 EXTRA_STREAM 里面放置数据的 URI,下面有个分享图片的例子,这个例子也可以修改用来分享任何类型的二进制数据。

```
Intent shareIntent-new Intent();
shareIntent.setAction(Intent.ACTION_SEND);
shareIntent.putExtra(Intent.EXTRA_STREAM, uriToImage);
shareIntent.setType("image/jpeg");
startActivity(Intent.createChooser(shareIntent, getResources().getText(R.
string.send_to)));
```

注意:可以使用"＊/＊"这样的方式来制定 MIME 类型,但是这仅仅会匹配到那些能够处理一般数据类型的 Activity,接收的程序需要有访问 URI 资源的权限。

下面有一些方法来处理这个问题。

(1) 把文件写到外部存储设备上,类似 SD 卡,这样所有的 App 都可以进行读取。使用 Uri.fromFile()方法来创建可以用在分享时传递到 Intent 里面的 Uri。然而请记住,不是所有的程序都遵循"file://"这样格式的 Uri。

(2) 在调用 getFileStreamPath()返回一个 File 之后,使用带有 MODE_WORLD_READABLE 模式的 openFileOutput() 方法把数据写入到自己的程序目录下。像上面一样,使用 Uri.fromFile()创建一个"file://"格式的 Uri 用来添加到 Intent 里面进行分享。

(3) 媒体文件,例如图片、视频与音频,可以使用 scanFile()方法进行扫描并存储到 MediaStore 里面。onScanCompletted()回调函数会返回一个"content://"格式的 Uri,这样便于进行分享的时候把这个 Uri 放到 Intent 里面。

(4) 图片可以使用 insertImage() 方法直接插入到 MediaStore 系统里面。该方法会返回一个"content://"格式的 Uri。

(5) 存储数据到自己的 ContentProvider 里面,确保其他 App 可以有访问你的 provider 的权限(或者使用 per-URI permissions)。

3) 发送多块内容

为了同时分享多种不同类型的内容,需要使用 ACTION_SEND_MULTIPLE 与指定到那些数据的 URIs 列表。MIME 类型会根据分享的混合内容而不同。例如,如果分享三张 JPEG 的图片,那么 MIME 类型仍然是"image/jpeg"。如果是不同图片格式,应该是用"image/＊"来匹配那些可以接收任何图片类型的 Activity。如果需要分享多种不同类型的数据,可以使用"＊/＊"来表示 MIME。像前面描述的那样,这取决于那些接收的程序解析并处理数据。下面是一个例子。

```
ArrayList<Uri>imageUris=new ArrayList<Uri>();
imageUris.add(imageUri1);          //Add your image URIs here
```

```
imageUris.add(imageUri2);
Intent shareIntent=new Intent();
shareIntent.setAction(Intent.ACTION_SEND_MULTIPLE);
shareIntent.putParcelableArrayListExtra(Intent.EXTRA_STREAM, imageUris);
shareIntent.setType("image/*");
startActivity(Intent.createChooser(shareIntent, "Share images to.."));
```

当然，请确保指定到数据的 URIs 能够被接收程序所访问（添加访问权限）。

2. 从其他 App 接收分享的内容

就像你的程序能够发送数据到其他程序一样，其他程序也能够简单地接收发送过来的数据。需要考虑的是用户与你的程序如何进行交互，你想要从其他程序接收哪些数据类型。

1）更新 manifest 文件

intent filters 通知 Android 系统一个程序会接收哪些数据。可以创建 intent filters 来表明程序能够接收哪些 Action。下面是一个例子，对三个 Activity 分别指定接收单张图片、文本与多张图片。

```
<activity android:name=".ui.MyActivity">
    <intent-filter>
        <action android:name="android.intent.action.SEND" />
        <category android:name="android.intent.category.DEFAULT" />
        <data android:mimeType="image/*" />
    </intent-filter>
    <intent-filter>
        <action android:name="android.intent.action.SEND" />
        <category android:name="android.intent.category.DEFAULT" />
        <data android:mimeType="text/plain" />
    </intent-filter>
    <intent-filter>
        <action android:name="android.intent.action.SEND_MULTIPLE" />
        <category android:name="android.intent.category.DEFAULT" />
        <data android:mimeType="image/*" />
    </intent-filter>
</activity>
```

当另外一个程序尝试分享一些东西的时候，你的程序会被呈现在一个列表里面让用户进行选择。如果用户选择了你的程序，相应的 Activity 就应该被调用开启，这个时候就是如何处理获取到的数据的问题了。

2）处理接收到的数据

为了处理从 Intent 带过来的数据，可以通过调用 getIntent()方法来获取到 Intent 对象。一旦拿到这个对象，就可以对里面的数据进行判断，从而决定下一步应该做什么。如果一个 Activity 可以被其他的程序启动，需要在检查 Intent 的时候考虑是不是被其他程序调用启动的。

```
void onCreate(Bundle savedInstanceState){
    ...
  //Get intent, action and MIME type
  Intent intent=getIntent();
  String action=intent.getAction();
  String type=intent.getType();

  if(Intent.ACTION_SEND.equals(action)&& type!=null){
      if("text/plain".equals(type)){
          handleSendText(intent);             //Handle text being sent
      } else if(type.startsWith("image/")){
          handleSendImage(intent);            //Handle single image being sent
      }
  } else if(Intent.ACTION_SEND_MULTIPLE.equals(action)&& type!=null){
      if(type.startsWith("image/")){
          handleSendMultipleImages(intent);
                                  //Handle multiple images being sent
      }
  } else {
      //Handle other intents, such as being started from the home screen
  }
  ...
}


void handleSendText(Intent intent){
    String sharedText=intent.getStringExtra(Intent.EXTRA_TEXT);
    if(sharedText!=null){
        //Update UI to reflect text being shared
    }
}

void handleSendImage(Intent intent){
    Uri imageUri= (Uri)intent.getParcelableExtra(Intent.EXTRA_STREAM);
    if(imageUri!=null){
        //Update UI to reflect image being shared
    }
}
void handleSendMultipleImages(Intent intent){
    ArrayList<Uri>imageUris= intent.getParcelableArrayListExtra(Intent.EXTRA_
    STREAM);
    if(imageUris!=null){
        //Update UI to reflect multiple images being shared
```

```
      }
}
```

请注意,因为无法知道其他程序发送过来的数据内容是文本还是其他的数据,因此需要避免在 UI 线程里面去处理那些获取到的数据。更新 UI 可以像更新 EditText 一样简单,也可以是更加复杂一点儿的操作,例如过滤出感兴趣的图片。

3. Android 集成友盟社会化分享组件

友盟社会化分享组件,能够帮助移动应用快速具备微信分享,微博分享、登录、评论、喜欢等社会化组件功能,助力产品推广,并提供实时、全面的社会化数据统计分析服务,是国内最大的社会化分享 SDK。详情可参考友盟官方网站 http://www.umeng.com/。

友盟社会化分享组件支持各大社交平台,精选国内外 23 个主流社交平台,支持图片、文字、图文、音乐、视频等多种内容的分享。

国内平台:微信、朋友圈、QQ、Qzone、新浪微博、腾讯微博、人人、豆瓣、有道云笔记、来往、易信、短信、邮件。

国外平台:Facebook、Twitter、Instagram、Google +、Line、Whatsapp、Tumblr、Pinterest、Evernote、Pocket、LinkedIn、Flickr、Kakao Talk。

Android 集成了友盟社会化分享组件,具体集成可参考 http://dev.umeng.com/social/android/quick-integration,其界面如图 7-26 所示。

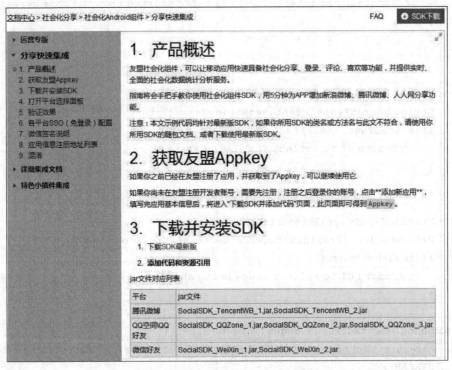

图 7-26 Android 集成友盟社会化分享组件

详细集成文档可参考网站 http：//dev. umeng. com/social/android/detail-share，界面如图 7-27 所示。

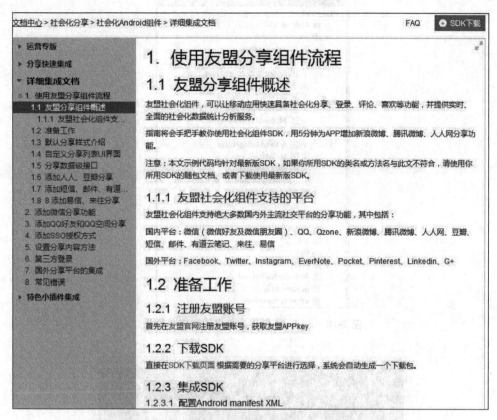

图 7-27 **Android 集成友盟社会化分享的详细集成文档**

由于该技术文档很详细，不再进行具体表述。

7.4.4 Android 电子书翻页效果的实现

下面是一个 Android 翻页卷曲电子书项目。整个项目的架构如图 7-28 所示。

运行项目，进入系统主界面如图 7-29 所示。

进入各章，可完成手动翻页阅读相关内容。具体实现步骤如下。

（1）将第 1～6 章和"关于我们"分别建立记事本，并填充相关内容。文件名以数字保存，将后缀名统一改为 .jpg 方便操作，放置在项目的 assets 文件夹下，如图 7-30 所示。此外，建立一些图片素材，放在 drawable 文件夹下，如图 7-31 所示。

（2）接着进入项目的界面开发阶段，项目中用到三个界面布局文件和一个值域文件，如图 7-32 所示。

（3）Android 翻页卷曲电子书项目各文件源码如下。

list_catalog_style. xml 文件代码：

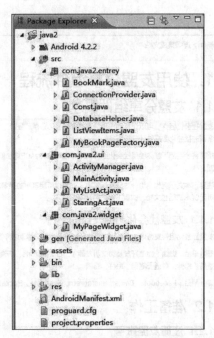

图 7-28 Android 翻页卷曲电子书项目结构

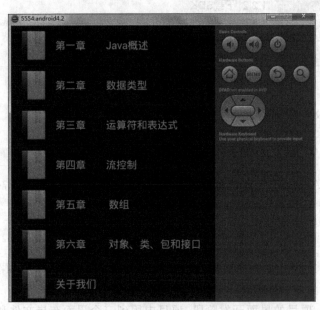

图 7-29 Android 翻页卷曲电子书运行后界面

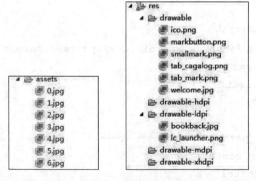

图 7-30 assets 文件夹 图 7-31 drawable 文件夹 图 7-32 三个界面布局文件和一个值域文件

```xml
<?xml version="1.0" encoding="utf-8"?>
<LinearLayout xmlns:android="http://schemas.android.com/apk/res/android"
    android:id="@+id/linearLayout1"
    android:layout_width="fill_parent"
    android:layout_height="fill_parent">
    <AbsoluteLayout
        android:id="@+id/widget35"
        android:layout_width="wrap_content"
        android:layout_height="wrap_content">
        <ImageView
            android:id="@+id/image"
            android:layout_width="wrap_content"
            android:layout_height="wrap_content"
            android:layout_x="10px"
            android:layout_y="5px">
        </ImageView>
    </AbsoluteLayout>
    <LinearLayout
        android:id="@+id/linewr2"
        android:layout_width="wrap_content"
        android:layout_height="wrap_content"
        android:orientation="vertical">
        <TextView
            android:id="@+id/textcalalog"
            android:layout_width="wrap_content"
            android:layout_height="wrap_content"
            android:layout_marginLeft="30px"
            android:text="TextView"
            android:textSize="14px">
        </TextView>
    </LinearLayout>
</LinearLayout>
```

listview. xml 文件代码：

```xml
<?xml version="1.0" encoding="utf-8"?>
<LinearLayout xmlns:android="http://schemas.android.com/apk/res/android"
    android:layout_width="fill_parent"
    android:layout_height="fill_parent"
    android:orientation="vertical">
    <LinearLayout
        android:layout_width="fill_parent"
        android:layout_height="wrap_content"
        android:orientation="horizontal">
        <ImageView
            android:id="@+id/imageico"
            android:layout_width="60dip"
            android:layout_height="60dip"
            android:paddingLeft="10dp" />
        <TextView
            android:id="@+id/textappname"
            android:layout_width="0dp"
            android:layout_height="fill_parent"
            android:layout_weight="1"
            android:gravity="center_vertical"
            android:paddingLeft="10dp"
            android:textSize="16dp" />
    </LinearLayout>
</LinearLayout>
```

main. xml 文件代码：

```xml
<?xml version="1.0" encoding="utf-8"?>
<LinearLayout xmlns:android="http://schemas.android.com/apk/res/android"
    android:layout_width="fill_parent"
    android:layout_height="fill_parent"
    android:background="@drawable/welcome"
    android:orientation="vertical">
</LinearLayout>
```

strings. xml 文件代码：

```xml
<?xml version="1.0" encoding="utf-8"?>
<resources>
    <string name="hello">Hello World, MainActivity!</string>
    <string name="app_name">Java 语言基础教程</string>
</resources>
```

（4）接着，进行项目的 Java 文件编写，各文件代码如下。

BookMark. java 文件代码：

```java
package com.java2.entrey;
public class BookMark {
    @Override
    public String toString(){
        return bookmarkID+","+bookmarkName+","+bookPage+","
            +bookName;
    }
    private int bookmarkID;
    private String bookmarkName;
    private int bookPage;
    private int bookName;
    public int getBookName(){
        return bookName;
    }
    public void setBookName(int bookName){
        this.bookName=bookName;
    }
    public int getBookmarkID(){
        return bookmarkID;
    }
    public void setBookmarkID(int bookmarkID){
        this.bookmarkID=bookmarkID;
    }
    public String getBookmarkName(){
        return bookmarkName;
    }
    public void setBookmarkName(String bookmarkName){
        this.bookmarkName=bookmarkName;
    }
    public int getBookPage(){
        return bookPage;
    }
    public void setBookPage(int bookPage){
        this.bookPage=bookPage;
    }
}
```

ConnectionProvider.java 文件代码：

```java
package com.java2.entrey;
import android.content.Context;
import android.database.Cursor;
import android.database.sqlite.SQLiteDatabase;
import android.util.Log;
public class ConnectionProvider {
```

```
        private static SQLiteDatabase db=null;
        private Context ctx=null;
        private String TAG="ConnectionProvider";
        private SQLiteDatabase database;
        public ConnectionProvider(Context ctx){
            this.ctx=ctx;
            Log.v("ConnectionProvider", "ctx=!!!!!!!!!!!!!!!!!!!!!!!!!!!!!!!!!!!!!!!!!!!!"
            +ctx.toString());
            DatabaseHelper dbHelper=new DatabaseHelper(ctx, "ebook", null, 1);
            db=dbHelper.getWritableDatabase();
        }
        public SQLiteDatabase getConnection(){
            return db;
        }
        public void closeConnection(){
            db.close();
        }
        public boolean isTableExits(String tablename){
            boolean result=false;              //表示不存在
            String str="select count(*)xcount  from sqlite_master where table='"
                +tablename+"'";
            Cursor cursor=db.rawQuery(str, null);
            int xcount=cursor.getColumnIndex("xcount");
            if(xcount!=0){
                result=true;                   //表示存在
            }
            if(cursor!=null){
                cursor.close();
            }
            return result;
        }
    }
```

Const.java 文件代码：

```
ackage com.java2.entrey;
public class Const {
    public final static byte MODE_LEFT_TOP=0x00000000;
    public final static byte MODE_RIGHT_TOP=0x00000001;
    public final static byte MODE_LEFT_BOTTOM=0x00000002;
    public final static byte MODE_RIGHT_BOTTOM=0x00000003;
    public final static byte MODE_CENTER=0x00000004;
    public final static byte STATE_SPLASH=1;
    public final static byte STATE_READER=4;
    public final static byte STATE_TABHOST=2;
```

```
public final static byte STATE_FACE=3;
public static final String[] marknames={ "mark1", "mark2", "mark3","mark4",
    "mare5" };
public static final String[] markPage={ "text1", "text2", "text3","text4",
    "text5" };
public static final String[] markString={ "str1", "str2", "str3", "str4",
    "str5", };
public static int[] markTextId=new int[5];
    public final static String[] cagalog={ "第 1 章        Java 概述","第 2 章
        数据类型", "第 3 章    运算符和表达式", "第 4 章        流控制", "第 5 章   数
    组", "第 6 章    对象、类、包和接口", "关于我们" };
}
```

DatabaseHelper.java 文件代码：

```
package com.java2.entrey;
import android.content.Context;
import android.database.sqlite.SQLiteDatabase;
import android.database.sqlite.SQLiteOpenHelper;
import android.database.sqlite.SQLiteDatabase.CursorFactory;
import android.util.Log;
public class DatabaseHelper extends SQLiteOpenHelper {
    private String TAG="DatabaseHelper";
    private Context ctx=null;
    private String TABLE_NAME="bookmark";
    public DatabaseHelper(Context context, String name, CursorFactory factory,
        int version){
        super(context, "ebook", null,1);
        ctx=context;
    }
    @Override
    public void onCreate(SQLiteDatabase db){
        creatNewIDcard(db);
    }
    private void creatNewIDcard(SQLiteDatabase db){
        Log.i(TAG, "--------database is create ---------");
        db.execSQL("DROP TABLE IF  EXISTS "+TABLE_NAME+";");

        db.execSQL("CREATE TABLE IF NOT EXISTS "+TABLE_NAME+"("
            +"bookmarkID"+" Integer,"+"bookmarkName"+" TEXT"+","
            +"bookPage"+" TEXT,"+"bookName"+" Integer"+");");

        System.out.println("建表语句======================="+"CREATE
        TABLE IF NOT EXISTS "+TABLE_NAME+"("
            +"bookmarkID"+" Integer,"+"bookmarkName"+" TEXT"+","
```

```
                              +"bookPage"+" TEXT,"+"bookName"+" Integer"+");");
        }

        @Override
        public void onUpgrade(SQLiteDatabase arg0, int arg1, int arg2){

        }
}
```

ListViewItems.java 文件代码：

```
package com.java2.entrey;
import com.sly.android.huangcun.ui.R;
public class ListViewItems {
    public static String[] READ_NAME=new String[] { "第1章      Java概述","第2
    章      数据类型", "第3章      运算符和表达式", "第4章      流控制",
        "第5章      数组", "第6章      对象、类、包和接口", "关于我们" };
    public static int[] READ_ICO=new int[] { R.drawable.ico, R.drawable.ico,
        R.drawable.ico, R.drawable.ico, R.drawable.ico, R.drawable.ico,
        R.drawable.ico};
}
```

MyBookPageFactory.java 文件代码：

```
package com.java2.entrey;
import java.io.File;
import java.io.IOException;
import java.io.RandomAccessFile;
import java.io.UnsupportedEncodingException;
import java.nio.MappedByteBuffer;
import java.nio.channels.FileChannel;
import java.text.DecimalFormat;
import java.util.Vector;
import android.graphics.Bitmap;
import android.graphics.Canvas;
import android.graphics.Color;
import android.graphics.Paint;
import android.graphics.Paint.Align;
import android.util.Log;
public class MyBookPageFactory {
    private File book_file=null;
    private MappedByteBuffer m_mbBuf=null;
    private int m_mbBufLen=0;
    private int m_mbBufBegin=0;
    private int m_mbBufEnd=0;
    private String m_strCharsetName="GBK";
```

```java
public Bitmap m_book_bg=null;
private int mWidth;
private int mHeight;
private int page=0;
private Vector<String>m_lines=new Vector<String>();
private int m_fontSize=39;
private int m_textColor=Color.RED;
private int m_backColor=0xffff9e85;                    //背景颜色
private int marginWidth=15;                            //左右与边缘的距离
private int marginHeight=50;                           //上下与边缘的距离
private int mLineCount;                                //每页可以显示的行数
private float mVisibleHeight;                          //绘制内容的高
private float mVisibleWidth;                           //绘制内容的宽
private boolean m_isfirstPage, m_islastPage;
private String TAG="MyBookPageFactory";
private Paint mPaint;
    public MyBookPageFactory(int w, int h){
    mWidth=w;
    mHeight=h;
    mPaint=new Paint(Paint.ANTI_ALIAS_FLAG);
    mPaint.setTextAlign(Align.LEFT);
    mPaint.setTextSize(m_fontSize);
    mPaint.setColor(m_textColor);
    mVisibleWidth=mWidth-marginWidth * 2;
    mVisibleHeight=mHeight-marginHeight * 2;
    mLineCount=(int)(mVisibleHeight / m_fontSize);//可显示的行数
}
/**
 * 打开书籍 Author : hmg25 Version: 1.0 Description :
 */
public void openbook(String path)throws IOException {
    book_file=new File(path);
    long lLen=book_file.length();
    m_mbBufLen=(int)lLen;
    m_mbBuf=new RandomAccessFile(book_file, "r").getChannel().map(
            FileChannel.MapMode.READ_ONLY, 0, lLen);
}

public int getPage(){
    double per=m_mbBufBegin * 1.0 / m_mbBufLen;
    return page;
}
public int getBeginNum(){
    return m_mbBufBegin;
```

```
        }
        public void toSelectPage(int page, int begin)throws IOException {
            if(begin==0)
                m_mbBufEnd=begin;
            m_mbBufBegin=begin;
            Log.i(TAG, "  m_mbBufBegin------------------"+0);
            prePage();
            nextPage();
            Log.i(TAG, "  len------------------"+m_mbBufLen);
            Log.i(TAG, "  m_mbBufBegin------------------"+m_mbBufBegin);
            Log.i(TAG, "  m_mbBufEnd------------------"+m_mbBufEnd);
            Log.i(TAG, "----m_mbBuf--------m_mbBuf--------"+m_mbBuf);
            Log.i(TAG, "----m_lines------------------"+m_lines);
        }
        protected byte[] readParagraphBack(int nFromPos){
            int nEnd=nFromPos;
            int i;
            byte b0, b1;
            if(m_strCharsetName.equals("UTF-16LE")){
                i=nEnd-2;
                while(i>0){
                    b0=m_mbBuf.get(i);
                    b1=m_mbBuf.get(i+1);
                    if(b0==0x0a && b1==0x00 && i!=nEnd-2){
                        i+=2;
                        break;
                    }
                    i--;
                }

            } else if(m_strCharsetName.equals("UTF-16BE")){
                i=nEnd-2;
                while(i>0){
                    b0=m_mbBuf.get(i);
                    b1=m_mbBuf.get(i+1);
                    if(b0==0x00 && b1==0x0a && i!=nEnd-2){
                        i+=2;
                        break;
                    }
                    i--;
                }
            } else {
                i=nEnd-1;
                while(i>0){
```

```
            b0=m_mbBuf.get(i);
            if(b0==0x0a && i!=nEnd-1){
                i++;
                break;
            }
            i--;
        }
    }
    if(i<0)
        i=0;
    int nParaSize=nEnd-i;
    int j;
    byte[] buf=new byte[nParaSize];
    for(j=0; j<nParaSize; j++){
        buf[j]=m_mbBuf.get(i+j);
    }
    return buf;
}
//读取上一段落
protected byte[] readParagraphForward(int nFromPos){
    int nStart=nFromPos;
    int i=nStart;
    byte b0, b1;
    //根据编码格式判断换行
    if(m_strCharsetName.equals("UTF-16LE")){
        while(i<m_mbBufLen-1){
            b0=m_mbBuf.get(i++);
            b1=m_mbBuf.get(i++);
            if(b0==0x0a && b1==0x00){
                break;
            }
        }
    } else if(m_strCharsetName.equals("UTF-16BE")){
        while(i<m_mbBufLen-1){
            b0=m_mbBuf.get(i++);
            b1=m_mbBuf.get(i++);
            if(b0==0x00 && b1==0x0a){
                break;
            }
        }
    } else {
        while(i<m_mbBufLen){
            b0=m_mbBuf.get(i++);
            if(b0==0x0a){
```

```
                break;
            }
        }
    }
    int nParaSize=i-nStart;
    byte[] buf=new byte[nParaSize];
    for(i=0; i<nParaSize; i++){
        buf[i]=m_mbBuf.get(nFromPos+i);
    }
    return buf;
}
//下一页
protected Vector<String>pageDown(){
    String strParagraph="";
    Vector<String>lines=new Vector<String>();
    while(lines.size()<mLineCount && m_mbBufEnd<m_mbBufLen){
    byte[] paraBuf=readParagraphForward(m_mbBufEnd); //读取一个段落
        m_mbBufEnd+=paraBuf.length;
        try {
            strParagraph=new String(paraBuf, m_strCharsetName);
        } catch(UnsupportedEncodingException e){
            e.printStackTrace();
        }
        String strReturn="";
        if(strParagraph.indexOf("\r\n")!=-1){
            strReturn="\r\n";
            strParagraph=strParagraph.replaceAll("\r\n", "");
        } else if(strParagraph.indexOf("\n")!=-1){
            strReturn="\n";
            strParagraph=strParagraph.replaceAll("\n", "");
        }

        if(strParagraph.length()==0){
            lines.add(strParagraph);
        }
        while(strParagraph.length()>0){
            int nSize=mPaint.breakText(strParagraph, true, mVisibleWidth,
                null);
            lines.add(strParagraph.substring(0, nSize));
            strParagraph=strParagraph.substring(nSize);
            if(lines.size()>=mLineCount){
                break;
            }
        }
    }
```

```
            if(strParagraph.length()!=0){
                try {
                    m_mbBufEnd-=(strParagraph+strReturn)
                        .getBytes(m_strCharsetName).length;
                } catch(UnsupportedEncodingException e){
                    e.printStackTrace();
                }
            }
        }
        return lines;
    }
    //TODO 上一页
    protected void pageUp(){
        if(m_mbBufBegin<0)
            m_mbBufBegin=0;
        Vector<String>lines=new Vector<String>();
        String strParagraph="";
        while(lines.size()<mLineCount && m_mbBufBegin>0){
            Vector<String> paraLines=new Vector<String>();
            byte[] paraBuf=readParagraphBack(m_mbBufBegin);
            m_mbBufBegin-=paraBuf.length;
            try {
                strParagraph=new String(paraBuf, m_strCharsetName);
            } catch(UnsupportedEncodingException e){
                e.printStackTrace();
            }
            strParagraph=strParagraph.replaceAll("\r\n", "");
            strParagraph=strParagraph.replaceAll("\n", "");

            if(strParagraph.length()==0){
                paraLines.add(strParagraph);
            }
            while(strParagraph.length()>0){
                int nSize=mPaint.breakText(strParagraph, true, mVisibleWidth,
                        null);
                paraLines.add(strParagraph.substring(0, nSize));
                strParagraph=strParagraph.substring(nSize);
            }
            lines.addAll(0, paraLines);
        }
        while(lines.size()>mLineCount){
            try {
                m_mbBufBegin+=lines.get(0).getBytes(m_strCharsetName).length;
                lines.remove(0);
```

```
            } catch(UnsupportedEncodingException e){
                e.printStackTrace();
            }
        }
        m_mbBufEnd=m_mbBufBegin;
        return;
    }
    public void prePage()throws IOException {
        if(m_mbBufBegin<=0){
            m_mbBufBegin=0;
            m_isfirstPage=true;
            return;
        } else
            m_isfirstPage=false;
        m_lines.clear();
        pageUp();
        m_lines=pageDown();
    }
    public void nextPage()throws IOException {
        if(m_mbBufEnd>=m_mbBufLen){
            m_islastPage=true;
            return;
        } else
            m_islastPage=false;
        m_lines.clear();
        m_mbBufBegin=m_mbBufEnd;
        m_lines=pageDown();
    }
    public void onDraw(Canvas c){
        if(m_lines.size()==0)
            m_lines=pageDown();
        if(m_lines.size()>0){
            if(m_book_bg==null)
                c.drawColor(m_backColor);
            else
                c.drawBitmap(m_book_bg, 0, 0, null);
            int y=marginHeight;
            for(String strLine : m_lines){
                y+=m_fontSize;
                c.drawText(strLine, marginWidth, y, mPaint);
            }
        }
        //TODO 显示翻页页数
        int fPercent=m_mbBufBegin+3 / m_mbBufLen;
```

```
            System.out.println("fPercent====="+fPercent);
            System.out.println("fPercent=========="+fPercent);
            DecimalFormat df=new DecimalFormat("第");
            String strPercent=df.format(fPercent * 6 / 1000)+"页";
            System.out.println("strPercent======"+strPercent);
            int nPercentWidth=(int)mPaint.measureText("最后一页")+1;
            c.drawText(strPercent, mWidth-nPercentWidth, mHeight-5, mPaint);
        }
    public void setBgBitmap(Bitmap BG){
        m_book_bg=BG;
    }
    public boolean isfirstPage(){
        return m_isfirstPage;
    }
    public boolean islastPage(){
        return m_islastPage;
    }
}
```

MainActivity.java 文件代码：

```
package com.java2.ui;
import com.sly.android.huangcun.ui.R;
import android.app.Activity;
import android.content.Intent;
import android.os.Bundle;
public class MainActivity extends Activity {
    @Override
    public void onCreate(Bundle savedInstanceState){
        super.onCreate(savedInstanceState);
        setContentView(R.layout.main);
        new Thread(){
            public void run(){
                try {
                    Thread.sleep(3000);
                    Intent intent=new Intent(MainActivity.this,MyListAct.class);
                    startActivity(intent);
                    MainActivity.this.finish();
                } catch(InterruptedException e){
                    e.printStackTrace();
                }
            }
        }.start();
    }
}
```

MyListAct.java 文件代码：

```java
package com.java2.ui;
import java.io.Serializable;
import java.security.Identity;
import java.util.ArrayList;
import java.util.HashMap;
import java.util.List;
import java.util.Map;
import com.java2.entrey.ListViewItems;
import com.sly.android.huangcun.ui.R;
import android.app.ListActivity;
import android.content.Intent;
import android.os.Bundle;
import android.util.Log;
import android.view.Gravity;
import android.view.View;
import android.widget.FrameLayout;
import android.widget.ListView;
import android.widget.SimpleAdapter;
public class MyListAct extends ListActivity implements Serializable {
    private static final long serialVersionUID=1L;
    /*文件列表*/
    protected void onCreate(Bundle savedInstanceState){
        super.onCreate(savedInstanceState);
                String[]options=new String[]{"bookico","bookname"};
        int[]ico=new int[]{R.id.imageico,R.id.textappname};
        List<Map<String,Object>>items=new ArrayList<Map<String,Object>>();
        for(int i=0;i<ListViewItems.READ_NAME.length;i++){
            Map<String,Object>item=new HashMap<String,Object>();
            item.put("bookico", ListViewItems.READ_ICO[i]);
            item.put("bookname", ListViewItems.READ_NAME[i]);
            items.add(item);
        }
        SimpleAdapter adapter=new SimpleAdapter(this,items,R.layout.
        listview,options,ico);
        setListAdapter(adapter);

    }
        @Override
        protected void onListItemClick(ListView l, View v, int position, long id){
            super.onListItemClick(l, v, position, id);
            Intent intent=new Intent();
            intent.putExtra("id", position);
```

```
        Log.i("传送 id 的值",id+"");
        System.out.println("书名字==========="+ListViewItems.
        READ_NAME[position]);
        intent.setClass(MyListAct.this, StaringAct.class);
        startActivity(intent);
    }
}
```

StaringAct.java 文件代码：

```java
package com.java2.ui;
import java.io.BufferedInputStream;
import java.io.BufferedOutputStream;
import java.io.BufferedReader;
import java.io.File;
import java.io.FileInputStream;
import java.io.FileOutputStream;
import java.io.IOException;
import java.io.InputStream;
import java.io.InputStreamReader;
import java.io.Serializable;
import java.util.ArrayList;
import java.util.List;
import com.java2.entrey.BookMark;
import com.java2.entrey.ConnectionProvider;
import com.java2.entrey.MyBookPageFactory;
import com.java2.widget.MyPageWidget;
import com.sly.android.huangcun.ui.R;
import android.R.bool;
import android.annotation.SuppressLint;
import android.app.Activity;
import android.app.AlertDialog;
import android.app.AlertDialog.Builder;
import android.content.Context;
import android.content.DialogInterface;
import android.content.Intent;
import android.content.DialogInterface.OnClickListener;
import android.content.res.AssetManager;
import android.database.Cursor;
import android.database.sqlite.SQLiteDatabase;
import android.graphics.Bitmap;
import android.graphics.BitmapFactory;
import android.graphics.Canvas;
import android.os.Bundle;
import android.util.DisplayMetrics;
```

```java
import android.util.Log;
import android.view.Gravity;
import android.view.KeyEvent;
import android.view.Menu;
import android.view.MenuItem;
import android.view.MotionEvent;
import android.view.View;
import android.view.View.OnTouchListener;
import android.widget.EditText;
import android.widget.FrameLayout;
import android.widget.Toast;
@SuppressLint("WrongCall")
public class StaringAct extends Activity implements Serializable {
    private static final long serialVersionUID=1L;
    /** Called when the activity is first created. */
    private MyPageWidget mPageWidget;
    Context cx;
    Bitmap mCurPageBitmap, mNextPageBitmap;
    Canvas mCurPageCanvas, mNextPageCanvas;
    MyBookPageFactory pagefactory;
    private String TABLE_NAME="bookmark";
    private int id;
    private String bookPath;
    private String filenameString;
    private DisplayMetrics dm;
    private String TAG="StaringAct";
    private ActivityManager am;
    private EditText bookEdit;
    public int bookName=0;
    public int fileNameSingle=0;
    ConnectionProvider cp;
    List<BookMark>listBook=new ArrayList<BookMark>();
    @Override
    public void onCreate(Bundle savedInstanceState){
        super.onCreate(savedInstanceState);
        mPageWidget=new MyPageWidget(this);
        setContentView(mPageWidget);
        am=ActivityManager.getInstance();
        am.addActivity(this);
        cp=new ConnectionProvider(this);
        dm=new DisplayMetrics();
        getWindowManager().getDefaultDisplay().getMetrics(dm);
        int width=dm.widthPixels;
        int height=dm.heightPixels;
```

```
mCurPageBitmap=Bitmap.createBitmap(width, height,Bitmap.Config.ARGB_
8888);                                        //当前页面大小
mNextPageBitmap=Bitmap.createBitmap(dm.widthPixels,dm.heightPixels,
Bitmap.Config.ARGB_8888);                      //下一页
mCurPageCanvas=new Canvas(mCurPageBitmap);
mNextPageCanvas=new Canvas(mNextPageBitmap);
pagefactory=new MyBookPageFactory(width, height);
pagefactory.setBgBitmap(BitmapFactory.decodeResource(
        this.getResources(), R.drawable.bookback));
try {
    Bundle bud=this.getIntent().getExtras();
    id=bud.getInt("id");
    copy(id);
    bookPath="/data/data/com.sly.android.huangcun.ui/files/"+id+".txt";
    pagefactory.openbook(bookPath);
    pagefactory.onDraw(mCurPageCanvas);
} catch(IOException e1){
    e1.printStackTrace();
    Toast.makeText(this, "电子书不存在", Toast.LENGTH_SHORT).show();
}
Intent intent=getIntent();
Bundle bundle=intent.getExtras();
fileNameSingle=bundle.getInt("id");
bookName=bundle.getInt("id");
mPageWidget.setBitmaps(mCurPageBitmap, mCurPageBitmap);
mPageWidget.setOnTouchListener(new OnTouchListener(){
    public boolean onTouch(View v, MotionEvent e){
        boolean ret=false;
        if(v==mPageWidget){
            if(e.getAction()==MotionEvent.ACTION_DOWN){
                mPageWidget.abortAnimation();
                mPageWidget.calcCornerXY(e.getX(), e.getY());
                pagefactory.onDraw(mCurPageCanvas);
                if(mPageWidget.DragToRight()){
                    try {
                        pagefactory.prePage();
                    } catch(IOException e1){
                        e1.printStackTrace();
                    }
                    if(pagefactory.isfirstPage())
                        return false;
                    pagefactory.onDraw(mNextPageCanvas);
                } else {
                    try {
```

```
                                    pagefactory.nextPage();
                              } catch(IOException e1){
                                    e1.printStackTrace();
                              }
                              if(pagefactory.islastPage())
                                    return false;
                              pagefactory.onDraw(mNextPageCanvas);
                        }
                        mPageWidget.setBitmaps(mCurPageBitmap, mNextPageBitmap);
                  }
                  ret=mPageWidget.doTouchEvent(e);
                  return ret;
            }
            return false;
      }
    });
}
private void copy(int id){
    try {
        String filePath="/data/data/com.sly.android.huangcun.ui/files/";
        File file=new File(filePath);
        if(!file.exists()){
            file.mkdir();
        }
        AssetManager assetManage=this.getAssets();
        if(!new File(filePath+id+".txt").exists()){
            InputStream in=assetManage.open(id+".jpg");
            BufferedInputStream bis=new BufferedInputStream(in);
            BufferedOutputStream bos=new BufferedOutputStream(
                    new FileOutputStream(filePath+id+".txt"));
            byte[] buffer=new byte[8192];
            int length=0;
            while((length=(bis.read(buffer)))>0){
                bos.write(buffer, 0, length);
            }
            bis.close();
            bos.close();
        }
    } catch(IOException e){
        e.printStackTrace();
    }
}
public String getStringFromFile(String code){
```

```java
        try {
            StringBuffer sBuffer=new StringBuffer();
            FileInputStream fInputStream=new FileInputStream(filenameString);
            InputStreamReader inputStreamReader=new InputStreamReader(
                    fInputStream, code);
            BufferedReader in=new BufferedReader(inputStreamReader);
            if(!new File(filenameString).exists()){
                return null;
            }
            while(in.ready()){
                sBuffer.append(in.readLine()+"\n");
            }
            in.close();
            return sBuffer.toString();
        } catch(Exception e){
            e.printStackTrace();
        }
        return null;
    }
    //读取文件内容
    public byte[] readFile(String fileName)throws Exception {
        byte[] result=null;
        FileInputStream fis=null;
        try {
            File file=new File(fileName);
            fis=new FileInputStream(file);
            result=new byte[fis.available()];
            fis.read(result);
        } catch(Exception e){
        } finally {
            fis.close();
        }
        return result;
    }
    public boolean onCreateOptionsMenu(Menu menu){
        menu.add(0, 1, 1, "添加书签");
        menu.add(0, 2, 2, "选择书签");
        menu.add(0, 3, 3, "退出");
        //menu.add(0, 4, 4, "返回章节");
        return super.onCreateOptionsMenu(menu);
    }
    public boolean onMenuItemSelected(int featureId, MenuItem item){
        switch(item.getItemId()){
        case 1:
```

```
            addBookMark();
            break;
        case 2:
            bookMark();
            break;
        case 3:
            AlertDialog.Builder adb2=new Builder(StaringAct.this);
            adb2.setTitle("消息");
            adb2.setMessage("真地要退出吗?");
            adb2.setPositiveButton("确定", new DialogInterface.OnClickListener(){
                public void onClick(DialogInterface dialog, int which){
                }
            });
            adb2.setNegativeButton("取消", null);
            adb2.show();
            break;
        case 4:
            finish();
        default:
            break;
    }
    return super.onMenuItemSelected(featureId, item);
}
//TODO 添加书签
private void addBookMark(){
    //初始化用于接收书签名的视图
    Log.i(TAG, "---------------------------添加开始");
    bookEdit=new EditText(this.getBaseContext());
    new AlertDialog.Builder(this).setTitle("添加书签").setView(bookEdit)
            .setView(bookEdit)
            .setPositiveButton("确定", new OnClickListener(){
                public void onClick(DialogInterface dialog, int which){
                    Log.i(TAG, "---------------------------点击开始");
                    if(bookEdit.getText().toString()!=null
                            && bookEdit.getText().toString().trim()!=""){
                        SQLiteDatabase db=cp.getConnection();
                        int bookName1=fileNameSingle;
                        String bookMarkName=bookEdit.getText().toString();
                        for(BookMark bm : listBook){
                            Log.i(TAG, "------------xx"+bm);
                            if(bookMarkName.equals(bm.getBookmarkName())){
                                Toast.makeText(StaringAct.this,
                                        "此书签已经存在,请取别的名字",
                                        Toast.LENGTH_SHORT).show();
```

```
                                return;
                        }
                    }
                    int page=pagefactory.getPage();
                    int bookmarkID=0;
                    bookmarkID=pagefactory.getBeginNum();
                    String sql="insert into "
                        +TABLE_NAME
                        +"(bookmarkID,bookmarkName,bookPage,
                        bookName)values("
                        +bookmarkID+",'"+bookMarkName+"',"
                        +page+",'"+bookName1+"');";
                    System.out
                        .println("sql==================="+sql);
                    Log.i(TAG, "------------"+sql);
                    db.execSQL(sql);
                    queryTable(cp, fileNameSingle);

                    for(BookMark bm : listBook){
                        Log.i(TAG, "------------"+bm);
                    }
                }
            }
        }).setNegativeButton("取消", new OnClickListener(){

            public void onClick(DialogInterface dialog, int which){
                Toast.makeText(StaringAct.this, "未添加书签",
                    Toast.LENGTH_SHORT);
            }
        }).show();
}
public void queryTable(ConnectionProvider cp, int fileNameSingle){
    Log.i(TAG, "----------------------"+"query bookmark table");
    String str="select * from "+TABLE_NAME;
    Cursor cursor=null;
    listBook.clear();
    try {
        cursor=cp.getConnection().rawQuery(str, null);
        if(cursor!=null){
            cursor.moveToFirst();
            while(true){
                Log.v("login active", "outp.");
                int bookmarkID=cursor.getInt(0);
                String bookmarkName=cursor.getString(1);
```

```
                    int bookPage=cursor.getInt(2);
                    int bookName=cursor.getInt(3);
                    BookMark bm=new BookMark();
                    bm.setBookmarkID(bookmarkID);
                    bm.setBookmarkName(bookmarkName);
                    bm.setBookPage(bookPage);
                    bm.setBookName(bookName);
                    if(bookName==fileNameSingle)
                        listBook.add(bm);
                    if(cursor.isLast()){
                        break;
                    }
                    cursor.moveToNext();
                }
            Log.i(TAG, "----------------listBook-"+listBook.size());
            }
            Log.i(TAG, "----------------------"+"bookmark查询结束");


    } catch(Exception e){

        e.printStackTrace();
    } finally {

        if(cursor!=null){
            cursor.close();
        }
        Log.i(TAG, "----------------------"+"bookmark查询关闭");
    }
}
//TODO 添加书签
String[] books;
private void bookMark(){
    queryTable(cp, fileNameSingle);
    books=new String[listBook.size()];
    for(int i=0; i<listBook.size(); i++){
        books[i]=listBook.get(i).getBookmarkName();
    }
    new AlertDialog.Builder(this)
            .setTitle("单选框")
            .setIcon(android.R.drawable.ic_dialog_info)
            .setSingleChoiceItems(books, 0,
                    new DialogInterface.OnClickListener(){
                        public void onClick(DialogInterface dialog,
                                int which){
```

```
                            String selectBook=books[which];
                            for(BookMark bm : listBook){
                                if(bm.getBookmarkName().equals(selectBook)){
                                    int page=bm.getBookPage();
                                    try {
                                        Log.i(TAG,
                                            "---------------------
                                            - - - - getBookmarkID " + bm
                                            .getBookmarkID());
                    setNewView(page, bm.getBookmarkID());
                                        //mPageWidget.invalidate();
                                    } catch(IOException e){
                                        e.printStackTrace();
                                    }
                                }
                            }
                            dialog.dismiss();
                        }
                    }).setNegativeButton("取消", null).show();

    }
    private void setNewView(int page, int bookmarkID)throws IOException {
        pagefactory.toSelectPage(page, bookmarkID);
        mPageWidget.invalidate();
        pagefactory.onDraw(mCurPageCanvas);
        pagefactory.onDraw(mNextPageCanvas);
        mPageWidget.setBitmaps(mCurPageBitmap, mNextPageBitmap);
        //pagefactory.onDraw(mNextPageCanvas);
    }
    @Override
    protected void onDestroy(){
        //TODO 自动生成的方法存根
        super.onDestroy();
/*        if(exit)
        System.exit(0); */
        if(pagefactory.m_book_bg !=null && !pagefactory.m_book_bg.isRecycled()){
            pagefactory.m_book_bg.recycle();
        }
    }
}
```

ActivityManager.java 文件代码：

```
package com.java2.ui;
import java.text.SimpleDateFormat;
```

```java
import java.util.ArrayList;
import java.util.Date;
import java.util.List;
import android.app.Activity;
import android.content.ContentValues;
import android.database.sqlite.SQLiteDatabase;
import android.net.Uri;
public class ActivityManager {
    private static ActivityManager instance;
    private List<Activity>list;
    public static ActivityManager getInstance(){
        if(instance==null)
            instance=new ActivityManager();
        return instance;
    }
    public void addActivity(Activity av){
        if(list==null)
            list=new ArrayList<Activity>();
        if(av!=null){
            list.add(av);
        }
    }
    public void exitAllProgress(){
        for(int i=0; i<list.size(); i++){
            Activity av=list.get(i);
            av.finish();
        }
    }
}
```

MyPageWidget.java 文件代码：

```java
package com.java2.widget;
import android.content.Context;
import android.graphics.Bitmap;
import android.graphics.Canvas;
import android.graphics.ColorMatrix;
import android.graphics.ColorMatrixColorFilter;
import android.graphics.Matrix;
import android.graphics.Paint;
import android.graphics.Path;
import android.graphics.PointF;
import android.graphics.Region;
import android.graphics.drawable.GradientDrawable;
import android.util.DisplayMetrics;
```

```java
import android.view.MenuItem;
import android.view.MotionEvent;
import android.view.View;
import android.widget.Scroller;
public class MyPageWidget extends View {
    private static final String TAG="hmg";
    DisplayMetrics dm=getResources().getDisplayMetrics();
    private int mWidth=dm.widthPixels;
    private int mHeight=dm.heightPixels;
    private int mCornerX=0;
    private int mCornerY=0;
    private Path mPath0;
    private Path mPath1;
    Bitmap mCurPageBitmap=null;
    Bitmap mNextPageBitmap=null;
    PointF mTouch=new PointF();
    PointF mBezierStart1=new PointF();
    PointF mBezierControl1=new PointF();
    PointF mBeziervertex1=new PointF();
    PointF mBezierEnd1=new PointF();
    PointF mBezierStart2=new PointF();
    PointF mBezierControl2=new PointF();
    PointF mBeziervertex2=new PointF();
    PointF mBezierEnd2=new PointF();
    float mMiddleX;
    float mMiddleY;
    float mDegrees;
    float mTouchToCornerDis;
    ColorMatrixColorFilter mColorMatrixFilter;
    Matrix mMatrix;
    float[] mMatrixArray={ 0, 0, 0, 0, 0, 0, 0, 0, 1.0f };
    boolean mIsRTandLB;                                  //是否属于右上左下
    float mMaxLength=(float)Math.hypot(mWidth,mHeight);
    int[] mBackShadowColors;
    int[] mFrontShadowColors;
    GradientDrawable mBackShadowDrawableLR;
    GradientDrawable mBackShadowDrawableRL;
    GradientDrawable mFolderShadowDrawableLR;
    GradientDrawable mFolderShadowDrawableRL;
    GradientDrawable mFrontShadowDrawableHBT;
    GradientDrawable mFrontShadowDrawableHTB;
    GradientDrawable mFrontShadowDrawableVLR;
    GradientDrawable mFrontShadowDrawableVRL;
    Paint mPaint;
```

```
            Scroller mScroller;
            public MyPageWidget(Context context){
                super(context);
                mPath0=new Path();
                mPath1=new Path();
                createDrawable();
                mPaint=new Paint();
                mPaint.setStyle(Paint.Style.FILL);
                ColorMatrix cm=new ColorMatrix();
                float array[]={ 0.55f, 0, 0, 0, 80.0f, 0, 0.55f, 0, 0, 80.0f, 0, 0,0.55f,
                0, 80.0f, 0, 0, 0, 0.2f, 0 };
                cm.set(array);
                mColorMatrixFilter=new ColorMatrixColorFilter(cm);
                mMatrix=new Matrix();
                mScroller=new Scroller(getContext());
                mTouch.x=0.01f;            //不让 x,y 为 0,否则在点计算时会有问题
                mTouch.y=0.01f;
            }
    //计算拖曳点对应的拖曳脚
            public void calcCornerXY(float x, float y){
                if(x<=mWidth/2)
                    mCornerX=0;
                else
                    mCornerX=mWidth;
                if(y<=mHeight/2)
                    mCornerY=0;
                else
                    mCornerY=mHeight;
                if((mCornerX==0 && mCornerY==mHeight)
                        ||(mCornerX==mWidth && mCornerY==0))
                    mIsRTandLB=true;
                else
                    mIsRTandLB=false;
            }
            public boolean doTouchEvent(MotionEvent event){
                if(event.getAction()==MotionEvent.ACTION_MOVE){
                    mTouch.x=event.getX();
                    mTouch.y=event.getY();
                    this.postInvalidate();
                }
                if(event.getAction()==MotionEvent.ACTION_DOWN){
                    mTouch.x=event.getX();
                    mTouch.y=event.getY();
                }
```

```
        if(event.getAction()==MotionEvent.ACTION_UP){
            if(canDragOver()){
                startAnimation(1200);
            } else {
                mTouch.x=mCornerX-0.09f;
                mTouch.y=mCornerY-0.09f;
            }

            this.postInvalidate();
        }
        return true;
    }


//Description: 求解直线 P1P2 和直线 P3P4 的交点坐标
public PointF getCross(PointF P1, PointF P2, PointF P3, PointF P4){
    PointF CrossP=new PointF();
    //二元函数通式: y=ax+b
    float a1=(P2.y-P1.y)/(P2.x-P1.x);
    float b1=((P1.x * P2.y)-(P2.x * P1.y))/(P1.x-P2.x);

    float a2=(P4.y-P3.y)/(P4.x-P3.x);
    float b2=((P3.x * P4.y)-(P4.x * P3.y))/(P3.x-P4.x);
    CrossP.x=(b2-b1)/(a1-a2);
    CrossP.y=a1 * CrossP.x+b1;
    return CrossP;
}
private void calcPoints(){
    mMiddleX=(mTouch.x+mCornerX)/2;
    mMiddleY=(mTouch.y+mCornerY)/2;
    mBezierControl1.x=mMiddleX-(mCornerY-mMiddleY)
            * (mCornerY-mMiddleY)/(mCornerX-mMiddleX);
    mBezierControl1.y=mCornerY;
    mBezierControl2.x=mCornerX;
    mBezierControl2.y=mMiddleY-(mCornerX-mMiddleX)
            * (mCornerX-mMiddleX)/(mCornerY-mMiddleY);
    mBezierStart1.x=mBezierControl1.x-(mCornerX-mBezierControl1.x)
            /2;
    mBezierStart1.y=mCornerY;
    //当 mBezierStart1.x<0 或者 mBezierStart1.x>480 时
    //如果继续翻页,会出现 Bug 故在此限制
    dm=new DisplayMetrics();
    if(mTouch.x>0 && mTouch.x<mWidth){
        if(mBezierStart1.x<0 || mBezierStart1.x>mWidth){
            if(mBezierStart1.x<0)
```

```
                    mBezierStart1.x=mWidth-mBezierStart1.x;
            float f1=Math.abs(mCornerX-mTouch.x);
            float f2=mWidth * f1 / mBezierStart1.x;
            mTouch.x=Math.abs(mCornerX-f2);
            float f3=Math.abs(mCornerX-mTouch.x)
                    * Math.abs(mCornerY-mTouch.y)/ f1;
            mTouch.y=Math.abs(mCornerY-f3);
            mMiddleX=(mTouch.x+mCornerX)/2;
            mMiddleY=(mTouch.y+mCornerY)/2;
            mBezierControl1.x=mMiddleX-(mCornerY-mMiddleY)
                    * (mCornerY-mMiddleY)/(mCornerX-mMiddleX);
            mBezierControl1.y=mCornerY;
            mBezierControl2.x=mCornerX;
            mBezierControl2.y=mMiddleY-(mCornerX-mMiddleX)
                    * (mCornerX-mMiddleX)/(mCornerY-mMiddleY);
            mBezierStart1.x=mBezierControl1.x
                    - (mCornerX-mBezierControl1.x)/2;
        }
    }
    mBezierStart2.x=mCornerX;
    mBezierStart2.y=mBezierControl2.y-(mCornerY-mBezierControl2.y)
            /2;
    mTouchToCornerDis=(float)Math.hypot((mTouch.x-mCornerX),
            (mTouch.y-mCornerY));
    mBezierEnd1=getCross(mTouch, mBezierControl1, mBezierStart1,
            mBezierStart2);
    mBezierEnd2=getCross(mTouch, mBezierControl2, mBezierStart1,
            mBezierStart2);
    mBeziervertex1.x=(mBezierStart1.x+2 * mBezierControl1.x+mBezierEnd1
    .x)/ 4;
    mBeziervertex1.y=(2 * mBezierControl1.y+mBezierStart1.y+mBezierEnd1
    .y)/ 4;
    mBeziervertex2.x=(mBezierStart2.x+2 * mBezierControl2.x+mBezierEnd2
    .x)/ 4;
    mBeziervertex2.y=(2 * mBezierControl2.y+mBezierStart2.y+mBezierEnd2
    .y)/ 4;
}
private void drawCurrentPageArea(Canvas canvas, Bitmap bitmap, Path path){
    mPath0.reset();
    mPath0.moveTo(mBezierStart1.x, mBezierStart1.y);
    mPath0.quadTo(mBezierControl1.x, mBezierControl1.y, mBezierEnd1.x,
    mBezierEnd1.y);
    mPath0.lineTo(mTouch.x, mTouch.y);
    mPath0.lineTo(mBezierEnd2.x, mBezierEnd2.y);
```

```
        mPath0.quadTo (mBezierControl2.x, mBezierControl2.y, mBezierStart2.x,
        mBezierStart2.y);
        mPath0.lineTo(mCornerX, mCornerY);
        mPath0.close();
        canvas.save();
        canvas.clipPath(path, Region.Op.XOR);
        canvas.drawBitmap(bitmap, 0, 0, null);
        canvas.restore();
    }
    private void drawNextPageAreaAndShadow(Canvas canvas, Bitmap bitmap){
        mPath1.reset();
        mPath1.moveTo(mBezierStart1.x, mBezierStart1.y);
        mPath1.lineTo(mBeziervertex1.x, mBeziervertex1.y);
        mPath1.lineTo(mBeziervertex2.x, mBeziervertex2.y);
        mPath1.lineTo(mBezierStart2.x, mBezierStart2.y);
        mPath1.lineTo(mCornerX, mCornerY);
        mPath1.close();
        mDegrees= (float) Math. toDegrees (Math. atan2 (mBezierControl1. x -
        mCornerX, mBezierControl2.y-mCornerY));
        int leftx;
        int rightx;
        GradientDrawable mBackShadowDrawable;
        if(mIsRTandLB){
            leftx= (int) (mBezierStart1.x);
            rightx= (int) (mBezierStart1.x+mTouchToCornerDis / 4);
            mBackShadowDrawable=mBackShadowDrawableLR;
        } else {
            leftx= (int) (mBezierStart1.x-mTouchToCornerDis / 4);
            rightx= (int)mBezierStart1.x;
            mBackShadowDrawable=mBackShadowDrawableRL;
        }
        canvas.save();
        canvas.clipPath(mPath0);
        canvas.clipPath(mPath1, Region.Op.INTERSECT);
        canvas.drawBitmap(bitmap, 0, 0, null);
        canvas.rotate(mDegrees, mBezierStart1.x, mBezierStart1.y);
        mBackShadowDrawable.setBounds (leftx, (int)mBezierStart1. y, rightx,
        (int)(mMaxLength+mBezierStart1.y));
        mBackShadowDrawable.draw(canvas);
        canvas.restore();
    }
    public void setBitmaps(Bitmap bm1, Bitmap bm2){
        mCurPageBitmap=bm1;
        mNextPageBitmap=bm2;
```

```
    }
    public void setScreen(int w, int h){
        mWidth=w;
        mHeight=h;
    }
    @Override
    protected void onDraw(Canvas canvas){
        canvas.drawColor(0xFFAAAAAA);
        calcPoints();
        drawCurrentPageArea(canvas, mCurPageBitmap, mPath0);
        drawNextPageAreaAndShadow(canvas, mNextPageBitmap);
        drawCurrentPageShadow(canvas);
        drawCurrentBackArea(canvas, mCurPageBitmap);
    }
//创建阴影的 GradientDrawable
    private void createDrawable(){
        int[] color={ 0x333333, 0xb0333333 };
        mFolderShadowDrawableRL=new GradientDrawable(
                GradientDrawable.Orientation.RIGHT_LEFT, color);
        mFolderShadowDrawableRL
                .setGradientType(GradientDrawable.LINEAR_GRADIENT);
        mFolderShadowDrawableLR=new GradientDrawable(
                GradientDrawable.Orientation.LEFT_RIGHT, color);
        mFolderShadowDrawableLR
                .setGradientType(GradientDrawable.LINEAR_GRADIENT);
        mBackShadowColors=new int[] { 0xff111111, 0x111111 };
        mBackShadowDrawableRL=new GradientDrawable(
                GradientDrawable.Orientation.RIGHT_LEFT, mBackShadowColors);
        mBackShadowDrawableRL.setGradientType(GradientDrawable.LINEAR_GRADIENT);
        mBackShadowDrawableLR=new GradientDrawable(
                GradientDrawable.Orientation.LEFT_RIGHT, mBackShadowColors);
mBackShadowDrawableLR.setGradientType(GradientDrawable.LINEAR_GRADIENT);
        mFrontShadowColors=new int[] { 0x80111111, 0x111111 };
        mFrontShadowDrawableVLR=new GradientDrawable(
                GradientDrawable.Orientation.LEFT_RIGHT, mFrontShadowColors);
        mFrontShadowDrawableVLR
                .setGradientType(GradientDrawable.LINEAR_GRADIENT);
        mFrontShadowDrawableVRL=new GradientDrawable(
                GradientDrawable.Orientation.RIGHT_LEFT, mFrontShadowColors);
        mFrontShadowDrawableVRL
                .setGradientType(GradientDrawable.LINEAR_GRADIENT);
        mFrontShadowDrawableHTB=new GradientDrawable(
                GradientDrawable.Orientation.TOP_BOTTOM, mFrontShadowColors);
        mFrontShadowDrawableHTB
```

```java
                .setGradientType(GradientDrawable.LINEAR_GRADIENT);
        mFrontShadowDrawableHBT=new GradientDrawable(
                GradientDrawable.Orientation.BOTTOM_TOP, mFrontShadowColors);
        mFrontShadowDrawableHBT
                .setGradientType(GradientDrawable.LINEAR_GRADIENT);
    }
//绘制翻起页的阴影
    public void drawCurrentPageShadow(Canvas canvas){
        double degree;
        if(mIsRTandLB){
            degree=Math.PI
                    / 4
                    -Math.atan2(mBezierControl1.y-mTouch.y, mTouch.x
                            -mBezierControl1.x);
        } else {
            degree=Math.PI
                    / 4
                    -Math.atan2(mTouch.y-mBezierControl1.y, mTouch.x
                            -mBezierControl1.x);
        }
        //翻起页阴影顶点与 touch 点的距离
        double d1=(float)25 * 1.414 * Math.cos(degree);
        double d2=(float)25 * 1.414 * Math.sin(degree);
        float x=(float)(mTouch.x+d1);
        float y;
        if(mIsRTandLB){
            y=(float)(mTouch.y+d2);
        } else {
            y=(float)(mTouch.y-d2);
        }
        mPath1.reset();
        mPath1.moveTo(x, y);
        mPath1.lineTo(mTouch.x, mTouch.y);
        mPath1.lineTo(mBezierControl1.x, mBezierControl1.y);
        mPath1.lineTo(mBezierStart1.x, mBezierStart1.y);
        mPath1.close();
        float rotateDegrees;
        canvas.save();
        canvas.clipPath(mPath0, Region.Op.XOR);
        canvas.clipPath(mPath1, Region.Op.INTERSECT);
        int leftx;
        int rightx;
        GradientDrawable mCurrentPageShadow;
        if(mIsRTandLB){
```

```
        leftx=(int)(mBezierControl1.x);
        rightx=(int)mBezierControl1.x+25;
        mCurrentPageShadow=mFrontShadowDrawableVLR;
    } else {
        leftx=(int)(mBezierControl1.x-25);
        rightx=(int)mBezierControl1.x+1;
        mCurrentPageShadow=mFrontShadowDrawableVRL;
    }
    rotateDegrees=(float)Math.toDegrees(Math.atan2(mTouch.x
        -mBezierControl1.x, mBezierControl1.y-mTouch.y));
    canvas.rotate(rotateDegrees, mBezierControl1.x, mBezierControl1.y);
    mCurrentPageShadow.setBounds(leftx,
        (int)(mBezierControl1.y-mMaxLength), rightx,
        (int)(mBezierControl1.y));
    mCurrentPageShadow.draw(canvas);
    canvas.restore();
    mPath1.reset();
    mPath1.moveTo(x, y);
    mPath1.lineTo(mTouch.x, mTouch.y);
    mPath1.lineTo(mBezierControl2.x, mBezierControl2.y);
    mPath1.lineTo(mBezierStart2.x, mBezierStart2.y);
    mPath1.close();
    canvas.save();
    canvas.clipPath(mPath0, Region.Op.XOR);
    canvas.clipPath(mPath1, Region.Op.INTERSECT);
    if(mIsRTandLB){
        leftx=(int)(mBezierControl2.y);
        rightx=(int)(mBezierControl2.y+25);
        mCurrentPageShadow=mFrontShadowDrawableHTB;
    } else {
        leftx=(int)(mBezierControl2.y-25);
        rightx=(int)(mBezierControl2.y+1);
        mCurrentPageShadow=mFrontShadowDrawableHBT;
    }
    rotateDegrees=(float)Math.toDegrees(Math.atan2(mBezierControl2.y
        -mTouch.y, mBezierControl2.x-mTouch.x));
    canvas.rotate(rotateDegrees, mBezierControl2.x, mBezierControl2.y);
    float temp;
    if(mBezierControl2.y<0)
        temp=mBezierControl2.y-mHeight;
    else
        temp=mBezierControl2.y;

    int hmg=(int)Math.hypot(mBezierControl2.x, temp);
```

```
        if(hmg>mMaxLength)
            mCurrentPageShadow
                    .setBounds((int)(mBezierControl2.x-25)-hmg, leftx,
                            (int)(mBezierControl2.x+mMaxLength)-hmg,
                            rightx);
        else
            mCurrentPageShadow.setBounds(
                    (int)(mBezierControl2.x-mMaxLength), leftx,
                    (int)(mBezierControl2.x), rightx);
        mCurrentPageShadow.draw(canvas);
        canvas.restore();
    }
```

//绘制翻起页背面

```
    private void drawCurrentBackArea(Canvas canvas, Bitmap bitmap){
        int i=(int)(mBezierStart1.x+mBezierControl1.x)/2;
        float f1=Math.abs(i-mBezierControl1.x);
        int i1=(int)(mBezierStart2.y+mBezierControl2.y)/2;
        float f2=Math.abs(i1-mBezierControl2.y);
        float f3=Math.min(f1, f2);
        mPath1.reset();
        mPath1.moveTo(mBeziervertex2.x, mBeziervertex2.y);
        mPath1.lineTo(mBeziervertex1.x, mBeziervertex1.y);
        mPath1.lineTo(mBezierEnd1.x, mBezierEnd1.y);
        mPath1.lineTo(mTouch.x, mTouch.y);
        mPath1.lineTo(mBezierEnd2.x, mBezierEnd2.y);
        mPath1.close();
        GradientDrawable mFolderShadowDrawable;
        int left;
        int right;
        if(mIsRTandLB){
            left=(int)(mBezierStart1.x-1);
            right=(int)(mBezierStart1.x+f3+1);
            mFolderShadowDrawable=mFolderShadowDrawableLR;
        } else {
            left=(int)(mBezierStart1.x-f3-1);
            right=(int)(mBezierStart1.x+1);
            mFolderShadowDrawable=mFolderShadowDrawableRL;
        }
        canvas.save();
        canvas.clipPath(mPath0);
        canvas.clipPath(mPath1, Region.Op.INTERSECT);
        mPaint.setColorFilter(mColorMatrixFilter);
        float dis=(float)Math.hypot(mCornerX-mBezierControl1.x,
                mBezierControl2.y-mCornerY);
```

```
            float f8=(mCornerX-mBezierControl1.x)/ dis;
            float f9=(mBezierControl2.y-mCornerY)/ dis;
            mMatrixArray[0]=1-2 * f9 * f9;
            mMatrixArray[1]=2 * f8 * f9;
            mMatrixArray[3]=mMatrixArray[1];
            mMatrixArray[4]=1-2 * f8 * f8;
            mMatrix.reset();
            mMatrix.setValues(mMatrixArray);
            mMatrix.preTranslate(-mBezierControl1.x,-mBezierControl1.y);
            mMatrix.postTranslate(mBezierControl1.x, mBezierControl1.y);
            canvas.drawBitmap(bitmap, mMatrix, mPaint);
            //canvas.drawBitmap(bitmap, mMatrix, null);
            mPaint.setColorFilter(null);
            canvas.rotate(mDegrees, mBezierStart1.x, mBezierStart1.y);
            mFolderShadowDrawable.setBounds(left, (int)mBezierStart1.y, right,
                    (int)(mBezierStart1.y+mMaxLength));
            mFolderShadowDrawable.draw(canvas);
            canvas.restore();
        }
    public void computeScroll(){
            super.computeScroll();
            if(mScroller.computeScrollOffset()){
                float x=mScroller.getCurrX();
                float y=mScroller.getCurrY();
                mTouch.x=x;
                mTouch.y=y;
                postInvalidate();
            }
        }
    private void startAnimation(int delayMillis){
            int dx, dy;
            //dx 水平方向滑动的距离,负值会使滚动向左滚动
            //dy 垂直方向滑动的距离,负值会使滚动向上滚动
            if(mCornerX>0){
                dx=-(int)(mWidth+mTouch.x);
            } else {
                dx=(int)(mWidth-mTouch.x+mWidth);
            }
            if(mCornerY>0){
                dy=(int)(mHeight-mTouch.y);
            } else {
                dy=(int)(1-mTouch.y);                    //防止 mTouch.y 最终变为 0
            }
            mScroller.startScroll((int)mTouch.x,(int)mTouch.y, dx, dy,
```

```
                    delayMillis);
        }
    public void abortAnimation(){
        if(!mScroller.isFinished()){
            mScroller.abortAnimation();
        }
    }
    public boolean canDragOver(){
        if(mTouchToCornerDis>mWidth / 10)
            return true;
        return false;
    }
//是否从左边翻向右边
    public boolean DragToRight(){
        if(mCornerX>0)
            return false;
        return true;
    }
    //TODO BOOKMark
    private final static int C_MENU_BEGIN_SELECTION=0;
    private boolean bIsBeginSelecting=false;
    public boolean isbIsBeginSelecting(){
        return bIsBeginSelecting;
    }
//光标定位行、列
    private int line=0;
    private int col=0;
     private class MenuHandler implements MenuItem.OnMenuItemClickListener {
            public boolean onMenuItemClick(MenuItem item){
                return onContextMenuItem(item.getItemId());
            }
        }
     private boolean onContextMenuItem(int itemId){
            switch(itemId){
            case C_MENU_BEGIN_SELECTION:
                bIsBeginSelecting=true;
                return true;

            default:
                break;
            }
            return false;
        }
}
```

以上是一个电子书的完整项目。

7.5 Android 平台下消息的云推送

推送功能在手机应用开发中越来越重要,已经成为手机开发的必需。作为 Android 开发人员,在进行应用开发时常常会碰到消息推送。

7.5.1 消息推送基础原理

消息推送,就是在互联网上通过定期传送用户需要的信息来减少信息过载的一项新技术。推送技术通过自动传送信息给用户,来减少用于网络上搜索的时间。它根据用户的兴趣来搜索、过滤信息,并将其定期推给用户,帮助用户高效率地发掘有价值的信息。当开发需要和服务器交互的移动应用时,基本上都需要和服务器进行交互,包括上传数据到服务器,同时从服务器上获取数据。几种常见的解决方案实现原理如下。

(1) 轮询(Pull)方式:客户端定时向服务器发送询问消息,一旦服务器有变化则立即同步消息。必须自己实现与服务器之间的通信,例如消息排队等。而且还要考虑轮询的频率,如果太慢可能导致某些消息的延迟;如果太快,则会大量消耗网络带宽和电池。

(2) SMS(Push)方式:通过拦截 SMS 消息并且解析消息内容来了解服务器的命令。这个方案的好处是,可以实现完全的实时操作。但是问题是这个方案的成本相对比较高,需要向移动公司缴纳相应的费用。目前很难找到免费的短消息发送网关来实现这种方案。

(3) 持久连接(Push)方式:客户端和服务器之间建立长久连接,这样就可以实现消息的及时性和实时性。这个方案可以解决由轮询带来的性能问题,但是还是会消耗手机的电量。

7.5.2 消息云推送解决方案概述

Android 操作系统允许在低内存情况下杀死系统服务,所以推送通知服务很有可能就被操作系统 Kill 掉。轮询(Pull)方式和 SMS(Push)方式这两个方案也存在明显的不足。至于持久连接(Push)方案也有不足,不过可以通过良好的设计来弥补,以便于让该方案可以有效地工作。毕竟,GMail、GTalk 以及 GoogleVoice 都可以实现实时更新。常用的解决方案如下。

1. 第一种解决方案:C2DM 云端推送功能

在 Android 手机平台上,Google 提供了 C2DM(Cloud to Device Messaging)服务。Android Cloud to Device Messaging (C2DM)是一个用来帮助开发者从服务器向 Android 应用程序发送数据的服务。该服务提供了一个简单的、轻量级的机制,允许服务器可以通知移动应用程序直接与服务器进行通信,以便于从服务器获取应用程序更新和用户数据。该方案存在的主要问题是 C2DM 需要依赖于 Google 官方提供的 C2DM 服务器,C2DM 服务负责处理诸如消息排队等事务并向运行于目标设备上的应用程序分发这些消息。C2DM 操作过程示例图如图 7-33 所示。

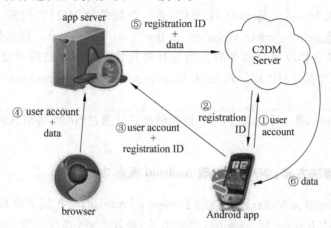

图 7-33 Google C2DM 操作过程

由于 C2DM 需要依赖于 Google 官方提供的 C2DM 服务器,考虑国内的网络环境,这个服务经常不可用。

2. 第二种解决方案:MQTT 协议实现 Android 推送功能

采用 MQTT 协议实现 Android 推送功能也是一种解决方案。MQTT 是一个轻量级的消息发布/订阅协议,它是实现基于手机客户端的消息推送服务器的理想解决方案。

wmqtt.jar 是 IBM 提供的 MQTT 协议的实现。可以从 https://github.com/tokudu/AndroidPushNotificationsDemo 下载该项目的实例代码,并且可以找到一个采用 PHP 书写的服务器端实现(https://github.com/tokudu/PhpMQTTClient)。其架构如图 7-34 所示。

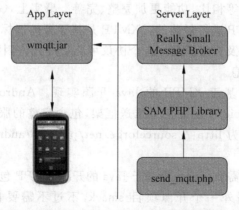

图 7-34 MQTT 协议实现 Android 推送架构

3. 第三种解决方案：RSMB 实现推送功能

Really Small Message Broker（RSMB）是一个简单的 MQTT 代理，同样由 IBM 提供，其查看地址是 http://www.alphaworks.ibm.com/tech/rsmb。默认打开 1883 端口，应用程序中，它负责接收来自服务器的消息并将其转发给指定的移动设备。SAM 是一个针对 MQTT 写的 PHP 库。可以从 http://pecl.php.net/package/sam/download/0.2.0 下载。

send_mqtt.php 是一个通过 POST 接收消息并且通过 SAM 将消息发送给 RSMB 的 PHP 脚本。

4. 第四种解决方案：XMPP 实现 Android 推送功能

XMPP(Extensible Messageing and Presence Protocol，可扩展消息与存在协议)是目前主流的 4 种 IM(Instant Messaging，即时消息)协议之一，其他三种分别为：即时信息和空间协议(IMPP)、空间和即时信息协议(PRIM)、针对即时通信和空间平衡扩充的进程开始协议 SIP(SIMPLE)。在这 4 种协议中，XMPP 是最灵活的。XMPP 是一种基于 XML 的协议，它继承了在 XML 环境中灵活的发展性。因此，基于 XMPP 的应用具有超强的可扩展性。经过扩展以后的 XMPP 可以通过发送扩展的信息来处理用户的需求，以及在 XMPP 的顶端建立如内容发布系统和基于地址的服务等应用程序。而且，XMPP 包含针对服务器端的软件协议，使之能与另一个服务进行通话，这使得开发者更容易建立客户应用程序或给一个配好的系统添加功能。XMPP 目前被 IETF 国际标准组织完成了标准化工作。标准化的核心结果分为两部分：核心的 XML 流传输协议和基于 XML 流传输的即时通信扩展应用。XMPP 的核心 XML 流传输协议的定义使得 XMPP 能够在一个比以往网络通信协议更规范的平台上。XMPP 的即时通信扩展应用部分是根据 IETF 在这之前对即时通信的一个抽象定义的，与其他业已得到广泛使用的即时通信协议，诸如 AIM、QQ 等相比，功能更加完整、完善。事实上，Google 官方的 C2DM 服务器底层也是采用 XMPP 进行封装的。XMPP 是基于可扩展标记语言(XML)的协议，它用于即时消息(IM)以及在线探测。这个协议可能最终允许因特网用户向因特网上的其他任何人发送即时消息。

AndroidPN 是一个基于 XMPP 的 Java 开源实现。AndroidPN 即 Android Push Notification，它是 Android 平台的信息推送框架，包含完整的服务器端和客户端程序。AndroidPN 的项目主页为 http://sourceforge.net/projects/androidpn/。AndroidPN 推送结构如图 7-35 所示。

AndroidPN 客户端需要用到一个基于 Java 的开源 XMPP 包 asmack，这个包同样也是基于 openfire 下的另外一个开源项目 smack，不过不需要自己编译，可以直接把 AndroidPN 客户端里面的 asmack.jar 拿来使用。客户端利用 asmack 中提供的 XMPPConnection 类与服务器建立持久连接，并通过该连接进行用户注册和登录认证，同样也是通过这条连接，接收服务器发送的通知。

AndroidPN 服务器端也是 Java 语言实现的，基于 openfire 开源工程，不过它的 Web

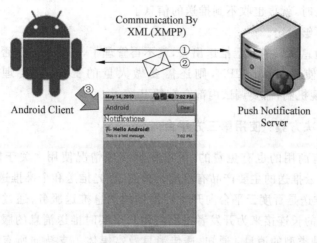

图 7-35　AndroidPN 实现 Android 推送结构

部分采用的是 Spring 框架,这一点与 openfire 是不同的。AndroidPN 服务器包含两个部分,一个是侦听在 5222 端口上的 XMPP 服务,负责与客户端的 XMPPConnection 类进行通信,作用是用户注册和身份认证,并发送推送通知消息。另外一部分是 Web 服务器,采用一个轻量级的 HTTP 服务器,负责接收用户的 Web 请求,其服务器架构如图 7-36 所示。

Session Manager	Auth Manager	Presence Manager	Notification Manager
IO Handler	Stanza Handler	IQ Handler	Admin Console
Spring Framework		MINA	Jetty
Java SE 6 Runtime			

图 7-36　AndroidPN 服务器架构

最上层包含 4 个组成部分,分别是 Session Manager、Auth Manager、Presence Manager 以及 Notification Manager。Session Manager 负责管理客户端与服务器之间的会话,Auth Manager 负责客户端用户认证管理,Presence Manager 负责管理客户端用户的登录状态,Notification Manager 负责实现服务器向客户端推送消息功能。这个解决方案的最大优势就是简单,不需要像 C2DM 那样依赖操作系统版本,也不会担心某一天 Google 服务器不可用。利用 XMPP 还可以进一步地对协议进行扩展,实现更为完善的功能。采用这个方案,目前只能发送文字消息,不过对于推送来说一般足够了,因为不能指望通过推送得到所有的数据。一般情况下,利用推送只是告诉手机端服务器发生了某些改变,当客户端收到通知以后,应该主动到服务器获取最新的数据,这样才是推送服务的完整实现。但也存在以下一些不足之处。

（1）时间过长时，就再也收不到推送的信息了。

（2）性能上不够稳定。

（3）如果将消息从服务器上推送出去，就不再管理了，不管消息是否成功到达客户端手机上。如果要使用 AndroidPN，则还需要做大量的工作，需要理解 XMPP、理解 AndroidPN 的实现机制，需要调试内部存在的 Bug。

5. 第五种解决方案：使用第三方平台

第三方平台有商用的也有免费的，可以根据实现情况使用。关于国内的第三方平台，目前国内消息云推送的主要产品有百度云推送、极光推送和个推推送。

（1）百度云推送是百度云平台向开发者提供的消息推送服务；通过云端与客户端之间建立稳定、可靠的长连接来为开发者提供向用户端实时推送消息的服务。百度云推送服务支持推送三种类型的消息：通知、透传消息及富媒体。支持向所有用户或根据标签分类向特定用户群体推送消息；支持更多自定义功能（如自定义内容、后续行为、样式模板等）；提供用户信息及通知消息统计信息，方便开发者进行后续开发及运营。为了使开发者在使用云推送服务时有更好的体验，云推送服务为第三方应用访问云推送开放服务提供统一的 Android 客户端 SDK，多语言的服务端 SDK。可以前往百度开发者中心查看云推送的帮助文档查看 API 和 SDK。百度云推送帮助文档网址为 http://developer.baidu.com/wiki/index.php?title=docs/cplat/push。更多内容请参考百度开发者中心官网 http://developer.baidu.com/中的云推送栏目 http://developer.baidu.com/cloud/push。

（2）极光推送英文简称 JPush，是一个面向普通开发者开放的，免费的第三方消息推送服务。开发者只需在客户端集成极光推送 SDK，即可轻松地添加 Push 功能到 App 中。目前支持 Android、iOS、Windows Phone，是一款稳定的云推送服务产品。开发者可以在管理 Portal 上快捷地向用户推送消息，也可以定制推送的时间、用户群、位置等。还提供远程推送 API。极光推送按照接收者范围的不同提供了广播，标签，别名，IMEI（Android Only）4 种推送方式，不同的使用场景和开发者可以根据业务需求进行选择。更多内容请参考极光推送官方网站 https://www.jpush.cn/。

（3）个推推送是由国内个信互动（北京）网络科技有限公司所推出的第三方推送技术解决方案，个推系统在低成本下，能够保证消息推送的时效性、有效性、内容形式的多样性，并且省电省流量。个推提供企业级的解决方案，依托于已有成熟的推送技术，帮助应用开发商快捷、高效地建立自己的推送服务，并最终完善自己的服务体系，快速融入市场。服务模式主要有：提供 Android 和 iOS 推送 SDK，支持 Web 及服务器端推送 API 接入和支持群发和业务整合模式。更多内容请参考个推推送官方网站 http://www.getui.com/。

其实无论选哪种方式最适合的才是最好的，实际中应根据自己的需求做出决定。

6. 第六种解决方案：自己搭建一个推送平台

综合以上论述，在建立 Android 消息推送方面可谓方案多多，但每一款方案都有其优缺点,可以根据各自的需要采取合适的方案。

7.5.3 AndroidPN 平台的信息推送示例

AndroidPN 即 Android Push Notification,它是 Android 平台的信息推送框架,基于 XMPP 的 Java 实现,它包含完整的服务器端和客户端程序。AndroidPN 框架的下载地址为 http://sourceforge.net/projects/androidpn/files/,将以下文件全部下载,如图 7-37 所示。

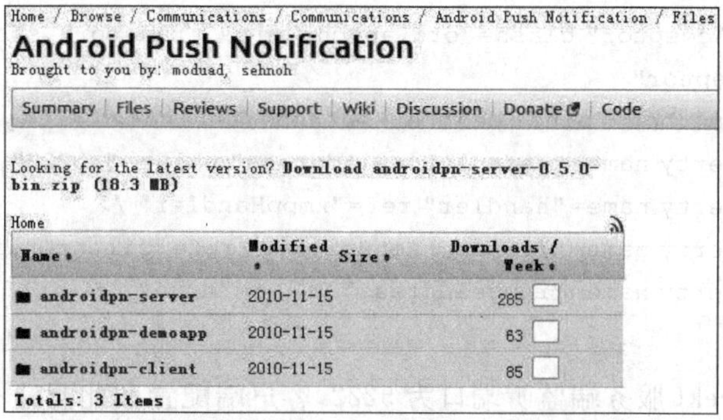

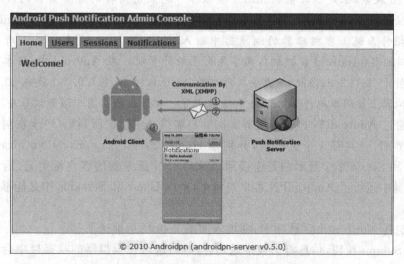

图 7-37 AndroidPN 框架的下载界面

其中,androidpn-server 是服务端程序,它包含可执行脚本,能够直接启动运行; android-demoapp 是演示示例,下面就直接用它来演示;androidpn-client 是客户端源代码,可以用它来研究 AndroidPN 的内部实现。具体步骤如下。

(1) 启动 AndroidPN 服务端程序。运行 android-server-0.5.0\bin\run.bat,启动完成后,从浏览器访问 http://127.0.0.1:7070/index.do(AndroidPN Server 有个轻量级的 Web 服务器,在 7070 端口监听请求,接收用户输入的文本消息),可以访问到如图 7-38 所示的界面。

图 7-38 运行 AndroidPN 服务端程序界面

下面就是通过这个界面向 Android 手机客户端推送信息。

注意：独立部署使用不需要对 androidpn-server 源代码进行任何更改，只需要修改好配置文件即可，配置文件在 conf 文件夹下，下面对需要注意的配置项进行说明，其他配置项目使用默认配置即可。对于 config.properties 的配置说明如下。

```
admin.console.host=127.0.0.1          //Web 管理控制界面 jetty 服务监听的地址
admin.console.port=7070               //Web 管理控制界面 jetty 服务监听的端口
```

对于 spring-config.xml 的配置说明如下。

```
<bean id="ioAcceptor" class="org.apache.mina.transport.socket.nio.
NioSocketAcceptor"
      init-method="bind" destroy-method="unbind">
      <property name="defaultLocalAddress" value=":5222" />
      <property name="handler" ref="xmppHandler" />
      <property name="filterChainBuilder" ref="filterChainBuilder" />
      <property name="reuseAddress" value="true" />
</bean>
```

上述 mina Socekt 服务端监听端口为 5222，客户端配置和此配置一致。启动脚本在 bin 下，Windows 和 Linux 的脚本都有，需要配置系统环境变量 JAVA_HOME，或者修改启动脚本将 JAVA_HOME 指定为本机的具体地址，运行 run 脚本 AndroidPN 启动成功，通过浏览器访问 http://127.0.0.1:7070/ 就可看到 Console 界面。

（2）启动 AndroidPN 客户端程序。将下载的 androidpn-demoapp 解压并导入 Eclipse 中。

（3）将工程中 res/raw/androidpn.properties 文件里的 xmppHost 改为 10.0.2.2 或者本机的 IP 地址，如图 7-39 所示。

注意：在一般的 Java Web 程序开发中，通常使用 localhost 或者 127.0.0.1 来访问本机的 Web 服务，但是如果在 Android 模拟器中也采用同样的地址来访问，Android 模拟器将无法正常访问到服务。因为 Android 的底层是 Linux Kernel，包括 Android 本身就是一个操作系统。在模拟器的浏览器中输入的 localhost 或 127.0.0.1 所代表的是 Android 模拟器（Android 虚拟机），而不是自己的计算机。在 Android 中，将本地计算机的地址映射为 10.0.2.2，因此，只需要将原先的 localhost 或者 127.0.0.1 换成 10.0.2.2，就可以在模拟器上访问本地计算机上的 Web 资源了。接着在模拟器中运行该程序。

（4）通过 AndroidPN 服务配置界面向客户端推送信息。回到第（1）步在浏览器中显示的配置界面，一共有 4 个选项卡，分别是 Home、Users、Sessions 和 Notifications。其中，Users 和 Sessions 中显示的是连接到 AndroidPN 服务器的客户端信息，因为刚才已经在模拟器中运行了 AndroidPN 客户端程序，所以 Users 和 Sessions 中是能够看到一条记录的。

（5）选择 Notifications 选项卡，并填入如图 7-40 所示推送信息。

单击 Submit 按钮，信息将会被推送到客户端，这时在模拟器的状态栏中会以通知的形式显示推送信息，单击后能够查看到推送信息的完整内容，因为在推荐界面的 URI 中

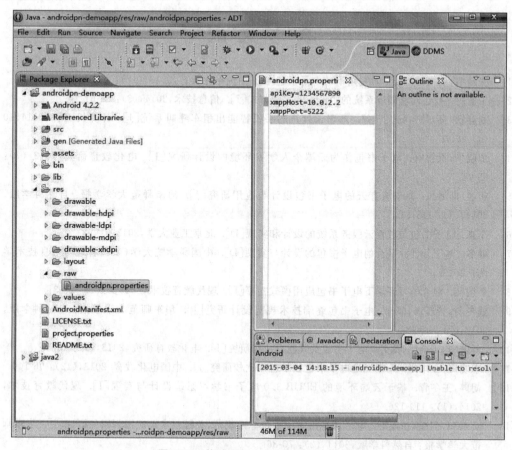

图 7-39　修改 androidpn. properties 文件

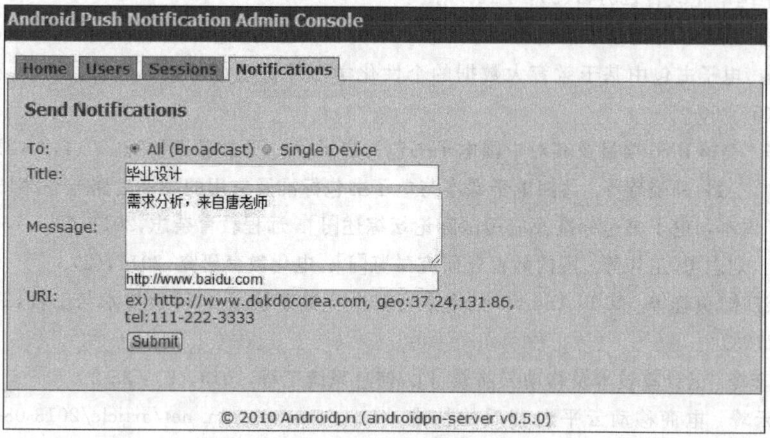

图 7-40　Notifications 选项卡界面

填入了网页地址,所以单击 OK 按钮将会自动打开浏览器访问该地址。

参考文献

[1] 张新明,何文涛. 云学习视角下的电子书包[J]. 中国电化教育,2013,(12):47-51.

[2] 王丽君. 社会问卷调查系统的 Android 实现方式[J]. 信息技术,2014,(3):58-61.

[3] 刘亚秋,吴双满,韩大明等. 基于云计算的手机智能出租车呼叫系统[J]. 计算机工程,2014,40(4):14-18.

[4] 郁晓华,祝智庭. 电子书包作为云端个人学习环境的设计研究[J]. 电化教育研究,2012,(7):69-75.

[5] 程丽,邢海风. 基于教育云的电子书包设计与应用研究[J]. 河南师范大学学报:自然科学版,2014,(3):148-152.

[6] 李森. 电子书包与教育云服务系统的设计和实现[D]. 北京工业大学,2013.

[7] 韩冬. 基于云计算平台的电子书包的设计与实现[D]. 中国科学院大学(工程管理与信息技术学院),2013.

[8] 黄明燕. 混合学习环境下电子书包应用模式初探[J]. 现代教育技术,2013,23(1):28-31.

[9] 钱冬明,管珏琪,郭玮. 电子书包终端技术规范设计研究[J]. 华东师范大学学报:自然科学版,2012,(2):91-98.

[10] 刘繁华,于会娟,谭芳. 电子书包及其教育应用研究[J]. 电化教育研究,2013,(1):73-76.

[11] 李晓庆,江丰光. 两岸三地电子书包教学应用比较研究[J]. 中国电化教育,2013,(12):96-100.

[12] 胡畔,王冬青. 基于云端环境的 EPUB 3.0 电子书学习系统设计与实现[J]. 现代教育技术,2014,(1):119-126.

[13] 吴永和,何超,杨瑛等. 电子课本与电子书包标准规范、关键技术及应用创新的研究[J]. 华东师范大学学报:自然科学版,2014,(2):70-86.

[14] 王佑镁,陈慧斌. 近十年我国电子书包研究热点与发展趋势——基于共词矩阵的知识图谱分析[J]. 中国电化教育,2014,(5):4-10.

[15] 乐银煌. 基于学习型电子书的移动学习模式研究及其应用[D]. 中国科学技术大学,2014.

[16] 牟智佳. 电子书包中基于教育大数据的个性化学习评价模型与系统设计[J]. 远程教育杂志,2014,(5):90-96.

[17] 郁晓华. 美国 iPad 项目及其对中国电子书包的启示[J]. 开放教育研究,2014,20(2):46-55.

[18] 吴永和,王娟,马晓玲等. 共探电子课本与电子书包标准及应用的发展之路——2013 教育信息化暨电子课本与电子书包标准及应用国际论坛综述[J]. 远程教育杂志,2014,(2):76-83.

[19] 兰孝臣,刘志勇,王伟等. 国内教育云研究瞰览[J]. 电化教育研究,2014,(2).

[20] 张富,江冰,黄佳等. 基于 Android 的个人云安全存储系统[J]. 科学技术与工程,2012,12(27):7099-7103.

[21] 周文,李峰. 云计算技术及移动云前景[J]. 信息系统工程,2013,(9):25-28.

[22] 京东云峰:电商移动云平台背后的技术,http://www.csdn.net/article/2013-08-09/2816508-interview-JD-yunfeng.

[23] 杨泽军. 基于 Android 平台的健康感知信息采传系统研究与实现[D]. 山东师范大学,2013.

[24] 张田,李子运,汪晴晴. 基于云计算的移动学习资源开发初探[J]. 现代教育技术,2012,22(11):59-61.

[25] 如何在 WebView 中建立 Android Apps. http://blog.csdn.net/tangcheng_ok/article/

details/6951113.

[26]　Android 与 JavaScript 方法相互调用. http://blog. csdn. net/android _ tutor/article/details/ 5853143.

[27]　WebService 的读书笔记. http://blog. csdn. net/pi9nc/article/details/9297097.

[28]　Android 通过调用 WebService 实现天气预报. http://blog. csdn. net/pi9nc/article/details/ 9297085.

[29]　极光推送. https://www. jpush. cn/.

[30]　个推推送. http://www. getui. com/.

[31]　百度云推送. http://developer. baidu. com/cloud/push.

[32]　Android 实现推送方式解决方案. http://www. cnblogs. com/hanyonglu/archive/2012/03/04/ 2378971. html.

[33]　Android 消息推送完美解决方案全析. http://mobile. 51cto. com/aprogram-433822. htm.

[34]　发送分享的数据到其他 App. http://blog. csdn. net/kesenhoo/article/details/7413470.

[35]　Android 应用开发-小巫 CSDN 博客客户端之集成友盟社会化分享组件. http://blog. csdn. net/ wwj_748/article/details/39721447.

第 8 章

开源云计算平台 OpenStack 和 CloudStack

8.1 开源云计算平台现状

云计算是个 IT 界火热的词汇,开源云计算更是被认为是 IT 的趋势。云计算开源软件的涌现为云计算平台的构建提供了便利,同时也为人们从中选择合适的软件带来了挑战。

8.1.1 开源云计算平台列举

目前开源云计算平台层出不穷。下面列举一些开源云计算平台。

OpenStack:RackSpace 宣布开源其云计算技术 OpenStack。OpenStack 采用 Apache 2.0 许可证发布源代码。RackSpace 目前发布的开源云计算技术包括云存储和云虚拟服务器管理套件。此外,NASA 也捐出了 Nebula 云计算平台技术。OpenStack 的合作伙伴包括 AMD、戴尔、Citrix 等。

CloudStack:是一个开源的具有高可用性及扩展性的云计算平台。目前 CloudStack 支持管理大部分主流的 Hypervisors,如 KVM、XenServer、VMware、Oracle VM、Xen 等。同时,CloudStack 是一个开源云计算解决方案。可以加速高伸缩性的公共和私有云 (IaaS)的部署、管理、配置。使用 CloudStack 作为基础,数据中心操作者可以快速方便地通过现存基础架构创建云服务。

OpenNebula:一种数据中心虚拟化和云端解决方案,是开放原始码的虚拟基础设备引擎,用来动态部署虚拟机器在一群实体资源上,其最大的特色在于将虚拟平台从单一实体机器到一群实体资源。

Eucalyptus:Eucalyptus 项目(Elastic Utility Computing Architecture for Linking Your Programs To Useful Systems)是 Amazon EC2 的一个开源实现,它与商业服务接口兼容。和 EC2 一样,Eucalyptus 依赖于 Linux 和 Xen 进行操作系统虚拟化。Eucalyptus 是加利福尼亚大学(Santa Barbara)为进行云计算研究而开发的。可以从该大学的网站上下载它,或者通过 Eucalyptus Public Cloud 体验它,不过后者有一些限制。

AbiCloud:Abiquo 公司宣布推出其一款开源的云计算平台——AbiCloud,使公司能够以快速、简单和可扩展的方式创建和管理大型、复杂的 IT 基础设施(包括虚拟服务器,

网络,应用,存储设备等)。AbiCloud 较之同类其他产品的一个主要的区别在于其强大的
Web 界面管理。可以通过拖曳一个虚拟机来部署一个新的服务。这个版本允许通过
VirtualBox 部署实例,它还支持 VMware、KVM 和 Xen。

　　Enomalism:Enomaly's Elastic Computing Platform(ECP)是一个可编程的虚拟云
架构,ECP 平台可以简化在云架构中发布应用的操作。Enomalism 云计算平台是一个
EC2 风格的 IaaS。Enomalism 是一个开放源代码项目,它提供了一个功能类似于 EC2 的
云计算框架。Enomalism 基于 Linux,同时支持 Xen 和 KernelVirtual Machine(KVM)。
与其他纯 IaaS 解决方案不同的是,Enomalism 提供了一个基于 TurboGears Web 应用程
序框架和 Python 的软件栈。

　　10gen:MongoDB 开源高性能存储平台,既是一个云平台,又是一个可下载的开放源
代码包,可用于创建自己的私有云。10gen 是类似于 App Engine 的一个软件栈,它提供
与 App Engine 类似的功能。通过 10gen,可以使用 Python 以及 JavaScript 和 Ruby 编程
语言开发应用程序。该平台还使用沙盒概念隔离应用程序,并且使用它们自己的应用服
务器的许多计算机(当然,是在 Linux 上构建)提供一个可靠的环境。

　　Nimbus:Nimbus 由网格中间件 Globus 提供,Virtual Workspace 演化而来,与
Eucalyptus 一样,提供 EC2 的类似功能和接口。

　　CloudFoundry:一款开源 PaaS 平台,是 VMware 主导使用 Ruby 开发的一款开源
PaaS 云计算平台,类似于 Salesforce 旗下的 Heroku,遵从 OpenStack 云计算平台规范。

　　Deltacloud:一种云计算标准 API,由红帽公司于 2009 年 9 月推出。用于将基于云
的工作负载在不同的 IaaS 供应商之间迁移,如 Amazon 和 Rackspace。为了能在不同的
供应商之间转移,客户需要"一个可以兼容的架构和一个与内部运行的东西兼容的
堆栈"。

　　Zeppelin:一款开源的云计算管理和监控客户端,该公司希望这项新技术可以让大
型 IT 商店更多地采用云计算。Cittio 声称,它可以远程部署,而且通过了基于标准
WBEM/CIM-XML 和 WS-Management 接口访问数据的安全性保证。

　　EEPlat:一款元数据驱动的 PaaS 应用基础平台,提供了多租户的完整实现,同时支
持传统单租户环境。EEPlat 拥有领先的元模型体系,提供元数据驱动、在线配置的开发
模式,可以实现细粒度业务的定制和复用。EEPlat 支持的常见应用包括 MIS(管理信息
系统)、OA(办公自动化)、CRM(客户关系管理)、HR(人力资源管理)、ERP(企业资源计
划)等。同类产品有 salesforce 的 force.com 平台,与 force.com 相比,EEPlat 的元模型
更加完善,抽象程度更高,灵活性更高,适应范围更广;force.com 的商业化程度更高。

　　Apache Nuvem:是 Apache 的一个孵化器项目,通过定义一个开放 API,抽象出通
用的云平台服务,从特定的私有云中解耦应用逻辑。并可针对流行的云(如 Google
AppEngine、Amazon EC2 以及 Microsoft Azure)实现 Nuvem API。

8.1.2　成功实施 OpenStack 和 CloudStack 项目建议

　　近年来,OpenStack 与 CloudStack 项目的成功有目共睹,比如思科、红帽子基于
OpenStack 的发行版,以及 Citrix 将 CloudStack 贡献给 Apache 软件基金会的同时发布

的 Citrix CloudPlatform。

1. 如何成功地启动 OpenStack 云项目

实施 OpenStack 云项目需要做出的第一个决定是,购买还是自建? 基于自身情况做出这个决定是非常重要的。如果选择自建,需要考虑的重要因素是:自身是否拥有安装、排除故障、定位可能发生的问题的技术能力。OpenStack 是一个 API 抽象层,它将计算、网络、存储资源的管理功能抽象为 API 并提供给用户。运行 OpenStack 环境的公司需要多个层面的技术知识,比如底层系统、网络故障排除的知识,以及包括精通 Python 在内的软件层面的知识。虽然 OpenStack 已经封装了管理计算资源的细节,但是这些资源依然需要人来管理。另外需要考虑的是,是否需要根据应用场景进行定制扩展。OpenStack 的扩展性很好,但是扩展工作需要许多 Python 开发经验并且能够与 OpenStack 中的各种项目交互。如果技术不是核心业务关注点,或许应该考虑采用以下三种形式之一购买 OpenStack:发行版(从那些附带技术支持的公司购买发行版(如 Cisco,RedHat,Nebula))、应用(购买预安装完成的硬件来运行完整的 OpenStack 环境(如 Morphlabs))、购买咨询(Mirantis)。

2. 如何成功启动 CloudStack 云项目

尽管 CloudStack 更像一个"移交钥匙"解决方案,但是构筑 CloudStack 与构筑 OpenStack 并非完全不同。CloudStack 管理组成公有云、私有云、混合云基础设施的网络、存储和计算节点。如果打算自己构筑 CloudStack,Apache CloudStack 社区提供了极好的文档和技术经验。另外,CloudStack 的安装由管理服务器和云基础设施构成。管理服务器包含 Web 接口、API、管理以及提供了配置 CloudStack 云的单个节点。同时,云基础设施可以嵌套并可分成区域、箱、集群。在安装 CloudStack 前熟悉 CloudStack 的术语、安装、管理是非常重要的。CloudStack 像 VMware Nicira NVP 和 Trend Micro SecureCloud 那样通过插件提供扩展。为此,CloudStack 提供了 Java 语言的插件 API 并暴露了一个预定义功能集。因此,要写插件(还有一些平台和代理的 API),必须精通 Java。当然,并非所有人都需要这样,还可以购买 Citrix CloudPlatform,由 Citrix 的认证伙伴 CloudStack 提供技术支持。另外,Citrix 提供了其他的增值解决方案,比如 CloudPortal、XenServer、NetScaler 云网络。

CloudStack 与 OpenStack 未来特性的设计以及项目路线图也是完全开放的。因此可以清楚地了解项目的演进方向并做出长期规划。这可以帮助定义和规划项目的未来,从而满足需求。积极地参与到开源社区可以与其他组织的人建立关系,也许他们正在解决相同的问题。这种联系对分析最佳实践和排除故障都非常有帮助。

8.2　OpenStack

OpenStack 是一个由 NASA(美国国家航空航天局)和 Rackspace 合作研发并发起的,以 Apache 许可证授权的自由软件和开放源代码项目。2010 年 7 月由 Rackspace 和

NASA 捐献代码而建立了 OpenStack,旨在为公共和私有云提供一个无处不在的开源云计算平台。OpenStack 执行总监 Jonathan Bryc 表示,OpenStack 的生态系统日趋成熟。截至目前,已有 269 家公司参与,12 306 名独立会员……已在全球二百多座城市成功部署 OpenStack 项目。基金会成员遍布全球一千多座城市,开发者横跨四百多座城市。目前,OpenStack 基金会主要有 8 家铂金会员,他们是 AT&T、Canonical、惠普、IBM、Nebula、Rackspace、红帽与 SUSE,他们分别指派一名代表加入到董事会。最后是金牌会员。同样由公司组成,他们赞助的资金与资源比铂金会员稍微少一些。目前,OpenStack 基金会拥有 19 位金牌会员,他们是 Aptira、思科、CloudScaling、戴尔、DreamHost、eNovance、Ericsson、Hitachi、华为、英特尔、ITRI、Juniper、Mirantis、Morphiabs、NEC、NetApp、Piston、VMware 与雅虎。

8.2.1　OpenStack 介绍

目前,OpenStack 官方的文档已经很详细了。看官方文档,是了解 OpenStack 的一个最佳途径。官方文档地址为 http://docs.openstack.org/index.html。

OpenStack 云计算平台,帮助服务商和企业内部实现类似于 Amazon EC2 和 S3 的云基础架构服务(Infrastructure as a Service, IaaS)。OpenStack 包含两个主要模块:Nova 和 Swift,前者是 NASA 开发的虚拟服务器部署和业务计算模块;后者是 Rackspace 开发的分布式云存储模块,两者可以一起用,也可以分开单独用。OpenStack 覆盖了网络、虚拟化、操作系统、服务器等各个方面。它是一个正在开发中的云计算平台项目,根据成熟及重要程度的不同,被分解成核心项目、孵化项目,以及支持项目和相关项目。每个项目都有自己的委员会和项目技术主管,而且每个项目都不是一成不变的,孵化项目可以根据发展的成熟度和重要性,转变为核心项目。截止 Icehouse 版本,下面列出了 10 个核心项目(即 OpenStack 服务)。

计算(Compute):Nova。一套控制器,用于为单个用户或使用群组管理虚拟机实例的整个生命周期,根据用户需求来提供虚拟服务。负责虚拟机创建、开机、关机、挂起、暂停、调整、迁移、重启、销毁等操作,配置 CPU、内存等信息规格。自 Austin 版本集成到项目中。

对象存储(Object Storage):Swift。一套用于在大规模可扩展系统中通过内置冗余及高容错机制实现对象存储的系统,允许进行存储或者检索文件。可为 Glance 提供镜像存储,为 Cinder 提供卷备份服务。自 Austin 版本集成到项目中。

镜像服务(Image Service):Glance。一套虚拟机镜像查找及检索系统,支持多种虚拟机镜像格式(AKI、AMI、ARI、ISO、QCOW2、Raw、VDI、VHD、VMDK),有创建上传镜像、删除镜像、编辑镜像基本信息的功能。自 Bexar 版本集成到项目中。

身份服务(Identity Service):Keystone。为 OpenStack 其他服务提供身份验证、服务规则和服务令牌的功能,管理 Domains、Projects、Users、Groups、Roles。自 Essex 版本集成到项目中。

网络 & 地址管理(Network):Neutron。提供云计算的网络虚拟化技术,为 OpenStack 其他服务提供网络连接服务。为用户提供接口,可以定义 Network、Subnet、

Router,配置 DHCP、DNS、负载均衡、L3 服务,网络支持 GRE、VLAN。插件架构支持许多主流的网络厂家和技术,如 OpenvSwitch。自 Folsom 版本集成到项目中。

块存储(Block Storage):Cinder。为运行实例提供稳定的数据块存储服务,它的插件驱动架构有利于块设备的创建和管理,如创建卷、删除卷,在实例上挂载和卸载卷。自 Folsom 版本集成到项目中。

UI 界面(Dashboard):Horizon。OpenStack 中各种服务的 Web 管理门户,用于简化用户对服务的操作,例如,启动实例、分配 IP 地址、配置访问控制等。自 Essex 版本集成到项目中。

测量(Metering):Ceilometer。像一个漏斗一样,能把 OpenStack 内部发生的几乎所有的事件都收集起来,然后为计费和监控以及其他服务提供数据支撑。自 Havana 版本集成到项目中。

部署编排(Orchestration):Heat[2]。提供了一种通过模板定义的协同部署方式,实现云基础设施软件运行环境(计算、存储和网络资源)的自动化部署。自 Havana 版本集成到项目中。

数据库服务(Database Service):Trove。为用户在 OpenStack 的环境提供可扩展和可靠的关系和非关系数据库引擎服务。

从概念上,可以描绘出各种服务之间的关系,如图 8-1 所示。

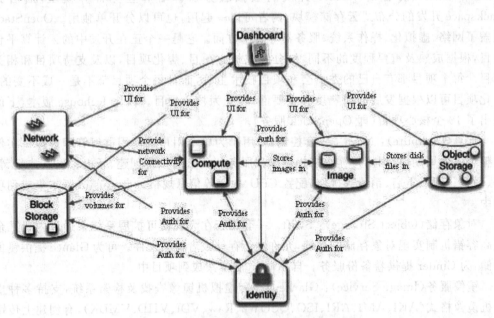

图 8-1 OpenStack 各种服务之间的关系结构

下面是 OpenStack 服务套件与亚马逊的 Amazon Web Services (AWS)的比较,如图 8-2 所示。

套件名称	套件功能	Amazon AWS 相似的服务
运算套件 Nova	部署与管理虚拟机器	EC2
对象储存套件 Swift	可扩展的分布式储存平台，以防止单点故障的情况产生，可存放非结构化的数据	S3
区块储存套件 Cinder	整合了运算套件，可让 IT 人员查看储存设备的容量使用状态，具有快照功能	EBS
网通套件 Quantum	可扩展、随插即用，通过 API 来管理的网络架构系统，以确保 IT 人员在部署云端服务时，网络服务不会出现瓶颈，或是成为无法部署的因素之一	VPC
身份识别套件 Keystone	具有中央目录，能查看哪位使用者可存取哪些服务，并且提供了多种验证方式	None
镜像文件管理套件 Glance	硬盘或服务器的镜像文件寻找、注册以及服务交付等功能	VM Import/Export
仪表板套件 Horizon	图形化的网页接口，让 IT 人员可以综观云端服务目前的规模与状态，并能够统一存取、部署与管理所有云端服务所使用到的资源	Console

图 8-2　OpenStack 服务套件与亚马逊的 Amazon Web Services（AWS）的对比

8.2.2　OpenStack 安装

OpenStack 具体应用部署可参考官方网站栏目，如下：

Installation Guide for openSUSE 13.1 and SUSE Linux Enterprise Server 11

http://docs.openstack.org/juno/install-guide/install/zypper/content/

Installation Guide for Red Hat Enterprise Linux 7,CentOS 7,and Fedora 20

http://docs.openstack.org/juno/install-guide/install/yum/content/

Installation Guide for Ubuntu 14.04（LTS）

http://docs.openstack.org/juno/install-guide/install/apt/content/

Ubuntu OpenStack 包地址：http://ubuntu-cloud.archive.canonical.com/ubuntu/dists/precise-updates/包括最新的 Havana 测试版也在。

8.3　CloudStack

CloudStack 由 VMOPS 于 2008 年开发，2010 年 5 月，VMOPS 将其重新命名为 CloudStack.com，其 2.0 版本也随之发布了。2012 年 7 月，思杰收购了 CloudStack.com，发布了 3.0 版本。2013 年 4 月，思杰把 CloudStack 开源贡献给 Apache 社区。同年 10 月，CloudStack 以社区的身份发布了第一个版本 CloudStack 4.0,2014 年 CloudStack 4.4.0 发布。

Apache CloudStack 是一个开源的具有高可用性及扩展性的云计算平台，它支持管理大部分主流的 Hypervisors，如 KVM、XenServer、VMware、Oracle VM、Xen 等。同时

CloudStack 是一个开源云计算解决方案,可以加速高伸缩性的公共和私有云(IaaS)的部署、管理、配置。它还是一个开源的云操作系统,可以帮助用户利用自己的硬件,提供类似于 Amazon EC2 那样的公共云服务。它具有许多强大的功能,可以让用户构建一个安全的多租户云计算环境。近日,CloudStack 4.4.0 发布,此版本新增了许多功能,并做了多方面的改进,还修复了大量 bug。主要改进如下。

(1) 可以重新调整 Root 硬盘大小,目前仅支持 KVM。

(2) 使用 Primary Storage 插件管理 Root 硬盘存储。

(3) VMWare 支持 DRS,VMware DRS 和 VM HA 提供了高可用行的资源,平衡工作负载、不中断服务地进行规范和管理计算资源。

(4) 改进 Hyper-V 支持,新增了 Storage Live-Migration、Zone-wide 主存储、VPC 等的支持。

(5) 使用监控 VR 服务通知管理员虚拟路由故障。

(6) Java 版本升级到了 1.7。

(7) 新增 Primary Storage "storage. overprovisioning. factor"用来覆盖和设置全局值。

(8) 放宽了游客网络和 VPC 层的网络访问权限。

(9) 使用 OVS 插件支持分布式路由和网络的访问控制列表。

8.3.1　CloudStack 部署架构与软件架构

1. CloudStack 部署架构

CloudStack 部署架构如图 8-3 所示。

Zone:Zone 对应于现实中的一个数据中心,它是 CloudStack 中最大的一个单元。

Pod:Pod 对应着一个机架。同一个 Pod 中的机器在同一个子网(网段)中。

Cluster:Cluster 是多个主机组成的一个集群。同一个 Cluster 中的主机有相同的硬件,相同的 Hypervisor,并共用同样的存储。同一个 Cluster 中的虚拟机,可以实现无中断服务地从一个主机迁移到另外一个上。

Host:Host 就是运行虚拟机(VM)的主机。即从包含关系上来说,一个 Zone 包含多个 Pod,一个 Pod 包含多个 Cluster,一个 Cluster 包含多个 Host。

Primary Storage:一级存储与 Cluster 关联,它为该 Cluster 中的主机的全部虚拟机提供磁盘卷。一个 Cluster 至少有一个一级存储,且在部署时位置要临近主机以提供高性能。

Secondary Storage:二级存储与 Zone 关联,它存储模板文件,ISO 镜像和磁盘卷快照。

模板:可以启动虚拟机的操作系统镜像,也包括诸如已安装应用的其余配置信息。

ISO 镜像:包含操作系统数据或启动媒质的磁盘镜像。

磁盘卷快照:虚拟机数据的已储存副本,能用于数据恢复或者创建新模板。

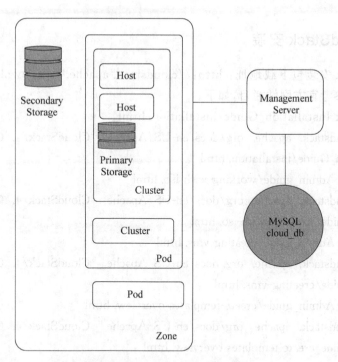

图 8-3 CloudStack 部署架构

2. CloudStack 的软件架构

CloudStack 的软件架构如图 8-4 所示。

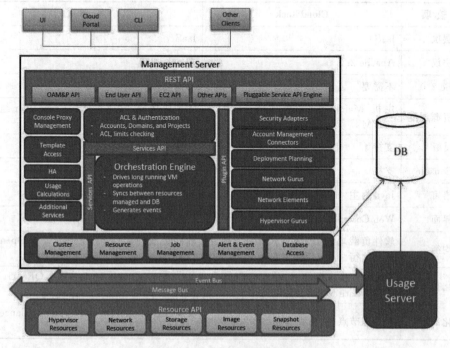

图 8-4 CloudStack 的软件架构

8.3.2 CloudStack 安装

CloudStack 安装包下载地址：http://cloudstack. apache. org/downloads. html。具体应用部署可参考官方网站栏目，如下。

CloudStack Installation_Guide/installation. html

http://cloudstack. apache. org/docs/en-US/Apache _ CloudStack/4. 0. 0-incubating/html/Installation_Guide/installation. html

CloudStack Admin_guide/working-with-iso. html

http://cloudstack. apache. org/docs/en-US/Apache _ CloudStack/4. 0. 0-incubating/html/Admin_Guide/working-with-iso. html

CloudStack Admin_guide/creating-vms. html

http://cloudstack. apache. org/docs/en-US/Apache _ CloudStack/4. 0. 0-incubating/html/Admin_Guide/creating-vms. html

CloudStack Admin_guide/create-templates-overview. html

http://cloudstack. apache. org/docs/en-US/Apache _ CloudStack/4. 0. 0-incubating/html/Admin_Guide/create-templates-overview. html

8.3.3 CloudStack 和 OpenStack 的比较

目前两大云平台 CloudStack 和 OpenStack 的比较如表 8-1 所示。

表 8-1　两大云平台 CloudStack 和 OpenStack 的对比

比 较 项	CloudStack	OpenStack
服务层次	IaaS	IaaS
授权协议	Apache 2.0	Apache 2.0
Apache 2.0	不需要	不需要
动态资源调配	主机 Maintainance 模式下自动迁移 VM	无现成功能，需通过 Nova-scheduler 组件自己实现
VM 模板	支持	支持
VM Console	支持	支持
开发语言	Java 为主	Python 为主
用户界面	Web Console，功能较完善	DashBoard，较简单
负载均衡	软件负载均衡（Virtual Router）、硬件负载均衡	软件负载均衡（Nova-network 或 OpenStack Load Balance API）、硬件负载均衡
虚拟化技术	XenServer，Oracle VM，vCenter，KVM，Bare Metal	XenServer，Oracle VM，KVM，QEMU，ESX/ESXi，LXC(Liunx Container)等
最小化部署	一管理节点，一主机节点	支持 All in one(Nova，Keystone，Glance 组件必选)

续表

比 较 项	CloudStack	OpenStack
支持数据库	MySQL	PostgreSQL,MySQL,SQLite
组件	Console Proxy VM,Second Storage VM,Virtual Router VM,Host Agent,Management Server	Nova,Glance,Keystone,Horizon,Swift
网络形式	Isolation(VLAN),Share	VLAN,FLAT,FLATDhcp
版本问题	版本发布稳定,不存在兼容性问题	存在各版本兼容性问题
VLAN	不能 VLAN 间互访	支持 VLAN 间互访

参 考 文 献

[1]　林利,石文昌. 构建云计算平台的开源软件综述[J]. 计算机科学,2012,39(11):1-7.

[2]　虚拟化平台 CloudStack 介绍. http://www. cnblogs. com/skyme/archive/2013/06/06/3118852. html.

[3]　安装手册. http://cloudstack. apache. org/docs/en-US/Apache _ CloudStack/4. 1. 0/html/ Installation_Guide/index. html.

[4]　管理手册. http://cloudstack. apache. org/docs/en-US/Apache_CloudStack/4. 1. 0/html/Admin_ Guide/index. html.

[5]　开发手册. http://cloudstack. apache. org/docs/en-US/Apache _ CloudStack/4. 0. 1-incubating/ html/API_Developers_Guide/index. html.

[6]　CloudStack 的一键安装. http://www. cloudstack-china. org/materials.

[7]　在 Ubuntu 下安装参考. http://heylinux. com/archives/2093. html.

[8]　在 Centos 或者 RedHat 下安装参考. http://www. ibm. com/developerworks/cn/cloud/library/ 1303_chenyz_cloudstack/.

[9]　分布式部署参考. http://pan. baidu. com/share/link? shareid=3773198752&uk=271407.

[10]　CloudStack 源码分析. http://pan. baidu. com/share/link? shareid=3951565906&uk=271407.

[11]　开源云平台 CloudStack 详解. http://www. searchcloudcomputing. com. cn/showcontent_ 68889. htm.

[12]　Apache 云计算平台:CloudStack 4. 4. 0 发布. http://www. searchcloudcomputing. com. cn/ showcontent_84142. htm.

[13]　裴超,吴颖川,刘志勤等. 基于 OpenStack 和 Cloudify 的自伸缩云平台体系[J]. 计算机应用, 2014,34(6):1582-1586.

[14]　吴铭. 基于 OpenStack 的 IaaS 云中动态资源分配策略研究[D]. 中国科学技术大学,2014.

[15]　姜毅,王伟军,曹丽等. 基于开源软件的私有云计算平台构建[J]. 电信科学,2013,29(1):68-75.

[16]　李磊,李小宁,金连文. 基于 OpenStack 的科研教学云计算平台的构建与运用[J]. 实验技术与管 理,2014,(6):127-133.

[17]　如何成功实施 OpenStack 和 CloudStack 项目. http://www. searchcloudcomputing. com. cn/ showcontent_74890. htm.

[18] OpenStack 实战指导手册. http://www.searchcloudcomputing.com.cn/guide/openstack.htm.

[19] 安装部署 CloudStack 4.0 企业私有云平台. http://blog.csdn.net/cnbird2008/article/details/
8576680.

[20] CloudStack 4.4 安装. http://wenku.baidu.com/link?url = G0DJvYsDV59IP_O_GwngQBD-
rBnJizeOIAOchkXuu9VeNlPTcMJGjQKdjdTZ9mx_unqTbJhNaNTSlO1uz7MVsLYza4Bimf4PI-
xd0GHpA_G3.

[21] OpenStack 云计算——快速入门. http://blog.chinaunix.net/uid-22414998-id-3265685.html.

[22] 云计算. http://www.chenshake.com/cloud-computing/.

[23] OpenStack 官方文档. http://docs.openstack.org/.

[24] OpenStack Operations Guide. http://docs.openstack.org/ops/OpenStackOperationsGuide.pdf.

[25] RHEL-6.2 OpenStack Essex Install (only one node). http://longgeek.com/2012/07/30/rhel-6-
2-openstack-essex-install-only-one-node/.

[26] Installing OpenStack. https://www.mirantis.com/topic/tt-installing-openstack/.

[27] Welcome to OpenStack Documentation. http://docs.openstack.org/index.html.